U0275322

自 然 文 库
N a t u r e
S e r i e s

Dead Zone

Where the Wild Things were

死亡区域

野生动物出没的地方

〔英〕菲利普·林伯里 著

陈宇飞 吴倩 译

商务印书馆
The Commercial Press

中文版序

　　进入 21 世纪 20 年代的第一年，一场突如其来的疫情，打乱了正常社会活动规律，造成了全球恐慌。新型冠状病毒来势凶猛，不仅通过接触实现人传人，还通过空气、实物传染，对国家、家庭、个人造成了各种各样的影响。为了防控疫情，各国停工停学，经济发展受到严重影响。这是自第二次世界大战以来，人类遭遇的最大灾难。就在我写这篇序言的时候，尚不知道全球疫情如何收场。

　　疫情暴发有内外两方面的原因。内因即病毒来源问题，病毒是天然的还是人为的？这里我们不去分析。我们来看看外因，人体免疫力下降与生态环境恶化是造成病毒大暴发的外在因素。很有意思的是，新冠病毒对发达国家打击最大，以美国为甚，感染人群超过了 130 万。美国的医疗条件全球最好，科学技术也最先进，拥有全球最多的诺贝尔奖得主，为什么在小小病毒面前无能为力呢？笔者的判断是，他们民众的免疫力是低下的，其直接原因是食物化学化造成的。"国家越发达，吃的越垃圾"（这里的垃圾是垃圾食品的意思），我的这个判断一直没有勇气在公开场合说。

　　为什么以前我没有在公开场合说，今天反而敢说了呢？因为今天，我读到商务印书馆即将出版的《死亡区域：野生动物出没的地方》一书，国外学者提供的证据更加印证了我的判断。请读者看看下面的几段描述：

最后，我们在四栋工业风格的建筑物前停了下来。这些建筑一扇窗户也没有，每栋建筑都关着 3 万只鸡。接着，瓦茨把我们从正午炫目的阳光下带入了鸡舍尘土飞扬的昏暗之中。充满氨臭味的刺鼻空气立刻让我有作呕之感。我的眼睛适应黑暗后，旋即聚焦在了一张白色巨毯上——那实际上是无数只一动不动的鸡。走廊占地 2 万平方英尺，两端有巨型风扇在呼呼作响。这里看似巨大，却被挤得水泄不通。

……

这时，有些鸡笨拙地跑了起来，扑腾着翅膀乱飞。看样子，它们很享受我们闯进"鸡海"之中给它们辟出的这点空间。据瓦茨估算，每只鸡平均享有的地面不过一张 A4 纸的大小。讽刺的是，它们在烤炉里倒是能获得更大的空间。

这就是温室养殖，用丰盛的饲料将精心选育的速成鸡种快速催肥的集约式农业。这些鸡虽然个头很大，发出的却是从喉咙根里发出的那种尖锐的"唧唧"声，听起来就跟小鸡仔一样。实际上，它们还不到六周大，所以的确是小鸡仔。只用短短几周，这种鸡就能从毛茸茸的复活节小鸡长成它们祖先的怪诞翻版。

……

就连外表看来没有明显缺陷的鸡也是一副随时要倒的样子，

臃肿的身体摇摇晃晃，靠相比之下孱弱可怜的两腿"钉"在污浊不堪的几厘米地面上。它们的眼睛就像淹没于一片白色羽毛毯中的小黑点。

……

当天晚上，瓦茨、莉亚和我在皮卡车里熄灯静守，只待收鸡队到来。鸡棚长长的波纹状屋顶渐渐隐没于夜色之中，装饲料的巨型铁罐有如踩高跷的哨兵矗立在外。尺寸堪比家用热水浴缸的巨型风扇旁，草地被吹得尘土飞扬，狂舞劲摇。这些风扇彻夜无休，正在为成千上万只鸡降温，好让它们在生命的最后一程稍微凉爽一些。飞旋的叶片间，那片已经见惯的白色海洋若隐若现。

……

灰尘突然扬起，扇叶间的画面立刻朦胧起来。一名收鸡队员用手电筒的灯光在鸡群中挥舞，开始把它们往捕鸡器的方向赶。刚刚还静如止水的鸡群顿时炸开了锅，又是鼓翅，又是乱跑。……

据说捕鸡过程已经改进了不少，过去都是直接把鸡塞进板条箱里，然后轰隆一声关上门，连鸡的头夹在门里也不管。瓦茨告诉我："以前到处都能看见夹断的鸡脑袋。"那时他和捕鸡人想必已经麻木了，或者至少是迫不得已地默默接受。

如今，捕捉过程已经完全自动化了。捕鸡器在漆黑的鸡舍里自主行驶，像收白菜一样把鸡扫进机身，然后用传送带送进板条箱。整箱整箱的鸡在铰接式货车的后面堆得老高，随后被运到屠宰场，等待宰杀、拔毛、去除内脏，用食品包装纸裹好。

上述文字给人的感觉是恐怖、压抑、恶心、愤怒、无语。要不是学者现场揭露，还以为上述描写是造谣。其实，我们每天也在吃那种方式养殖出来的鸡，且养殖环境之差，很可能有过之而无不及。笔者以前在视频上看到某国大型养鸡场捕鸡用大型吸尘器将正在吃食的鸡吸进去，还以为是网友恶搞。今天读到这段描述，才知道那是真实发生的。

　　商家为了自身利益，一些做法非常隐蔽，你吃的洋快餐的鸡肉，很可能是鸭肉，因为鸭肉更便宜，鸭子生长周期更短。我曾考察国内某大型养鸭企业，该企业号称全球规模最大，每年产 6 亿只肉鸭。在像图书馆书架一样有五六层之多的架子上，鸭子在工业传输带上"生活"。鸭子的任务就是吃，它们短短的一生，脚掌没有踏过一片土地，没有一次戏水的机会，也没有晒过一次太阳。它们由专门的鸭料喂养，排泄物通过传输带排放到鸭棚之外。鸭粪奇臭无比，上面趴满了苍蝇，这样的鸭粪上到地里，会伤害庄稼或蔬菜。对于这样的做法，公司老总津津乐道告诉我，那是科技进步，提高了饲料转化效益。我是闻着恶臭参观完工厂化养鸭场的，至今一旦回忆起当时的情景，还没有食欲。

　　人类为什么要采取近似变态的方式搞动物养殖呢？资本使然。在"集中营"式的环境下，鸡和鸭生病怎么办？只有依靠药物。一只肉鸡养殖周期 40—45 天，长到体重 5 斤出笼，其间用药花费 1.2 元。其中经销商利润 0.36 元，技术员 0.12 元，药厂大区经理 0.05 元，药厂费用 0.12 元，实际每只鸡用药 0.55 元。工厂化肉鸭养殖 38—40 天，体重长到 6.5 斤出笼，其间用药 1 元，其中中间商 0.3 元，技术员 0.1 元，药厂费用 0.1 元。鸭子喝水多，药物"利用率"高达 90%，每只鸭子用药 0.45 元。

那就是说，工厂化养殖的鸡和鸭，每只要消耗 0.55 元和 0.45 元的禽药。在工厂化高密度养殖条件下，要保证鸡和鸭的生长发育要求，这些基本的药是必须吃的。而提供药物的销售商等所花的费用已超过鸡和鸭本身的消耗。

工业化养殖带来了严重的生态环境与健康代价。有一次，我与某大型养鸭厂饲料供应商聊重金属污染问题。我的问题是："不往饲料里面添加重金属，工厂化养殖还有利润吗？"他想了想，回答道："快没有了。"集约化、工厂化养鸭每只净利润只有区区五六毛钱，其利润看来是牺牲生态环境赚来的。至于隐形的人类健康成本，养殖场不会考虑。要是国家强制要求工厂化养殖企业，必须将粪便中的抗生素、重金属、激素等处理干净了（肉中残留的必须达到标准要求），才能开工养殖，估计能坚持下来的养殖场不多。

众所周知，人类的食物是由那些自然界长期演化，并经过人类不断培育的物种所提供的。最初的能量都来源于绿色植物的光合作用，但前提是农民要付出辛勤的劳动。如果农民纷纷离开土地，传统的劳作与养殖方式被现代农业技术和大机器所取代，即人越来越懒，而农业依然要满足不断增长的人口需求，那会出现什么样的情景呢？全球最发达的美国已经给出了答案。

在美国，充足的食物供应、低廉的食物价格，似乎保证了经济繁荣。然而，为生产严重偏离生态规律的低廉食物，美国人所付出的代价往往是从超市产品价签上看不到的。这些代价包括：农民苦不堪言，环境遭受破坏，城市居民为健康买单，政府每年预算大笔经费补贴农场主。

过去 70 年来，美国工业化农业大幅扩张，大量化石燃料、化学药品进入农业生态系统，而大量农民进入城市，美国人的吃饭问题越来越集中在少数人手里。如今在美国，以种养业为生的农民仅占总人口的 1.8%。

美国以更少的劳动力来耕种更大面积的农田，得益于规模经济，得益于政府多种鼓励措施和高额补贴。这些措施不断强化，使那些作物品种单一化的大型农场更加受益。与此相伴的是，食品产业愈发集中起来。在美国中西部地区，目前有 4 家公司从数千家农户那里收集农作物，用于加工各类农产品。单一化的农业延长了"食物公里"，美国中西部地区的粮食平均需要经过 1518 英里路途，才能从生产者到达消费者手中。因为生产的粮食卖价过低，只有扩大规模才能够保证效益，农民们面临着"不扩产、就出局"的痛苦选择。

美国农业由于缺少劳动力，只有依靠农药、化肥、转基因等技术。化学肥料和杀虫剂连年大量使用，造成土壤流失、水质恶化。美国80% 的玉米用于喂养牲畜、家禽和鱼类。低廉的玉米、大豆极大地刺激了大规模"集中营"式动物养殖。为生产动物蛋白，美国每年产生 2 万亿磅的粪便，对生态环境产生巨大影响，潜在的有害气体污染周边河流和空气。将粮食和肉食通过货车运送至美国各地，耗费数十亿加仑汽油。美国纳税人为此要缴纳各种道路、高速公路补贴税。集约化动植物种养殖模式，造成野生动物栖息地不断消失，乡村的美丽景色一去不复返。

"集中营"式养殖，动物生病概率增大，这样就需要不断向家畜饲料中添加抗生素。据估计，美国70%的抗生素都喂给了健康的生猪、鸡鸭和牛类。研究表明，习惯性添加抗生素可增强细菌的抗药性，导致人类的细菌性疾病更难治愈，甚至威胁人的生命。如今，肉类生产加工系统高度集中化，一旦有食品带有病原体，更容易发生大规模污染事件。2002年10月，美国发生了有史以来最大规模的食品召回事件。由于突然暴发的李氏杆菌病导致20人死亡、120人发病，国内第二大禽肉生产商不得不召回了2740万磅鲜肉和冷冻肉产品。

因为食物恶化，美国的糖尿病人、癌症病人大幅度增加，免疫力严重下降。这就回到一开始介绍的，美国疫情最严重，与食物环境，尤其动物养殖环境的根本变化有关，然而很少有人关注这个问题，即使有人呼吁，他们的声音也被资本布局的所谓科学进步、所谓辟谣的声音淹没了。

《死亡区域：野生动物出没的地方》深挖了环境与健康恶化背后的故事——动物被虐待、环境被污染、传统农业文化被消失、人类被喂养。我与作者菲利普·林伯里从没有谋面，只在零星报道中知道这位作家。从他书中的描写来看，我们的心情是一样的。可能在主流话语权里，我们都是叛逆者，是他们的眼中钉、肉中刺。作者让利益集团编造的谎言曝光在阳光之下，让公众知道了他们吃的是什么样的食物。

斯密在《国富论》中写到，商品之间的交换是自古到今一切社会、一切民族普遍存在的经济社会现象。之所以如此是因为参加交换的各方都期望从中获得报酬或利益，也就是满足自身的某种需要。商业活动是人类所特有的行为，在其他动物中是找不到的。追求利润天经地义，但无休止地追求利润，且没有商业道德底线地追求利润，就让商业变了味。马克思在《资本论》中尖锐地指出，在资本主义社会里人们只要有 50% 的利润就铤而走险，有 100% 的利润就敢践踏人间一切法律，有 300% 的利润就敢冒受绞刑的危险。

马克思的话有没有过时呢？显然没有过时，时至今日依然是合理的，因为连一向中立的科学都可以被资本收买，没有什么事情是资本不能搞定的。最近几十年来，人类历史上发生了一系列重大食物污染事件，如欧洲马肉事件、激素肉事件、米糠油事件、三聚氰胺事件、多宝鱼事件、面粉增白剂事件等等，即使经过媒体曝光与政府整改，如果不从源头解决问题，灾难还将会发生。这次疫情或许是个机遇。

本书对中国读者是有重要借鉴意义的。消费者需要明白，我们食物中出现的很多化学物质，其始作俑者在于利益集团，在于所谓的"科学进步"，在于工业化种植业尤其养殖业的普及。只有自觉抵制垃圾食物，选择用生态友好办法生产的健康食物，才能提高自身免疫力，保护自身健康，保护子孙后代健康，同时保护生态环境和生物多样性。在目前严重的疫情背景下，本书中文版的出版具有重要现实意义。

是为序。

蒋高明

中国科学院植物研究所研究员、中国科学院大学教授

2020 年 5 月 11 日

衷心感谢我的父母：

彼得·林伯里牧师和伊芙琳·林伯里。

目录

致谢

　　首先，我要感谢伊莎贝尔·奥克肖特（Isabel Oakeshott）帮助我编辑手稿，为我带来文学灵感。我从您那里学到很多，由衷感谢您在塑造我写作风格方面提供的帮助，以及您改善文本的犀利眼光。

　　感谢杰克·特纳（Jacky Turner）投入大量时间进行研究，这构成了本书的主干。没有您的辛勤工作，本书不可能完成，我在此致以衷心的感谢。

　　感谢我一直以来的助手蒂娜·克拉克（Tina Clark）辛苦地帮助我安排田野调查，不断地研读我的文章，完善那些重要的细节。

　　感谢卡罗尔·麦肯纳（Carol KcKenna）在宏大的项目中所提供的坚定支持。

　　感谢凯蒂·米尔沃德（Katie Milward）在巴西、苏门答腊和美国的探险中帮助拍摄大量照片，感谢路上给予我帮助的人：莉亚·加尔塞斯（Leah Garcés）、费德丽卡·迪·莱昂纳多（Federica di Leonardo）、丹迪·蒙哥马利（Dendy Montgomery）、克日什托夫·穆拉尔奇克（Krzysztof Mularczyk）、安娜玛利亚·皮萨皮亚（Annamaria Pisapia）和路易斯·范德莫维（Louise van der Merwe）。

感谢生态风暴（Ecostorm）的安德鲁·卫斯理（Andrew Wasley）和卢克·斯塔尔（Luke Starr）帮助我安排实地考察、采访和其他调查，同时也感谢吉姆·威肯斯（Jim Wickens）给予我信心，让本书能够诞生。

感谢布鲁姆斯伯里（Bloomsbury）的责任编辑迈克尔·费思维（Michael Fishwick）、尼克·汉弗莱（Nick Humphrey）和比尔·斯文森（Bill Swainson），感谢文字编辑斯蒂夫·考克斯（Steve Cox）和文学经纪人罗宾·琼斯（Robin Jones）的支持和鼓励。

衷心感谢世界农场动物福利协会（Compassion in World Farming）的所有理事对本书的赞助和支持，也为他们能清楚地看到工业化农业对野生动物和人类社会的负面影响而致以崇高敬意。他们是特迪·伯恩（Teddy Bourne）、杰里米·哈罗德（Jeremy Hayward）、瓦莱利·詹姆斯（Valerie James）和玛西·克劳斯特哈芬（Mahi Klosterhalfen）、罗斯玛丽·马歇尔（Rosemary Marshall）、莎拉·佩特里尼（Sarah Petrini）、米歇尔·赖斯（Michael Reiss）、米歇尔·范登博施（Michel Vandenbosch）和戴维·马登（David Madden）。特别感谢戴维爵士，他是我的良师益友和工作参谋。

无比感谢卡洛琳娜·伽伐尼（Carolina Galvani）、格雷汉姆·哈维（Graham Harvey）、约翰·麦德利（John Meadley）、勒内·奥利维里（René Olivieri）、仓鸮基金会（Barn Owl Trust）的戴维·拉姆斯登（David Ramsden）、汉普郡和怀特岛野生动物基金会（Hampshire and Isle of Wight Wildlife Trust）的格雷汉姆·罗伯茨（Graham Roberts）、理查德·布鲁克斯（Richard Brooks）、乔伊斯·德席尔

瓦（Joyce D'Silva）、特雷西·琼斯（Tracey Jones）、达芙妮·里德（Daphne Rieder）、彼得·斯蒂芬孙（Peter Stevenson）和安吉拉·赖特（Angela Wright）对本书初稿的点评和反馈。

感谢乔安娜·布里特曼（Joanna Blythman）、查理·克拉特巴克（Charlie Clutterbuck）、蒂姆·朗（Tim Lang）、汉普郡和怀特岛野生动物基金会的黛比·坦恩（Debbie Tann）以及世界自然基金会英国分会（WWF UK）的邓肯·威廉姆森（Duncan Williamson），与他们的谈话塑造了我的观点。

最后，我要对我挚爱的夫人海伦表示诚挚的谢意，感谢她对我的信任和无限的支持——没有她的贡献，本书就不可能完成。

序

　　九月的南太平洋，一场以命相搏的竞赛即将上演。青年们焦急不安地等待号令，准备纵身跃入复活节岛附近的海域。片刻之后，他们就要冒着溺水而亡、葬身鲛腹或坠崖摔死的危险，去参加一场年年都会让年轻人丧命的仪式。[1]他们的前方是一座座几乎无法涉足的小岛，上面遍布着返回来筑巢的海鸟。这场比赛的奖品就位于 1 英里 ① 开外那些露出水面的礁石之上。

　　海角聚起一群人后，青年们便风驰电掣般出发了。他们溜下崎岖陡峭的崖面，一头扎进汹涌的海水，开始了这场只有一个胜利者的终极较量。青年们紧紧抓住芦苇扎成的简陋草筏，一路劈波斩浪，最后气喘吁吁地抵达了小岛。随着他们爬上湿滑的礁石，远处观众的欢呼声已经淹没在海鸟尖厉的叫声之中。[2]

　　青年们可能要花好几天才能找到此行的目标——乌燕鸥在当年产下的第一个蛋。找到蛋还只是万里长征走完了一半，因为第一个获得鸟蛋的年轻人还算不上胜利者，只有第一个把蛋安全送回岸上的人才是。

---

　① 　1 英里 =1.609344 千米。——本书脚注无特殊说明，均为译者注。

突然有人发出一阵高呼：有望获胜的人出现了。那名胜利在望的青年把鸟蛋扎进头带，便滑入海中往回游。不过，这次他游得十分小心，生怕运送的宝贝有闪失。好不容易游回陆地，这场艰难试炼中还有最后一道难关在等着他——徒手攀登险象环生的千尺高崖。青年借助手边可以抓住的一切，奋不顾身地爬了上去，旋即奔向青草繁茂的山坡，他的支持者在那里等待他。他成功了。[3]

1760 年左右，在这个与世隔绝的孤岛上，赢取鸟蛋争夺赛能为凯旋的青年及其背后的部落首领带来巨大的声望。这枚鸟蛋在复活节岛的居民眼中是一个有力的象征，它喻示着物产重归丰饶，又有新鲜的食物了。[4]

随后的几个月，获胜的部落首领将会享受神一般的待遇，各项所需都有专门的仆人侍奉。遵照古习，他会不再修剪发须和指甲，任其生长。他成了司掌生殖的创世神玛克玛克在人世的代表。[5]此人死后，人们会把他安葬于一个平台之上，并且为他竖起一尊与其前任并排而立的石像。[6]

这些五官拉长、引人注目的石像后来成了举世公认的复活节岛文明的象征。作为地球上数一数二的偏远之地，复活节岛的兴衰起伏堪称人类历史上最耐人寻味的篇章之一，它生动地展示了脆弱的生态系统被过度砍伐和掠夺性农耕打乱之后带来的恶果。

复活节岛的巨像是巨大的人力和高超的技艺相结合的成果，其中最高的有 30 英尺[①]高，82 吨重。[7]这些石像是用火山岩制成的，所以

---

① 1 英尺 =0.3048 米。

　　　　　　　　　　　　　　　　　　死亡区域

很可能是用圆木滚动运输上来或一大群人从采石场拖拽来的。古代岛民既然有精力，有能力，也有资源创造如此了不起的杰作，足见他们的文明程度相对较高。可惜，他们对自己所处的自然环境肆无忌惮地开发，使得岛上的生态很快便难以为继，反过来让自己走向了衰落。可以说，复活节岛文明的命运为我们的未来敲响了警钟。

复活节岛位于离智利海岸约 2500 英里的海上，与最近的岛屿皮特凯恩群岛相隔 1300 英里。岛上第一批居民很可能是波利尼西亚的航海者，他们于公元 1200 年左右凭着一叶独木舟漂洋过海来到此地。对这些冒险家而言，那次出海想必是一场终极意义上的发现之旅：一场前途未卜且有去无回的旅行。[8]

在卫星导航系统问世之前许多个世纪，波利尼西亚人恐怕要航行数周才能找到这个底边长 14 英里、高 7 英里的三角形石头孤岛。[9]而指引他们上岸的很可能是岛上密密麻麻的海鸟群。早在尚未看见陆地的时候，他们就注意到海上海鸟的数量越来越多，于是顺藤摸瓜，来到了这个早先无人发现的岛屿。[10]

这批早期定居者从属于一个非同凡响的文明，在走向衰败前曾蓬勃兴旺了许多个世纪。他们利用掏空的树干制成独木舟，捕捉大量鱼类为食，一度过得颇为顺利。然而，由于人口增长，他们不得不把曾经覆盖岛屿的森林开垦为田，通过种植庄稼来扩大食物来源。最终，随着最后一片林地消失殆尽，曾经赖以捕鱼的工具也失去了原材料，整个文明随即陷入坐困孤岛、物质匮乏的窘境。[11]

尽管如此，他们的人口仍在增长，最后终于超出了这片土地的食物供给力。于是，敌对部落之间爆发了战争。1774 年库克船长抵达该岛时，岛民已经处于一贫如洗、你争我夺的状态，人口也锐减到了顶峰时期的零头。或许他们有过这样的天问：究竟是诸神抛弃了我们，还是我们背弃了自己？[12]

中美洲的玛雅文明和格陵兰岛的诺尔斯文明等古代文明也曾经历过类似的兴衰，他们的困境往往是大肆破坏赖以为生的资源所致。[13]我们今天的处境几乎如出一辙。随着全球人口增长，自然资源面临巨大压力，古今之间的相似已经到了令人不安的地步。

生命在地球上绵延兴盛了数十亿年之久，千奇百怪的文明也凭借充裕的自然资源各领风骚。今日的世界是70多亿人和种类繁多的动植物共同栖息的家园，在错综复杂的生命之网中，万物各得其所。

在演化眼中不过眨眼的工夫，人类这个物种已经从初来乍到的新手变成了塑造整个星球的霸主。在一段独一无二的历史时期，我们站在了全能全知的十字路口，于是某些科学家（出于种种错误的理由）认为我们的时期极其重要，足以单独成为一个地质年代。他们以"人类世"为其命名，言下之意是在这样一个新的地质年代，人类已经给地球带来了不可逆转的全局性改变。即便如此，亡羊补牢也仍然为时未晚。

科学家警告，如果我们一意孤行，很可能会导致一场自小行星毁灭恐龙以来规模最大的物种灭绝。这并非杞人忧天，因为物种已经在消失，而速度比先前预期的要快一千倍。

不仅某些生物永远地消失了，其他一些看似更加顽强的生物也在迅速走向消亡。过去四十年间，哺乳类、鸟类、爬行类、两栖类和鱼类的总体数量已经减半。[14]这样的数字着实触目惊心。

那么，造成这场大破坏的罪魁祸首是什么呢？答案就是全球人口对食物的需求。野生动物遭受的全部损失中，约有三分之二是因食物生产所致。[15]

也就是说，我们满足口腹之欲的行为竟然成了整个星球层面的主导活动，它不但影响着野生动物，也波及我们自身赖以存续的自然生态。

工业化农业，又称工厂化农业，是破坏性最强的活动。全世界近半数适宜居住的陆地表面和大部分人类用水都被用在农业上。[16]

为了生产食物，全世界每年要养殖约 700 亿只动物，其中三分之二出自工厂化农场。这些动物消耗的食物本可以养活数十亿食不果腹的人类。实际上，当今世界最严重的食物浪费不是由于我们把残羹冷炙倒进垃圾桶造成的，而是因为我们把可供人类食用的农作物喂给了工业化养殖的动物。这些动物产生的温室气体，总量甚至比全世界的飞机、火车和汽车合起来排放的还多。而 2050 年全球养殖的家畜数量预计几乎翻番，这对急剧恶化的自然环境无疑是雪上加霜。

"农进林退"意味着野生动物的消失，而在农耕与自然分道扬镳的情况下更是如此。

过去半个世纪以来，这种破坏性的新型农业已经发展到了将工业方法和理念推广至农村的地步。食物生产变成了另一种工业，大量生产原材料的方式往往予人以高效的印象，殊不知实际造成了严重的浪费。

无论是有意为之还是无心使然，工业化农业已经改变了我们对食物生产的看法。整个系统的重心从养活人口变成了无视消费需求的盲目增产。其结果便是，如今全世界一半以上的食物不是腐败变质、倒进垃圾填埋场，就是用来喂养圈养的动物。

上个世纪的历史很大程度上就是一部农耕的工业革命史。

人类先是在20世纪初学会了将大气中的氮转化成制造炸药和化肥的氨，接着又在战时研发出了神经毒气，"二战"结束后作为杀虫剂用于农业。于是，昔日的美国兵工厂有了新的任务，不再用氨制造炸弹，而是用来生产化肥。

自20世纪30年代的"大萧条"开始，美国对处境维艰的农民大力支持，导致谷物生产超速运转。享受财政补贴的谷物变得极其廉价和充裕，以至于在人们眼中几乎与动物饲料无异。驰骋于北美大平原上的牛仔开始退出历史舞台，取而代之的是谷物饲养的牛群和"肥育场"（feedlots）——后文中我们将不得不再度提及这个字眼。为了获取更多饲料，人们又把牧场开垦为田地。

或许是得益于"马歇尔计划"的资金扶持，美式工业化农业很快就不可避免地传播到了欧洲，进而开始替代传统耕作。为了重建战后满目疮痍的欧洲，美国推出了规模宏大的一揽子援助方案：首先帮助欧洲人从美国购买粮食，接着再让他们购买生产粮食的手段。除了移除贸易壁垒，促进工业现代化以外，援助计划也为集约式农业技术的跨洋推广提供了完美的渠道。那些接受援助最多的国家，有不少成了欧洲农业集约化的佼佼者，其中包括英国、荷兰、法国、意大利和德国。肉的确变便宜了，可代价是什么？

单一种植消除了整个丰富多彩的地貌，取而代之的是整齐划一的庄稼地，有时甚至绵延到目力所及的尽头。鸟类、蜜蜂、蝴蝶，还有它们赖以为生的昆虫和植物，随之日渐稀少。化肥和杀虫喷剂代替了保持肥力、遏制虫害的天然古法，蛋鸡住进了层架式鸡笼，猪也被关进了窄小的定位栏或拥挤的猪圈中，而鸡则要精心选育，快速催成，以至于它们的双腿几乎支撑不了大得不成比例的身躯。

于是，人和动物开始争夺食物。土地曾经被用于放牧和觅食，将人类无法食用的草转化成肉、奶、蛋等食物，现在则被用来种植农作物，喂养囚笼中的动物。

在粮食系统被饲料工业劫持的背景下，饲料种植已经成了一个独立的大规模产业。当今全球三分之一以上的谷物和几乎全部的大豆都被用作工业化养殖的饲料，而这些食物足以再养活 40 多亿人。

即使在这样的情况下，我们还是可以听见全球粮食危机迫在眉睫，以及必须在 21 世纪中叶让粮食产量翻番之类的论调。一个屡遭忽视的事实却是：现有的粮食已经足以养活地球上的每一个人，甚至绰绰有余。

现在的问题不是粮食短缺，而是如何处理粮食，而且这并不是专属于发展中国家的问题。即便在英国这样富裕的国家，旧有的思维方式也已显现出失灵的迹象。食物已经变得前所未有地廉价，但使用食物银行（提供救济食物的机构）的需求量却在增加。同样矛盾的还有广为肆虐的营养不良型肥胖，其根源就是吃了太多不该吃的东西。由此可见，真正的问题不在于能够生产多少质量堪忧的食物，而在于如何让人们获得数量和质量都足够的食物。可惜政策制定者们仍在努力扩张工业化农业，似乎不惜一切代价。

我们的星球正处于一个危险的临界点，因为全世界将近一半的肉食都出自工业化农场，而非混合农场。[17]

过去 25 年来，我见证了工业化农业带来的种种影响，而真正改变我人生的，则是与彼得·罗伯茨（Peter Roberts）的邂逅。如今我所运营的世界农场动物福利事业的领军组织"世界农场动物福利协会"，创始人就是彼得·罗伯茨。

彼得曾经是一名奶农。在创立世界农场动物福利协会以前，彼得和妻子安娜原本在英国汉普郡的混合农场里饲养奶牛和鸡。20 世纪60 年代，他眼看着工厂化农业兴起，但所见的情景却令他高兴不起来。工厂化农场如雨后春笋般涌现出来，但这些农场的母鸡、猪和肉用牛犊终生都在笼子或窄小的定位栏中过着囚徒般的生活。他还不安地发现，当时盛行的观念认为农场动物不过是生物机器，就像流水线上的产品一样，应当尽快实现规模化生产。彼得因此成了呼吁人们尊重和关怀动物的领军人物。他认为农场动物至少应该在死前享有值得度过的一生。

1990 年，我被他的义举深深打动，毅然辞去了在贝德福德郡的包装设计师的工作，跑到汉普郡彼得斯菲尔德镇的小办公室里与他共事。不久后我便先后在英国各地和海外奔走，同政客、记者、商人和各界名流频频会面，探讨农场动物的养殖方式。与此同时，我还开始亲身考察工业化农业。

刚刚加入那几周，我就曾建议彼得写本书。现在回想起来，那时他可能以为我在拍马屁，所以只是苦笑了一下。25 年后，书终于问世了，但作者并不是彼得。那本书是我和当时《星期日泰晤士报》的记者伊莎贝尔·奥克肖特合著的《坏农业：廉价肉品背后的恐怖真相》①（ *Farmageddon: The True Cost of Cheap Meat* ）。在调研过程中，我们走访了中国、美国、墨西哥、阿根廷和秘鲁的偏远地区，实地考察了最坏的和最好的乳品与肉食生产方式。

回国后我有了新的认识。我逐渐了解到农场上的鸟类、蜜蜂和蝴蝶，以及企鹅、北极熊、象、美洲豹、猩猩和犀牛等看似与农耕毫无瓜葛的动物究竟经历了什么，我了解到它们的命运其实同工业化农业息息相关。

这些见解正是《死亡区域：野生动物出没的地方》一书的主要素材。

我一直对野生动物充满热情。学生时代我就是环境保护主义者，后来还当过一阵职业导游，带着人们满世界观赏珍禽异兽，在美国、摩洛哥、塞舌尔群岛、比利牛斯山脉、直布罗陀海峡、土耳其和哥斯达黎加等地留下过足迹。

如今我生活在英格兰南唐斯地区的乡村，与农人为邻。我常常同内人海伦带着搜救犬"公爵"行走于田野和林间。我们的村子处在一座座混合农庄和崖壁陡峭的白垩岛屿之间，周围是一片树篱、小山、牧场和零星点缀的水塘组成的天地。

就是从这里，我开始为创作第二部作品而旅行，这是一场比上次旅行更为迫切的求索之旅。我跨越各洲——欧洲、美洲、亚洲以及更远的地方，试图为那些日益逼近农村的紧迫问题找到应对之策。我不但要协调传统上野生动物数量与食物生产之间的张力，还要将两者结合起来。这就是我眼中的未来：食物和自然不仅可以，也应该相辅相

---

① 此处译名为台湾如果出版社的繁体中文版书名。

成。一旦实现了这一点，食物本身也会变得更加可口。

从我隔壁的农民到消失的原始部落，从森林燃烧后的余烬到先导性修复项目，我发现有许多故事可以启发我们每个人从选择一日三餐的饮食做起，一点一滴地带来改变。我们可能已经是能够亡羊补牢的最后一代人了。要不然，那个拥有野生动物的世界恐怕就只能存在于记忆之中了……

归根结底，《死亡区域：野生动物出没的地方》提出了这样一个问题：我们究竟想给后代留下怎样的遗产？

探访复活节岛期间，博物学家兼电台节目主持人戴维·爱登堡先生（Sir David Attenborough）曾说："地球生命的未来取决于我们能否行动起来。很多人已经在做力所能及的事情。"他置身于古代巨像之间，得出这样的结论："只有在我们的社会、经济和政治全都做出变革之时，真正的成功方能实现。"[18]

本书探讨的即是需要做出哪些改变，以及为什么这一切与我们所有人息息相关。

第一章　象

棕榈之灾 [①]

"我们真的很担心孩子，"一个村民告诉我，"要是他们玩耍时我们不在怎么办？谁来救他们？"由于头天夜里遭遇了一场袭击，整个村子全民皆兵。警察也已到场，一时间群情激愤。

这是苏门答腊北部一个叫邦给（Bangkeh）的地方。我和几个当地人握了握手，他们似乎很乐于见到我们。这是因为，异国摄制组的到来意味着一个讲述故事的机会，而他们迫切希望外界了解他们的经历。

激动不已的孩子们窜来窜去，一名身着祭服的男子则面色凝重地站在一旁。有些大人看上去恐慌不已。

在案发现场，到处有人指指点点，还有人在悄声谈论袭击者进出

[①] 原文为 What's the Beef with Palm，语义双关。其中 beef 既指牛肉，在习语 what's your beef（相当于 what's your problem）中又有"抱怨、不满"之意；其次，这个标题是作者同名纪录短片的名字，短片内容讲的是苏门答腊岛为了种植更多棕榈树而破坏原生丛林和动物家园，以便对外出口更多用作肉牛饲料的棕榈仁。

的过程。地上则散落着夜袭留下的凌乱证据。森林边缘有座简陋的木屋被从侧面掀开了，室内情况一览无遗，各色衣物杂陈其间。那些被糟蹋得又湿又脏的衣物让人看了着实心痛，但居住其间的人显然完全顾不上晾衣服了：袭击者在"打砸抢"后逃回了森林，心有余悸的村民担心它还会卷土重来。

袭击者很可能是被做饭的香味吸引，过来搜寻当地闻名遐迩的优质大米。虽然袭击者最后匆匆逃走，但说服它离开还是花了一番功夫，以至于警察不得不鸣枪警告。可惜事情还没完。

"隔三个月它还会来一次。"村长萨里夫德维·阿吉（Sarifuddw Aji）叹息道。

那么，这个鬼鬼祟祟、专偷好米的家伙究竟是何方神圣呢？答案隐藏在苏门答腊茂密的森林中。这里不但是老虎、犀牛、猩猩和马来熊等众多异兽的家园，也是濒危的苏门答腊象生活的地方。袭击村子的正是一头苏门答腊象。

这绝非一起孤立事件。人们认为当地生活着二十头左右苏门答腊象。随着森林栖息地急剧萎缩，象群现在不但更加频繁地闯进村庄，而且更加难以吓退。"这是苏门答腊最后一片没被糟蹋的丛林，"阿吉告诉我，"我们从来不到林子里去，可是因为这个地方不错，大象又跑过来了。"

整个村里的人胆战心惊，却又无可奈何。当地人不想伤害大象，但如果政府不采取行动，他们也别无选择。"我们喜爱这些动物，"阿吉说，"无论如何都不想伤害它们。可如果政府不管，我们就只好按丛林法则来办了。"

死亡区域

那么，事情何以至此，大象的困境与发达国家对廉价肉食的需求之间又有怎样的联系呢？

与象夫（mahouts）同行

丛林之中，苏门答腊象巡逻队的营地迎来了第一缕曙光。为了防止野象同人类发生冲突，苏门答腊人专门驯化并训练了一小群野象做帮手，我来到此地，正是想看看他们是怎么做的。

我在营地上的小屋里勉强熬过了一宿。当我向外张望依然昏暗的森林时，拂晓的天空下树影憧憧，四处传来野生动物的声音。

连日来舟车劳顿，再加上长夜闷热难眠，我已是蓬头垢面，狼狈不堪。由于行李被航空公司弄丢了，我没有衣服换，身上穿的也因为水蛭叮咬弄得血迹斑斑。下巴上胡子拉碴，可见我迫切需要刮胡子。虽然没有镜子，但我估计这副尊容不怎么雅观。

尽管如此，苏门答腊之行仍然令我激动不已。苏门答腊是个泪滴状的岛屿，位于印度尼西亚西部。这个地区一向以世所罕见的生物多样性和文化多样性而闻名，在全世界已知的物种中，苏门答腊雨林中的植物占10%，哺乳类占12%，鸟类则占17%。[1] 如此胜地无疑是我等野生动物爱好者难以抗拒的天堂。

我睡眼惺忪、脚步踉跄地走出屋子，立刻听见百鸟齐唱。心潮澎湃的我随即在树叶间搜寻起各种鸣禽的身影，心想我的观鸟名录说不定会因此增添几个新物种。可惜这些鸟儿喧闹归喧闹，却个个都是善于隐藏行迹的高手，害我一只鸟也看不到。我这才忆起有时候想在雨林里一睹野生动物的风采是多么难得——明明四下里热热闹闹，却只闻其声，怎么也不见其踪。

有人告诉我，老虎会到附近的河边饮水，可我一心想着梳洗，还是手脚并用地穿越密林到了河边。我紧张四顾，并未发现有东西潜伏，于是蹲在一处安静的浅滩，用水洗去昨夜的疲惫。这时，一阵动静引起了我的警觉：下游的石头突然动了起来，几只小巧美丽的鸟儿匆匆而过。它们看起来像鹡鸰，但从身上惹眼的黑白斑点来判断，应该是我从未见过的姬燕尾。这场意外的邂逅真把我乐坏了！

可惜它们的鸣叫被河水的咆哮彻底盖过，周遭的一切声音几乎也同样如此。如果一只老虎伏在林中伺机而动，光凭听觉我恐怕永远都觉察不到。

回到营地时，赶象的人，也就是象夫，已经做好了早餐。我们在狒狒的喧闹声中就着咖啡狼吞虎咽地吃煎饼。虽然看不见这些狒狒（它们藏匿在茂密的林叶之中），但我可以听见它们在四周时而呼朋引伴，时而噼啪作响地走动，简直是在上演"大闹天宫"。

吃完早饭，就该跟着巡逻队上路了。过去经费充足，大象就被养在林子里离象夫的营地不远的地方。而如今没钱给大象买粮食，所以象群被安置在数英里外的丛林深处，享用大自然的免费食品。

前往该处需要穿越厚厚的沼泽植被，徒步3英里。就在我们准备就绪时，象夫们也穿着胶鞋现身了。我这才发现自己的步行鞋根本派不上用场，可能只比运动鞋稍好一点。片刻之后，我就窘态毕露了。象夫们忍俊不禁，却苦煞了没有衣物可换的我。我深一脚浅一脚地，每走一步，情绪就愈发低落。

一路上我不时发现胳膊或腿上又多出一条水蛭，更糟的是，就连衣服下面也有！这些扭来扭去的鼻涕虫似的东西吸的血比你想象得还多。我看上去简直像打过仗似的。

我们还没见到象群便听见了第一头雌象的声音，那是它用树枝驱赶苍蝇发出的"嗖嗖"声。眼见它被锁链拴着，我忍不住皱起了眉头：这样一头高大的生物竟然在这片神奇的野性之地身陷囹圄，实在有失和谐。象夫解开锁链后，它顺从地在原地转了几圈，把链条绕成了整齐的一堆。

巡逻队共有四头象，它们长着棕色的大眼睛和粗硬的睫毛，是一群无比温和的巨兽。象夫们一声号令，四头象便逐一蹲下，让他们爬到背上，坐在自己奋拉的大耳朵后面。随着矮树丛中一阵哗啦啦的躁动，队伍就上路了。眼前的景象着实令人震撼：地球上最大的陆地生物正列队行进，时不时甩动鼻子伸向前面的同伴。这支队伍在我的注视下转眼融入了丛林，蝙蝠那么大的蝴蝶在它们身边飞舞。我只能尽量快步跟上队伍。

象群每走一步都十分小心，俨然慈母背负着孩子。此情此景固然令人动容，但我知道大象毕竟不是玩具熊。这不，仿佛是为了提醒我它们野性犹存，身边的一头雄象如同吹号般发出了一阵震耳欲聋的响鼻声，震得我周围的地面都晃动起来。

苏门答腊象是亚洲象的三个亚种之一，另外两个亚种分别是印度象和斯里兰卡象，它们都比非洲的近亲体形稍小，用来扇风降温的耳朵也更为小巧。苏门答腊象约重 5 吨，站立时可高达 9 英尺，它们以各种植物为食，然后将植物的种子排泄到所经之处，起到维护雨林生态健康的作用。[2]

巡逻队里所有的苏门答腊象都是昔日"打家劫舍"的野象，被捕之后接受训练，才开始协助人类约束它们在森林里的野生同伴。巡逻队的任务是巡视村庄、耕地和丛林交界的地带，一旦遇到有野生象群过于接近，就用烟花爆竹之类的东西将其逐出人与自然相争的区域。

象夫们对这些帮手十分温和，而且尊重有加。

然而，当我听闻大象被训练成旅游休闲的工具，而且无论是从小圈养的还是野外捕获的大象，都要摧毁其心智、身体和精神才能驯服时，我还是沮丧不已。[3]

一位环保活动家曾告诉我："情况不容乐观。"虽然我并不清楚这些象受过怎样的训练，而且侥幸地希望训练是温和的，但我还是无法坦然接受象夫邀我同乘，哪怕我在矮树丛中寸步难行，又脏又难受。

由于苏门答腊岛丰裕的丛林财富已经所剩无几，而且压力有增无减，人与象之间的对抗愈演愈烈，巡逻队变得更加重要。

苏门答腊北部，尤其是亚齐省和以"勒塞尔生态系统（Leuser Ecosystem）"知名的广大热带雨林区，在整个东南亚残存的野生世界中具有举足轻重的地位。勒塞尔生态系统从印度洋沿岸延伸到马六甲海峡，占地超过 260 万公顷，涵盖两段大型山脉、两座火山和九大水系，是地球上最后一处能同时看到苏门答腊象、虎、犀牛和猩猩的地方。[4] 这里虽然尚有部分区域相对未受人为破坏——主要是因为这些地方几乎无法进入——但大片最为富饶的区域遭到了严重威胁，这些区域正是目前仅存的野象栖息的地方。

苏门答腊岛的森林垦伐速度令人惊心。从 20 世纪与 21 世纪之交至今，已有 120 万公顷的低地植被和 150 万公顷的湿地林区永久消失。[5] 半个世纪以前，印度尼西亚 4/5 以上的国土都被热带森林覆盖，如今那里的森林消失速度位居世界前列，剩下的森林已经不到原来的一半。[6]

这对苏门答腊象、猩猩和老虎而言无疑是个噩耗：它们几乎是眼睁睁看着自己脚下的家园化为乌有。极度濒危的苏门答腊象仅仅在一个世代的时间里就失去了 1/3 以上的丛林栖息地。其结果便是，过去 25 年来，许多象群整体消失了。[7]

非洲象虽然也面临种种威胁，但相比之下情况反而不错：世界上仍有 50 余万头非洲象。而据官方估计，极度濒危的苏门答腊象数量已经锐减到只剩最后 2500 头。[8]

苏门答腊象是迄今为止全世界最接近灭绝的象，但它们的困境却鲜为人知。在非洲，象牙猎手是最大的威胁；而在苏门答腊，偷猎行为虽然时有耳闻，但大象真正的敌人却是一种听起来远远不那么可怕的东西：棕榈种植园。

以总部设在亚洲、欧洲和北美的跨国产业网络为主导，全球棕榈市场的年交易额高达 420 亿美元。[9] 表面上，这是一桩人畜无害的生意。从空中俯瞰，棕榈种植园看起来就像巨大的绿毯。因此很难想象，这些赏心悦目、令人想起假日照片的绿荫怎么会带来如此严重的损害？

可惜事实是残酷的，棕榈种植园像其他单一种植的农田一样，由绵延数英里的同一种植物构成，靠定期喷射除草剂和杀虫剂来维持，人为制造出杂草绝迹的地貌。苏门答腊雨林内 1 公顷（大致相当于两个足球场）所能承载的树木种类比整个英国的本土树木种类还多。[10] 相比之下，棕榈种植园只有千篇一律的棕榈树。森林一旦被它们取代，便一去不复返。

为了提高棕榈油产量，就要扩大种植园的规模，这正是过去20年来促使森林消失的元凶。[11] 食品工业需要棕榈来榨取食用油，进而生产人造黄油和雪糕之类的成品。棕榈油保质期长，因此用途特别广泛。据世界自然基金会统计，超市里近一半的产品都有棕榈油的成分。[12] 自2000年以来，棕榈油的生产已经扩大了1倍以上，而全球大部分原料都产自印度尼西亚和马来西亚。从20世纪90年代后期至今，印度尼西亚棕榈种植园的面积几乎增加了3倍。[13]

这都不是什么秘密。实际上，2004年成立了一个名为"棕榈油可持续发展圆桌会议（RSPO）"的产业集团，旨在关注伐木开垦棕榈园造成的灾难性环境影响。[14]

然而，棕榈产品还有一个相对鲜为人知的用途，就是广泛用于喂养工厂式农场里的牲畜。棕榈微红色的果肉可以榨油，但它的用途并不止于此。在果肉深处还有可以食用的果核，也就是棕榈仁。这种坚果被加工成棕榈仁油和棕榈仁粕，或者叫"棕榈仁饼"，接着被运往世界各地（尤其是欧洲）的工业化农场，成为食槽里供农场动物食用的饲料。据马来西亚的研究者称，棕榈仁粕堪称饲料界的万金油，不仅可以喂牛、绵羊、山羊、猪和家禽，甚至可以喂养人工养殖的鱼。[15]

截至2011年，全世界棕榈仁粕的年产量在10年间增长了1倍以上，高达690万吨。[16] 欧盟是最大的进口方，2012年进口额约占全球产量的一半。按国别来说，最大的使用国则是荷兰、新西兰、韩国、德国、英国和中国。然而，棕榈仁并非唯一用作饲料的棕榈产品。根据英国政府提供的数据，据说2009年也有15万吨棕榈原油及其副产品（即所谓的棕榈油脂肪酸馏出物）[17] 被用于喂养动物。[18] 大多数棕榈产品制成的饲料都流向了牛群。通常情况下，棕榈仁在牛饲料中的比重可达 1/5，在绵羊饲料中可达 1/10，而在牛犊、羊羔和育肥猪饲料中也高达 5%。[19]

我发现很少有人知道棕榈仁被用作动物饲料，而知情者往往对这一做法嗤之以鼻。一位如今在苏门答腊开展工作的环保活动家曾告诉我，他之所以从祖国新西兰的奶牛场辞职，就是因为他发现存放奶牛饲料的储料器里有棕榈仁。新西兰是个素以绿色形象自豪的南太平洋岛国，如今竟然成了棕榈仁的主要买家。有些奶农把棕榈仁视为"救命法宝"，认为它有助于在缺草时填饱牛群的肚子。然而，环保人士曝光的越来越多的事实已经开始令部分业内人士不安。[20] 例如，新西兰最大的跨国乳制品公司"恒天然（Fonterra）"就一直在劝说奶农减少使用棕榈仁，以免激起消费者的不满。[21]

可惜，消费者很少知道，他们购买的牛奶、牛肉和咸猪肉很可能产自吃棕榈饲料的牲畜，更不会想到这会让全世界所剩无几的丛林中那些标志性的野生动物进一步走向消亡。

在苏门答腊，这个欣欣向荣的产业造成的后果便是迫使野象冒险涉足本不该涉足的地方：森林边缘。很不幸，它们和人类一样喜欢平坦的低地。

在人与象这两个物种的竞争中，后者永远是输家，不是输掉领地就是输掉性命——有时候它们会败给偷猎者，对那些人而言，如果野生动物到处乱闯引来当地媒体的报道，那简直就是送上门的机遇。

运气好的时候，野象闯到丛林外围时会遇到巡逻队，就像我现在随行的这种，它们会被赶回丛林中。这些巡逻队的正式名称为"保护应急响应小组（Conservation Response Units，CRU）"，它们是亚齐大学气候变化行动计划的项目主任瓦赫迪·阿兹米（Wahdi Azmi）博士的心血结晶。这套系统之所以可行，是因为大象倾向于沿河谷底部迁徙，具有高度的可预测性。CRU 在这些与人类社区接壤的迁徙路线上巡逻，便可防止冲突发生。

苏门答腊最后的那些大象现在零星分布于一个面积相当于英国两倍的岛屿上，而对零星栖息地开展简易的保育措施已经无法满足实际需要。超过 4/5 的象都生活在指定保育区以外，因此正如阿兹米所言："如果我们的保育工作仍然沿用老一套，也就是只对某个物种的保育区进行保护或维持，那八成以上的象都会消失。"

保育和护林工作归雅加达的中央政府管辖，但大多数的象却生活在地方政府的势力范围之内，这一矛盾令问题雪上加霜。大象与人类社区之间的冲突愈演愈烈。"有些被政府划为种植园的土地恰好位于优良的大象栖息地内。"阿兹米说。

按照阿兹米的设想，CRU 将在象群的迁徙走廊巡逻，防止象群与人类发生冲突。于是，在印度尼西亚因 2004 年的大海啸获得全球关注后，CRU 建立了。它在成立之初是一支颇为自豪的队伍，不仅统一制服，训练有素，而且装备精良。成员在本职工作之余还开展公益教育，甚至协助缉捕非法伐木者。然而，随着媒体关注度降低，国际上为保育工作提供的大部分资助也削减了。昔日的光辉岁月早已成了回忆。

"现在经费不像第一年那样充足，"马内（Mane）地区保护反应小组的象夫领队扎因·阿比丁（Zainal Abidin）说，"以前可以连巡两夜，那时候有钱这么做，可现在不行了。我们现在顶多照看一下大象，别的事情都是奢侈。"

大象巡逻队现在靠地方政府的施舍勉强维持。他们的工作仅限于得知出事后前往干预，而无法防患于未然。从前傲然竖立在营地入口处的标志已经在长年累月的曝晒之下严重褪色，几乎无法辨认。现在的工作还远远不够。

贝尔·格里尔斯 ①，吃个痛快吧

距我动身前往苏门答腊还有几天的时候，印尼政府突然宣布对外国记者和国际组织代表实施新的签证限制，据说是担心有人从事间谍活动。要想开展我们计划中的这种旅行必须获得书面许可，而这要将活动细节上交国家情报局审议后才能拿到。

整个过程很有可能耗时数周，而我们等不起，所以要么取消行程，要么强行推进。幸运的是，由于各界强烈抗议新闻自由遭到侵犯，新的规定出台数日后便宣告作废了。[22] 然而，这个插曲却充分暴露出印尼政府已经变得多么敏感多疑，也是此行不会太顺利的首次征兆。

我的行李弄丢还只是序幕，之后的情况越来越糟。长时间在泥沼中涉水本来就令我们苦不堪言，而夜里我们不是在丛林里将就一宿，就是在蚊虫成灾的廉价旅馆里倒头便睡。每从一地前往另一地，我们

---

① Bear Grylls（1974— ），特种兵出身的英国探险家、电视节目主持人、作家兼励志演说家，主持过多档求生类真人秀，尤以《荒野求生》最为知名。其野外生存的一大特色就是因地制宜地食用种种难以想象的东西。

都要在坑坑洼洼甚至称不上路的"路"上从头颠到尾。这些还不打紧，最糟的是，我们的整个计划被全盘打乱，因为随行翻译几乎说不了几句英语，而向导又对我们的旅行路线一无所知。

经历了两天的闹剧后，我终于受够了，立刻给总部打电话，向同事们大倒苦水。最终，某个据说曾为电视明星贝尔·格里尔斯做协调疏通工作的灵通人士被请进了摄制组，专程从雅加达飞来解围。

时年 37 岁的邓迪·蒙哥马利（Dendy Montgomery）是一个转行以制作野生动物纪录片为业的前路透社记者，曾在贝尔·格里尔斯赴苏门答腊拍摄《荒野求生》期间担任现场制片和助理导演。事实证明，邓迪正是我们需要的人选。在余下的旅途中，他不时向我们讲述那位荧屏硬汉的趣闻逸事以及他俩共同经历的种种冒险，令人大饱耳福。

出生于班达亚齐（Banda Aceh）的邓迪在 2004 年惨绝人寰的大海啸中失去了 50 名家人。在海啸袭击那个北方省份的过程中，共有 17 万印度尼西亚人失踪或死亡[23]，亲历过那一刻的他向我描述了当时的惨状：四周的房屋在最初的地震中土崩瓦解，人们四散奔逃，试图躲避即将吞没整个社区的巨浪。邓迪和妻子驾驶吉普车迅速逃离，中途短暂停留搭载了几位乘客。就在水墙气势汹汹地逼来时，他看见了一位盲人女性，连忙拉她上了车。出乎意料的是，他的母亲当时也从家里逃了出来，机缘巧合，竟然正好被他撞见。他告诉我们，如果当时没有停下来救那个盲人，很可能就与母亲天人永隔了。

大海啸促使印尼政府与自由亚齐运动（Gerakan Aceh Merdeka, GAM）达成了和平协议。然而讽刺的是，此举也为砍伐当地的森林打开了方便之门。20 世纪 70 年代，美国的石油和天然气公司同印尼中央政府签订协议后，着手对亚齐的自然资源进行开发。亚齐的激进分子深感自己没有得到应有的好处，便开始呼吁独立。多年来，由于残酷的内战导致大规模庄稼种植和公路扩建无法开展，亚齐的相当一部分区域都保持着原貌。2004 年停火后，和平状态固然可喜可贺，却使各种棕榈油生产公司有了可乘之机，得以染指苏门答腊象最后剩下的大片森林栖息地。

邓迪曾以战地记者的身份报道过那场内战，故而对亚齐地区的森林变迁了如指掌。他不但目睹棕榈产业的兴起，也知道未来的发展方向。于是，我们一同来到了印尼北部的亚齐省，据说这里是伊斯兰教传入印尼的第一站。我们看见裹着头巾的女人们巧笑嫣然，有些妇女虽然穿着新潮的鞋子，身上却仍然裹着严严实实的传统伊斯兰长袍。男人则似乎没有此类限制，想怎么穿就怎么穿。

我们在通往东部的主干道旁停下来吃午餐，踏板摩托车"咯哒咯哒"地从旁边经过。其后数日，无论走到多么偏远的地方，周围似乎都伴随着这种摩托车的声音。

在半露天式的小餐馆里，侍者给我们端来了几碗堆得老高的菜，里面尽是各种各样的大鱼大肉，看不到一丝蔬菜的踪影。

邓迪告诉我们："随便吃，只有动过的菜才算钱。"

"好吧。可他们怎么知道哪些菜没有动过呢？"我好奇地问。

"呵，他们自有办法……"

我觉得整份菜单上的菜都堆到碗里摆在了我们面前，可菜还没上完。一个身上裹得严严实实的女人又往桌上放了几盘菜。她原本面无表情，但我笑着说了声"谢谢"，她匆匆回以微笑，然后就走开了。

由于接下来还要长途跋涉，我们便本着能吃多少就吃多少的原则胡吃海塞了一阵。吃完后，一行人又沿着繁忙的街道上路了。眼见一头山羊从一排服装店旁走过，我们便知道接下来的路途多么凶险了。公路上不仅有山羊和鸡，甚至还有牛群信步穿行，完全无视滚滚车流，害得我们的司机频频急转和急刹车。除此之外，其他车辆也是威胁，因为它们视路上的一切如空气，随心所欲地超车。好几次我们都险些相撞，而在这些惊心动魄的时刻，我紧张得几乎忘了自己究竟是乘客还是司机，可其他人竟然气定神闲。我不禁暗想，在这种时刻不得安宁的乱流中摸爬滚打，会不会让人车技大增？从我们的司机临危不乱、避让自如的神情来看，答案应该是肯定的。

街头小贩们兜售着塑料瓶装的汽油，那些呼啸而过的踏板摩托车大军就是靠这种燃料尽情驰骋。有三辆摩托车跟我们同路，尾箱上都横着一头死野猪，想必是打算卖给中餐馆等非清真餐馆。第四辆疾驰而过的摩托车上则有只狗从篮子里探出脑袋——应该是只猎狗，但也有可能是等着下锅的食材。北苏门答腊地区的基督教人群既吃野猪肉，也吃狗肉，而且都要用棕榈酒来就着吃。邓迪告诉我："当地餐馆里有点菜的暗号，B1 代表狗肉，B2 代表猪肉。狗肉比较难找，但猪肉到处都是。"

我们在这片棕榈之乡驱车行驶了整整四个小时，路旁的景致除了棕榈树绿色的树冠别无他物。"棕榈，棕榈，一眼望去全是棕榈。"邓迪不禁慨叹。鲜黄色的棕榈油罐随处可见，疙疙瘩瘩的棕榈果在旁边的集装箱车上堆积如山。我粗略数了数，就有三十多辆这样的货车。

我们沿着一条土路颠簸行驶，沿途无穷无尽的棕榈树中也簇拥着一些小社区。鸡、鸭、牛在住宅和半开放式的小餐馆之间自由漫步。我欣慰地想，至少这里的农场动物没问题，因为它们无疑是自由放养的。这时，又一辆踏板摩托车从旁边驶过，我看见骑手扛着一根长杆，杆子的一端绑着刀刃——人们正是用这件工具来收割引起诸多纷扰的棕榈果。

尽管面临遭到劫持、枪击和拘捕的警告，我们还是闯入了苏门答腊岛蓬勃发展的棕榈产业的心脏地带。不过，为了保障安全，我们有一件秘密武器：邓迪请来了当地一个人称"老大"的江湖人士布拉戈索先生（Mr Prakoso）。据说只要他在，谁也不会为难我们。

我们把车开进布拉戈索的宅子里，却不小心撞倒了庭院的一面矮墙。这样的"见面礼"着实叫人难堪，好在他似乎并未放在心上。实际上，"老大"和他两个十来岁的女儿都笑了。布拉戈索自己就是棕榈树和橡胶树种植者，拥有一块混合种植地。不过，他也是原生林的捍卫者。

布拉戈索向我们解释了丛林为什么对当地社区和野象同等重要。"这片森林是集水区，必须好好保护，"他说，"因为村民们用水都要靠它。"天然林中的树木能把储存的雨水缓慢地释放出来，发挥调控水流的作用。不仅如此，它们还能固土护坡，在防洪中起到关键作用。

布拉戈索说："如果失去了这片林子，两天不下雨就会干旱，连下两天雨又会淹水。"近日一场水灾摧毁了两座民宅，据信就与当地森林遭到破坏脱不了干系。"我希望看到退化的土地复原，重新种上那些可以储水的树，比如果树，"他虽然这么说，却对前景并不乐观，"政府正在发放许可证，允许公司在这片森林里开辟棕榈种植园。我恨那些公司，恨它们给我们和水资源带来了负面影响，恨它们造成了各种自然灾害。"

这个地区似乎每隔十年就会发一场大水。1995 年，邓迪担任记者的时候就曾被一场严重的洪灾困于此地。十年后，洪水再度袭来。预计很快会有更多的洪水，所以当地社区正在积极备战。然而，由于大片森林消失，这次的灾情恐怕要严重得多。

棕榈树本身没什么错，问题出在种植方式上。如果作为混合地貌的一部分，棕榈树能给社区带来利益，同时又不会破坏野生动物栖息地、妨碍有助于调控洪水等的重要生态系统。但以工业化方式单一种植的棕榈林，则给人和动物都带来各种各样的问题。

布拉戈索告诉我，村民如果拥有自己的土地，就会把棕榈树和果树等其他植物混种，形成更加平衡的人造林。而大公司拥有卡特彼勒公司生产的工程机械等重型设备，事事倾向于规模化发展，所以往往成排地种植单一作物。他叹息着对我们说："大公司靠推土机解决问题。"

当地村民已经忍无可忍，他们不愿看见丛林向这种产业进一步开放。天然林被砍伐后便一去不复返。工人们搬进园区，接着是他们的家人，还有为他们服务的商铺。不知不觉间，一个新的村庄就兴起了。

村民们觉得自己的土地被一家大公司巧取豪夺，一怒之下决定亲手讨还公道。2012 年，布拉戈索焚烧了一辆推土机表达抗议，结果被监禁 9 天。和他一样的人还不少：共有 200 余人参加了抗议活动，其中 9 人因此身陷囹圄。

布拉戈索带我们前往当地人同棕榈公司激战过的地方。由于下着瓢泼大雨，此行变得艰险异常，我们乘坐的四驱车费尽九牛二虎之力才爬上那些陡峭的土路，司机也得使出浑身解数才能掌好方向盘。本来就颠簸无比的路现在变得像溜冰场一样滑。我们的货车摇摇晃晃，在两侧的边坡左碰右撞。时不时出现的悬崖绝壁，让人不由得提心吊胆，生怕车子会栽下去，从此湮灭于人世。棕榈叶"啪啪"地抽打着挡风玻璃，我们则在车里摇晃，好似在没有安保设施的情况下乘坐某种疯狂的游乐设施。

最后，我们好不容易爬上了一座名叫蒂蒂阿嘎（Titi Akar）的小山，却发现所到之处满目疮痍。一只林雕从所剩无几的森林上空哀鸣而过，停在了最后一棵残存的大树之上。一个贫瘠的山坡上，植被已被火烧过了，蒙上了旨在防止丛林收复失地的塑料薄膜，棕榈树苗从中破土而出。昔日壮观的森林如今只剩下焦黑的残桩。

这里本是一座富含各类植物的丛林宝库，不久之后就要让位于整齐划一的单一作物了。燕子和金丝燕贴着山顶新近裸露出来的地表低飞，工人们脸上涂了黄色防晒霜，正忙着栽种某种蔓生匍匐植物，阻止土壤流失。我们前方的坡地刚刚遭到砍伐，原木和落枝在半山腰横七竖八倒了一地。附近那片林子虽然仍旧矗立着，但也是时日无多，很快就会被人们对棕榈的贪欲吞噬殆尽。

与我同行的是 27 岁的生态环境保护者德扎·巴列维（Tezar Pahlevie）。他是个高个子，面部棱角分明，一度在当地政府供职，现在成了游说团体"森林、自然与环境亚齐（Forest，Nature and Environment Aceh，HAKA）"的区域理事。"跟政府打交道简直叫人绝望，"他说，"该做的事情都跟他们讲了，可他们就是无所作为。"

巴列维最近在这一带发现过野象的踪迹。此时他望着那片树木被砍伐的山坡，向我抱怨道："真是令人作呕，恶心至极！现在只剩这么一点儿森林，大象根本没法生存……它们在这种单一作物构成的种植园里什么吃的都没有，没法生活。"

由于种种原因，棕榈种植园和大象无法共存。人们清空丛林后种植棕榈树苗，然后用化学品加以保护，爱啃棕榈的豪猪和野猪就会中毒而亡。有时候，野象也会因此付出生命的代价。"昨天有村民在油棕园里发现了一头成年野象的尸体，"巴列维说，"他们说是被毒死的。"亚齐地区的象总共只剩下 500 头，而这已经是我一周内第二次听闻有大象死在种植园里。

巴列维还在这片地区看见过猩猩。据估计，当地可能栖息着三个育有幼崽的猩猩家庭。然而，我们俩对棕榈遍布的山谷和光秃无树的山坡勘察了一番后，不约而同地得出了结论：那些幼小的猩猩和大象一样看不到未来。

无人机参与救援

格雷厄姆·厄舍（Graham Usher）站在一张玻璃桌前，桌子的玻璃柜里陈列着自婆罗洲和苏门答腊收集来的各种植物种子、叶片与动物头骨。他夸张地拿出一个长盒子，然后变戏法般拽出一台聚苯乙烯材质的小飞机——那是他与棕榈种植园作斗争的秘密武器。"瞧，"他不无自豪地宣告，"这就是勘测森林的无人机。"

厄舍居住于棉兰（Medan），他代表着目前活动于苏门答腊地区的一类新的生态环境保护者：知识渊博，善于利用前沿科技。原居英国伊普斯威奇（Ipswich）的他于1979年来到印度尼西亚，此后便一直留在这里。在他看来，印尼拥有一些不错的规划和环保法。从理论上说，勒塞尔生态系统已经被正式确立为国家级战略环保区。"如果能落到实处，将会对那些物种的长期生存大有帮助，"他说，"只可惜现在基本被忽视了，形同虚设。"

通过放飞无人机，厄舍不但可以监测森林的状况，还能绘制其逐渐遭到蚕食的详细过程。这些无人机——厄舍更喜欢称之为无人航空载具——拍摄的图像比卫星照片更加清晰，成本却更低廉。

"我们大约从三年前就开始试验无人航空载具了。你去找政府官员的时候，要是能把一张高清照片摆在他们面前，结果将截然不同。他们会说：'哦，原来如此，我完全理解你的意思。'这是因为他们能真真切切地看见整个情况。"

不过，厄舍也坦承，棕榈种植业对那些一心打算从中牟利的人来说的确诱惑不小，因为棕榈树不但生长快，而且产量高，出产等量植物油所需的种植面积比其他作物要小得多。例如，棕榈的单产量据说比大豆高10倍左右，比油菜籽则高5倍左右。[24]"如果以公顷产量计，棕榈这种作物简直就是奇迹！"他说，"可问题就出在棕榈种植面积的不断扩大和扩张方式上。"

业内人士谈论棕榈种植园的掠夺性发展时，总喜欢用"可持续"

一词，原本是为了让大家都感觉好受一些，可很多时候实际上等同于空话。为什么这么说？因为我一次又一次地发现，这个词不过是个已经用滥的幌子，在它的掩盖下，各种后患无穷的农业生产正在肆无忌惮地扩张。

我们在谈论棕榈油或是其他任何东西的"可持续"时，都应该首先想到地球的承载力。到 2050 年，棕榈产品的全球需求量预计将是现在的 3 倍，实在难以想象，我们如何能既满足这一需求又不对环境造成大规模影响呢。[25] 其中的道理并不复杂：简单地说，把大片繁茂的丛林砍伐殆尽，代之以单一植物，实际上就是在屠杀那些原本可以在原生林中存续下去的动植物。

当前棕榈林大多向低地丛林之中扩张，因为棕榈园主偏好在地势低洼的地方种植棕榈树。的确，低矮、平坦的地形更适合大型机械耕作。然而，用厄舍的话来说，"这些也是生物多样性最丰富的林子，是那些具有标志性的大型动物的家园。50 年前覆盖苏门答腊岛大部分地区的森林，现在只剩下一点零头了。"

他边说边指向一张卫星拍摄的图片，上面标示出的一块块绿色就是苏门答腊所剩无几的林区，而这些地方多为大象不会涉足的高地。他对大象的前景表示"非常悲观"，甚至直截了当地说："它们已经没有活命的地方了。"

厄舍给我看了一些他用无人机航拍的视频片段，其中突出展示了开荒、焚烧和排放废水的证据。"看了叫人绝望。我的无人机飞到任何地方，都能发现森林被不断蚕食的大量迹象。有些区域甚至不是蚕食，而是鲸吞。"

死亡区域

土地侵蚀几乎没完没了。人们开辟一块地，就能获得所有权。五年后，他们又把范围往外扩一点。"行，那咱们重新划界。问题是地界一直在扩张，标杆一直在变动，"厄舍说，"从来没有人一边划线一边说：'停下，不能往前了。'"

这一切对苏门答腊象有什么影响？"这就好像我用推土机夷平了你家房子，就这么简单。它们就要无家可归了。"

我在苏门答腊期间，还见到了不愿透露全名的伊斯干达先生（Mr Iskandar），他是东亚齐地方政府的林业部部长。我想听听官方的路线。伊斯干达先生正在丹嘎汉（Tangahan）寻找解决野象与社区之间冲突的方案，具体很可能是通过建立更多的大象巡逻队。他通过一名口译员告诉我，政府其实对象群规模的缩减非常忧心。过去十年，亚齐地区据说已经失去了一半的大象。每1000头大象之中，可能只有500头尚存于世。印尼全国范围内的情况甚至更糟，据说过去十年中70%的大象都消失了。而那些同我交谈过的专家估算，野外残存的个体现在可能只有1700头。

"东亚齐地方政府对野象的保护工作不仅完全支持，而且非常关心，"伊斯干达先生宣称，"政府今年已经把大象列为优先抢救的对象，因为我们意识到，毁林开荒确实让大象的生存日益艰难——这正是发生冲突的原因。"

如今，苏门答腊棕榈种植业背后的推动者被认为是大中型经营商，它们往往无视法规，让开垦面积超出许可范围。

"我们不太担心村民毁林开垦种植园，因为大多数村民只开垦小片土地，"伊斯干达先生说，"我更关注的是那些大公司，有时候他们的做法确实不太好，比如开垦超出许可范围的土地。所以今后，我们要在可以开垦和必须保护的土地之间划清界限。"

听起来不错，但并非所有人都买账——政府的信用记录并不怎么好。

厄舍对我说："土地相关法规必须切实执行。我们知道不可能挽救剩下的每一片森林，但只要土地法能够真正贯彻执行，很多林区都能得到保护。归根结底还是需要政府大力监管。可惜我们现在面对的是一个完全没有政府监管的无法无天的乱局。"

从棕榈到工业化农场

在苏门答腊的最后一天，我还经历了意想不到的险情。当时我们站在一望无际的种植园里，等一名青年男子用那种末端带小刀的长杆为我们摘取棕榈果。他对着我们上方的树冠又戳又砍，最后，一个菠萝大小、疙疙瘩瘩的果实终于砰然坠地。

我捡起果实，立刻被它的重量震撼了——单单一个棕榈果就差不多有15千克。上面还爬满了蚂蚁，它们顺着我的胳膊一路向上，爬进衬衣里面。

就在我端详棕榈果的时候，头顶上突然传来一阵沙沙的骚动，我听见有人叫喊，还有一阵巨响，于是本能地跑开了。就在我仓皇逃命时，噼里啪啦的声响向我们压下来，最终变成震耳欲聋的巨响，接着我就感到后脑勺被重重地拍了一下。原来是一棵南洋楹木倒下了，树冠在我后脑上抽了一下。想必是收割棕榈果时把那棵树弄得松动了，我险些被它压扁。

清理完现场后，发现没人受伤，我马上又回去切棕榈果。果肉下面露出了珍珠白的坚果，也就是所谓的棕榈仁——如今支撑着全世界工业化牲畜养殖的东西。

棕榈仁市场发展迅猛。2013 年，棕榈仁形成了交易额达到 34 亿美元的产业，每生产 7 吨棕榈油，就能产出 1 吨棕榈仁。近年来，对棕榈仁的需求高涨。从 1990 年到 2013 年，仅印尼的棕榈仁交易额就翻了 10 倍。棕榈仁可以充当工业化养殖动物的饲料添加物，这个成熟的市场让每颗棕榈果的收益增加了十分之一左右，进一步促进了棕榈种植业的发展。

欧盟是世界上最大的棕榈仁进口商，欧洲农场用棕榈仁来喂养动物的需求日益旺盛。2012 年，欧盟进口了 360 多万吨棕榈仁粕，相比 2000 年增长了 0.5 倍。不过，中国对棕榈仁的市场需求也在增长，同期进口额甚至翻了 100 倍。新西兰的棕榈仁使用量更是翻了 2500 倍，主要用于支撑逐渐工业化的乳品业。[26]

环境学家通常认为"棕榈油可持续发展圆桌会议（RSPO）"是获取环保棕榈产品的唯一可靠来源。该组织试图同棕榈加工公司合作，减少对自然栖息地的侵占。这就要求所有新辟的种植园都不得占用已被界定为"原生林"的土地，那些都是未受人类活动影响或有重要保护意义的原生林。[27]在棕榈油可持续发展圆桌会议的"棕榈开发责任保证书"上签字的公司郑重承诺，不再参与任何杀害大象的活动。

可惜的是，这项行动计划仅涵盖了全世界五分之一的棕榈油生产厂家和不足五分之一的棕榈仁生产厂家。格雷厄姆·厄舍说："很不幸，加入 RSPO 的从业者只占少数，而印尼为数众多的中型企业根本不遵守任何规范。"

更何况，RSPO 自身也并非无可指摘。绿色和平组织发表了一篇名为"替毁灭担保"的报告，称现行标准定得太低，以致那些在保证书上签字的从业者仍旧可以"肆无忌惮地破坏森林"。另一方面，报告还宣称该计划未能涵盖那些国际知名的日用品品牌，因为它们可能因为使用棕榈油而有"破坏森林之嫌"。[28]

无论目前亡羊补牢成效如何，我都迫切希望进一步了解购买棕榈产品的消费者和公司可以做出哪些力所能及的改善。厄舍对消费者的力量颇为乐观，他说："欧洲和北美的消费者的确做出了贡献。他们的呼声得到了倾听……施压群体和消费者的关注带来的政治冲击确实影响了政府决策。当然，冰冻三尺非一日之寒，改变是一个漫长的过程。问题是，我们还来得及吗？"

普通购物者对于削减棕榈仁市场能够发挥什么作用呢？说到底，欧洲又有多少消费者知道，那些牛奶和牛肉，竟然来自在从前的大象栖息地的灰烬上饲养的动物呢？

有心的消费者可以挑选牧场放养法生产的牛羊肉，或者有机乳品，这些产品更可能源自用草料而非含棕榈产品的浓缩饲料喂养的动物。购物者可以询问超市工作人员，弄清肉产品的生产过程是否涉及棕榈，从而确定是否对大象有害。

英国和荷兰的饲料工业已经确立了确保完全可持续的发展目标，这些行动的领导者分别是荷兰饲料协会（Nevedi）和英国农业产业联盟（AIC）。德国、挪威、瑞典、法国、比利时和丹麦等其他国家的饲料工业则尚未加入任何棕榈产业可持续发展倡议。

话说回来，当初究竟为什么要用棕榈仁喂养农场动物呢？欧洲对工业化农场生产的廉价肉品需求强劲，为此已经消耗了超过半数的自产谷物和 3000 万吨进口大豆，更遑论不计其数的鱼类。如今，苏门答腊地区种植的棕榈也在危害环境的饲料清单上占据了一席之地，尽管还有许多现成的替代品可供选择——这些将在本书随后的章节详述。

最令人忧心之处在于，棕榈仁的使用可能导致工厂式养殖更加普遍：这种唾手可得的饲料会诱使农民将动物驱离草场，转为封闭式饲养。牛群尤其受到影响，因为牛饲料中棕榈产品所占的份额可以比其他牲畜饲料更高。平心而论，遵循自然规律，直接给牛喂草不是简单得多吗？我希望，在之前的拙著《坏农业》中已经表明了这种想法是有依据的。后文中也将进一步探讨这一点。

我们现在陷入了一个恶性循环。棕榈仁粕作为驱动工业化养殖的饲料，变得越来越容易获取；而工厂式养殖的扩张反过来刺激了对棕榈仁之类廉价饲料的需求。于是，大片土地被开垦改造成生产动物饲料的单一作物田，而不是用来生产粮食。苏门答腊日渐稀少的象群则属于这个程式中被逼出局的输家。

棕榈产业或许会为自己开脱，宣称棕榈仁相对于兜售棕榈油的主业不过是变废为宝的副产品：与其白白浪费，不如充当饲料。而且，要降低对棕榈仁的需求，首先必须降低对棕榈油的需求。这番辩解虽然不无道理，但也不是放任事态恶化的借口。

更何况，正如后续章节将要揭示的那样，我们无法用任何借口来解释，为什么要种植数百万英亩^①的玉米、大豆等其他农作物，而大部分都用来饲养集约化养殖的农场动物。

在偏远地带，大象和老虎等壮丽雄奇的物种正被逼入绝境。殊不知，离我们近得多的乡村地区同样岌岌可危。

---

① 1英亩 =4046.86 平方米 =6.07 亩。

　　　　　　　　　　　　　　　　　　　　　死亡区域

第二章　仓鸮

野寂天清

山顶的林地上空，许多身影在渐渐昏暗的暮色中舞动。它们优雅无比，又有几分类似史前生物，宛若巨大的蝴蝶。它们大约有 40 个，拍动的翅膀和尾羽形成一阵无声的旋风。接着，它们振翅滑翔，在橡树、桦树和松树之间消失得无影无踪。这些鸟是越冬的赤鸢，它们的冬季栖息地就在我位于英格兰汉普郡的村庄郊外。

它们遁形于夜色之中后，我瞥见了一个幽灵般的身影：一只白色的仓鸮。它悄无声息地沿着树篱滑翔，用锐利如炬的黑眼睛搜寻着早餐。在这个冬日的瞬间，在天光将逝的时刻，昼行性和夜行性的鸟类同时出现在这一幕冬日的场景中。

在家门口便能目睹这幅美景，令我备感荣幸。赤鸢一度在英国非常罕见。我在 20 世纪 70 年代开始观察野生动物时，全国的赤鸢只有四十来只，而且全都分布于威尔士最偏远的地方。如今，这些高贵美丽的猛禽不仅华丽归来，而且数量大增。

在南唐斯这边，仓鸮的情况也相当不错，离我们小屋不过几步远的地方，便有好几对筑巢。不过，放眼更广阔的乡村地带，形势就不太乐观了。虽说仓鸮的数量一直起伏不定，但2013年却是有记录以来最糟糕的一年——这年死于春寒的仓鸮比以往任何时候都多。[1]

我们很容易将这归咎为不可抗力，毕竟天气不以我们的意志为转移。然而，英国的田间地头还有别的不利因素在发挥作用，使仓鸮之类的野生动物更难找到食物和筑巢场所。由于基本需求都难以满足，它们面对其他的挑战也愈加危险。

我从七岁起就十分喜爱鸟类，尤其钟爱仓鸮。实际上，喜欢仓鸮的人不少：这种鸟虽然行踪诡秘，但一眼就能认出，所以被票选为英国最受欢迎的田间鸟类。[2]

我还记得自己第一次看见仓鸮的经历，那一切清晰得仿佛就在昨日。当时我们一家正在诺福克度假，父亲把我带到了蒂奇威尔湿地（Titchwell Marsh）。那是英国皇家鸟类保护学会（RSPB）管理的一片自然保护区，后来成了他们首屈一指的保护区。我在那里的芦苇床和潟湖间流连忘返，花了许多时间寻找文须雀——一种尾羽很长、羽色纯正的小型鸟类。我还听过野鸭和滨鸟的啼鸣，听过雄性麻鳽感染人心的呼唤，那声音低沉而干涩，听起来就像有人对着瓶口吹气。

就在那时，我突然感到因兴奋而战栗，因为我在蒸腾的雾气之中瞥见了一个白得炫目的东西，那无疑就是仓鸮的鬼影。它盘旋滑翔了一阵后，歇在一根电线杆上。我出神地看着，简直不敢相信自己的眼睛。真的没看错吗？大白天里，竟然透过摇曳缥缈的热气看见了仓鸮，可猫头鹰是夜行动物。难道我眼花了？

就在我诧异之时，那只仓鸮也回望过来，似乎在挑战我的疑虑。

死亡区域

幸运的是，一名路过的保护区管理员消除了我的困惑。他见我既激动又不安，便微笑着给出了我期待听到的答案：没错，那只鸟的确是仓鸮。正是在那一刻，我才得知这种夜行性鸟类有时也会在白日活动，在哺育雏鸟的阶段尤其如此。

三十多年后，只要我闭上双眼，还是能看到那只鸟的形象，感受到当时的兴奋。正是那只仓鸮引发了我这辈子对大自然的迷恋。

我生于1965年，在贝福德郡的商业小镇莱顿巴泽德（Leighton Buzzard）长大，那里最出名的就是发生过朗尼·毕格斯（Ronnie Briggs）的火车大劫案。我和弟弟妹妹一起住在镇中央附近一座建于30年代的半独立式住宅里。学校放假时，我们一般会去爷爷位于贝福德的小平房度假。在一个对野生动物兴趣渐浓的男孩眼中，那里简直就是天堂：家里的草坪总被各种各样的鸟儿占据。对我来说，最惬意的事情莫过于用面包喂麻雀——那时总有成群的麻雀光顾。我记得自己总是对它们生活的方方面面充满好奇，比如它们在什么地方筑巢，它们的叫声是什么样子，雌鸟和雄鸟如何卿卿我我，还有鸟喙是不是像我们的嘴一样分泌唾液，等等。记得有一次，我看见一只麻雀在爷爷的花园里叼起一颗小石子。它用喙把石子翻过来，然后扔在地上。我立马冲出去摸那块石头，迫不及待地想知道上面有没有唾液。

妈妈教会我更广泛地热爱大自然。我记得她总是劝说我们要善待瓢虫："它们没伤害过你。"我还记得，当政府试图用猎杀海豹的方式来解决过度捕捞的问题时，妈妈对着电视机哀叹："可那些鱼也是海豹的食物呀！"

那时候妈妈负责持家，爸爸则忙着运营当地的老人和残疾人社交中心。社区的各项活动中都能看到他活跃的身姿，比如组织当地的狂欢节，同当地的圣约翰救护机构合作，乃至担任地方法官。他是个虔诚的教徒，晚年还当上了教区牧师。

那时我们家同许多家庭一样，并不是每天都吃得起肉。我记得有一天，父亲出去购物时，对方多找了50便士——这在当时是一大笔钱。于是，他在回家的路上把多余的钱放进了募捐箱。妈妈知道后气坏了，我至今还记得她怒不可遏地嚷道："我们自己都没有那么多钱——连肉都买不起！"

后来，妈妈和我开始在花园尽头的大鸟舍里养鸟。我们养过燕雀、金丝雀、虎皮鹦鹉和小鹌鹑。我们喜欢看它们筑巢和育雏。随着时间推移，我们竟然成了育鸟能手。我会连续几小时坐在鸟舍里，看着它们在我脑袋周围飞舞，或者在我身边啄食。现在的我当然不会这么做了，因为我已经无法接受把鸟囚禁在笼中的做法。不过，那时的我观念不同，而我们家的鸟舍也还算宽敞。

在我因为水痘休学的那几周里，妈妈给了我人生中的第一本鸟类学书籍。我们两人在家里把养鸟工作办得风生水起，祭出了一切能够拿出的边角余料来招待鸟儿，有剩菜剩饭，有发霉的面包，还有花生。我记得那年冬天特别冷，但我们的花圃还是吸引到了一只毛色艳丽、模样俊俏的小鸟——那是一种精致小巧的食籽鸟，脸上有一抹红霞，翅膀上也有金斑。这位神秘来客其实是一只金翅雀，那时我还从没见过如此美丽的生灵。金翅雀那会儿在花园十分少见，主要活跃在田间地头。

热情高涨的我就这样成了一名投身自然保护工作的少年。我喜欢在家附近的河边观察刺鱼，也盼着看到獾、鹿和仓鸮之类较大的动物。我经常在当地的森林里步行，或骑车去湖边搜寻野生动物。

我甚至幻想出了募资方案，以便筹集些许资金，为购买自然保护区贡献绵薄之力。儿时的我天真地以为，只要能弄到足够的钱，买下更多的自然保护区，野生动物就能得救。因为当时我还不知道，英国的乡间大多是农田——实际上四分之三可用的土地都是农田——所以真正的问题在于土地的使用方法。直到多年之后，我才了解到野生动物和用地方式之间的关联。

那时候，农庄还是令我着迷不已的野生动物栖息地。我对家养的猪、鸡和奶牛并没有思考太多。其中一个原因在于，那时的农场动物似乎有更多可看的和可干的。我承认自己的确有些念旧——记忆里的夏天似乎永远也过不完——但农场动物正在从田野上消失，变成圈养的囚徒，这一点却是不争的事实。我喜爱的鸟儿也在消失。到目前为止，在我一生中，英国已经失去了 4400 万只鸟，几乎每分钟就有一对鸟儿不复存在。[3]

随着兴趣不断增长，我加入了当地的皇家鸟类保护学会分会，开始到世界各地的偏远之地长途旅行，那些地方都有诸如明斯米尔（Minsmere）或直布罗陀角（Gibraltar Point）之类充满异国气息的名字。第一次跟随四十来个领退休金的老人和中年人出去时，我应该只有十三岁大。他们都是爱鸟人士，对自己的关注对象如数家珍。我也想向他们看齐。于是，我穿着防水夹克，带上便当和廉价的双筒望远镜，加入了他们的队伍。回想起来，用那便宜货实在不比透过两个奶瓶去看好多少。

在学校里，我憧憬着成为自然保护区管理员。我不但翘课，蹬着自行车去本地水库观鸟，还自告奋勇地在当地的一片林子里充当管理员。只要有机会，我就会把学校 A 级课程的研究项目往野生动物主题上靠。记得有一次，我做了一项关于鸟鸣同"光照期"关系的研究。用不那么高深的话来说，我其实就是想弄清在白昼越来越长的时节，有多少鸟在鸣叫。

拜一对姓埃德加的老年夫妇所赐，我一度还拥有过属于自己的林地保护区。作为那片土地的拥有者，他们似乎很乐意让我和一个小伙伴在其间随意溜达。我们观察啄木鸟，挖池塘，清扫灌木丛。说实话，我们可能没帮上什么忙，但这种野外活动的机会却让我们颇为受用。时至今日，我仍然渴望拥有自己专属的自然保护区，渴望有那么一小片土地，能让我改造成野生动物的庇护之所。然而这个愿望目前仍未实现，毕竟英国的土地价格不菲，所以我只好暂时满足于让自家的花园尽可能吸引野生动物。不过，等我退休后或许就能如愿以偿呢？谁也说不准。

我选修了生物学 A 级课程，希望能有点用处，但后来因解剖而与之划清了界限。我无法理解，杀死动物来让小孩切割有何意义。我记得自己曾经带头抵制一堂课，因为那天我们不得不做一项触目惊心的实验，以便观察活青蛙的心跳。如今回想起来，我们当时竟然被要求进行活体解剖，这一点本身就不可思议。对我和班上大多数同学来说，这都是不可接受的事。

所幸，在我毕业之后不久，解剖就不再是英国科学课的强制性教学内容了。然而，时隔三十年，最近竟然又有人试图将其作为必修内

死亡区域

容重新引入，不得不说很遗憾。[4]

离开学校后，我决定花几个月时间，专门到自然保护区从事观鸟和志愿工作。正因为此，我养成了定期搭顺风车去诺福克的习惯——那里是众鸟云集的圣地。我家距该地约有 100 英里远，通常需要 8 小时车程，为此我成了求人捎带一程的老手。有一次我改乘火车，却发现耗时和坐便车相差无几，还白白花了一大笔车票钱。

我的顺风车旅行风雨无阻。大雨滂沱的日子是最伤脑筋的，因为人们一般不愿意让淋成落汤鸡的人搭便车。不过就算是那样，最后也还是会有人心生怜悯，载我一程。

有一次，一辆亮闪闪的红色保时捷在我的召唤下停在了路边。司机打开乘客座的车门，说我真是走运——谁说不是呢？那是个年轻俏皮的男士，能干上进，个性张扬，属于当时人称"雅皮士"的那类人。他似乎热衷于向我炫耀他的跑车，展示它有多快。他把油门踩到底，我就只有贴在椅背上的份。还有一次，我跳上一辆卡车后，竟发现司机浑身是血。我简直如坐针毡，心想自己是不是搭了斧头杀人狂的便车。聊起来才得知，那人原来在当地屠宰场干活。

我一向喜欢和载我一程的人聊天。毕竟，他们肯定也盼着有人在漫长枯燥的旅程中做伴吧。很多人听闻我对野生动物的执着后都惊奇不已。不用说，有些人肯定还会把自己捎了个"鸟痴"的事迹当闲话讲上好几个星期。

没有任何事情能阻碍我的观鸟大计。为了观鸟，我可以睡在公园的长凳上，有时就穿着伪装服，满心期待不被管理员逮住。我还在某个自然保护区的海滨席地而眠，度过了不少难忘的夜晚。四下纷飞、喧闹求偶的雄性仓鸮会发出令人毛骨悚然的凄厉叫声，让我不得安眠。幸好我知道那是鸟叫，否则真要吓得仓皇逃命！

我在观察野生动物上所受的训练，实际上是从诺福克北部的海滨村庄克莱（Cley）开始的。那里有仓鸮在沼泽上空巡飞。所谓沼泽实际上是大片的池塘，其中有各种各样的野鸭和涉禽。附近就是以海豹繁殖地闻名的沙嘴布莱克尼角（Blakeney Point），那里的碱蓬丛也是候鸟的栖息之所。我曾经激动不已地在当地发现过一种珍稀候鸟，它们来自美洲，名叫斑胸滨鹬。

我成了南希·格尔餐馆（Nancy Gull's cafe）的常客。那家廉价小馆子看似不起眼，却是20世纪80年代英国观鸟界的宇宙中心。餐馆角落里的电话机终日响个不停，因为总有全国各地的观鸟者来电询问有什么难得一见的新看点。下雨的日子，我曾在那里一边搅拌着茶，一边接电话，打发掉一个又一个小时，而电话那头问的总是同样的问题："有什么情况吗？"

后来我又在蒂奇威尔湿地自然保护区，也就是生平第一次看见仓鸮的地方待了六个月，从事挖沟、种树，以及把被风刮落的观鸟屋房顶从沼泽里捞出来等工作。

蒂奇威尔对我这样踌躇满志的博物学爱好者来说简直是天堂。那里不但可以看到麻鳽、白头鹞等非同寻常的鸟类，还能目睹身材高挑、鸟喙像厚铲子似的白琵鹭。我们在芦苇床里放置假琵鹭，试图吸引真琵鹭来交配。可惜鸟儿没有上当，想必是我们的假鸟做得不够逼真吧。

我还在无数个夜里为反嘴鹬和鹦交嘴雀等稀有鸟类守过巢。前者通体黑白，长着上翘的长喙；后者则是一种红色的燕雀科小鸟，嘴巴上下交错，看起来怪模怪样。

我渐渐发现，反嘴鹬等稀有鸟类的处境在改善，反倒是麻雀、燕雀和仓鸮之类常见的鸟每况愈下。对仓鸮来说，部分问题在于栖息地的消失：那些破败的谷仓（仓鸮正是由此得名）已经成为房产开发商眼中的香饽饽。

我记得当地有一座"鲍勃家的谷仓"，那里是仓鸮的家园。它们在蒂奇威尔湿地四散纷飞，用盘旋的身影让我夜间的守望变得富于生趣。哦，我多么喜欢它们用冷峻的眸子俯视我的模样！只可惜，那座谷仓早就被改作他用了。

汽车也是一大威胁。我对此深有体会，因为我自己就曾在开车时和鸟有过一次过于亲密的接触。某天深夜，我正在乡间公路上驱车赶路，汽车上方突然闪出一个鬼魅般的身影。虽然我并不确定撞没撞上——希望没有——但那只鸟的结局，极有可能跟英国每年成千上万只沦为车下游魂的仓鸮一样。低飞的习性让仓鸮极易遭遇致命的撞击。

不过，带来最严峻威胁的，恐怕是农业的变迁。曾几何时，仓鸮在田间和农舍随处可见，大部分农庄里都有一对。如今，75 家农庄里只有 1 家能够看到一对仓鸮筑巢。[5]

大英帝国员佐勋章获得者（MBE）戴维·拉姆斯登（David Ramsden）是仓鸮基金会（Barn Owl Trust）保护部的主任，他说："只要我们在大部分土地上推行集约化农业，农田野生动物就会继续消亡。我们需要不同的农作方法。"

拉姆斯登的办公场所位于达特穆尔（Dartmoor）边陲，就在小镇阿什伯顿（Ashburton）以北不远处。我在那里见到了他。办公室与外界环境十分和谐，外面的仓房里整齐地安置着形状大小各异的鸟巢箱。这座仓房的作用相当于猫头鹰医院，每年会收治20多只患病的猫头鹰再放归野外，而且对任何种类的猫头鹰都来者不拒。我在那里见到了一只毛茸茸的灰林鸮幼鸟。由于它是在达特穆尔监狱附近获救的，所以顺理成章地有了"号子"这样应景的名字。

拉姆斯登和妻子弗朗西斯（Frances）穿着实用的乡村服装，看起来像是随时准备出去搜救猫头鹰一样。戴维告诉我，他向来对飞行十分着迷，无论弓箭、飞行器还是鸟类，只要是能飞的东西，都令他如痴如醉。20世纪80年代野生动物的锐减，驱使他和妻子创立了仓鸮基金会。

他告诉我，"人人都爱仓鸮"，无意中瞥见这种高贵生灵的人往往会毕生难忘。他谈到有位老绅士在向他讲述自己见过一只仓鸮时，把每个特征都描述得极其详细。拉姆斯登问他是什么时候见到的，对方的回答竟然是1947年夏天。

讽刺的是，仓鸮其实对农人贡献良多。同蝙蝠一样，仓鸮也能消灭大量的田鼠、小鼠和大鼠。它们主要在黄昏和夜间捕食，凭借异常敏锐的视觉和相比之下更加出色的听觉，只需听到一丝风吹草动，便能在伸手不见五指的黑暗中逮到猎物。

"仓鸮是一种不可思议的鸟，"拉姆斯登赞同地说，"它们在人类测试过的所有动物里听觉最灵敏，而且可以近乎无声地飞行。另外，它们的模样也美得出奇，这一点自不必说。"

拉姆斯登向我解释了英国的仓鸮是如何锐减到4000对左右的。它们的处境随着天气的极端变化和猎物数量的波动时好时坏。

"仓鸮的长期处境主要取决于能够获取多少食物，而后者又取决于人类如何管理土地，"他告诉我，"我们知道，绝大部分农业用地都是以集约化方式管理的，极少有土地管理主要为小型哺乳动物考虑，这就迫使它们只能靠所剩无几的栖息地勉强支撑。从轻度放牧、未经改良的天然草场转向集约化管理的黑麦草地，从春播谷类转向冬播谷类，二者共同造成了野生动物的锐减。"

　　他让我亲眼看到了如何从野生动物的需要出发来利用农田。我们走进了一块名叫"窑场（Kiln Close）"的田地，这块地从属于仓鸮基金会用一笔获赠的遗产购得的一片 26 英亩的地产。

　　"这里原本种的是低矮的黑麦草，"他说，"集约化放牧再加上人工化肥，黑麦草把所有原生的野草野花都挤出了局。在野生动物眼里，这里就是一片不毛之地。所谓草场'改良'对野生动物来说根本不是什么改良！"

　　仓鸮基金会于 2001 年购得这片地产后，便开始重建上世纪 70 年代被根除的灌木绿篱。如今牛群在夏季自由放牧。黑刺李等天然混合绿篱引来了珍稀的背红小灰蝶。兰花盛开的陡坡上，繁缕、金黄色花朵像毛茛花一样鲜艳的白屈菜，以及大片大片的报春正迸发出旺盛的生机。

　　"集约化农业的根本问题在于没有（为野生动物）留下足够的掩护。"拉姆斯登解释道。仓鸮是专食性动物，靠捕食小型哺乳动物为生。它们的主要猎物平原田鼠（又名黑田鼠）基本不会打地洞，因此必须依赖栖息地的植被来保命。没有错落有致的粗草地、绿篱和杂木林掩护，平原田鼠就无处藏身了。

于是，我们去寻找粗草地。首先映入眼帘的是阳光下的河岸，那里被大片野花点缀得五彩缤纷，有沼泽蓟，有大麻叶泽兰，有毛地黄，还有风铃草和报春花。接着，我们来到了一片草地。据拉姆斯登说，这种草地能为田鼠等仓鸮的猎物提供掩护："比起低矮的黑麦草草皮，乃至传统的干草地，粗草地里不仅有更多的小型哺乳动物，就连无脊椎动物也要多得多。"

粗草地的关键要素是枯枝落叶层。春夏两季长出的草会在一年中余下的时间里枯萎腐败，只要不清除掉，上一年的枯草就能变成新的枯枝落叶层。新草在落叶层的基础上长出，为田鼠提供了天然的掩护。随着农村土地的集约化程度越来越高，这种栖息地变得日渐稀少。

"只要用脚试试有没有弹性，就知道草地够不够'粗'。这种感觉是由下方的枯枝落叶层造成的。"拉姆斯登解释道。

他蹲下去，很快在草丛里找到了一个田鼠洞。那是一个小小的圆窟窿，不比一枚 2 英镑硬币宽。我也蹲下去细看，目光刚一深入，就发现高草之中竟然满是田鼠，活脱脱一个田鼠小镇。

集约化放牧和在草地上施肥的做法无疑影响了野生动物。不过，当今的农作物耕作方式也起到了致命的影响。其中的一个关键因素便是人们用生长季较长的品种实现了从春播转向秋播的改变。[6] 传统的耕作方式是春季播种，冬季地里只剩下庄稼茬。而庄稼茬恰恰是小型哺乳动物和鸟类理想的栖息环境，既能为它们提供越冬的食物，又能提供安全的庇护所。

种植冬性谷物的现代耕作方式广为传播，让那些披着金色庄稼茬的农田成了历史。结果便是，小鼠、田鼠等猫头鹰的猎物以及食籽鸟

　　　　　　　　　　　　　　　　　　　死亡区域

类失去必不可少的食物来源，因而数量锐减。

"我们现在有了冬性谷物，所以冬天很少看到庄稼茬。如果农田里光秃秃的，或者只有刚发芽的谷类作物，野生动物就找不到吃的。"拉姆斯登解释道。绿篱是最后的避难所，但农田越大，就意味着绿篱越少。"只有交界地带才能看到野生动物的身影，至少在集约化管理的农场是这样。而在其他大多数地形环境下，野生动物几乎到处都是。"

我们穿行的地带是林木繁茂的阿什本河流域（Ashburn Valley），河的支流一直流进达特河（River Dart）。如今，在这个风景如画的地方，一片悬铃木、白蜡树、橡树和榛树混杂的林地成了众多野生动物觅食和栖息的场所。水獭已经回到了河中，河乌（一种小巧俏皮、很像画眉的鸟，能潜水）也在桥下特制的鸟巢箱里安了家。

拉姆斯登称赞土地拥有者和自然环境保护者们的努力在黄道眉鹀、鹤和赤鸢等物种身上已经初见成效，但他对乡村地区的宏观情况却不太乐观。他说："我觉得，只要我们继续实行集约化耕作，野生动物减少就会是长期趋势。"

目前，英国的仓鸮暂时保住了现有规模[7]，赤鸢也在逐渐恢复，但旧时常见的其他农田鸟类却损失惨重，数量一直处于历史最低水平。过去 40 年来，斑鸠、灰山鹑、黍鹀和树麻雀等鸟类的数量减少了 90% 以上，云雀、凤头麦鸡，乃至紫翅椋鸟也减少了 60% 以上。最近几十年，人间蒸发的云雀和凤头麦鸡分别达到了 200 万对和 100 万对之巨。

这一现象并非英国独有。欧洲 1980 年至 2010 年的鸟类普查表明，"农田鸟类的处境尤其悲惨"。相比 1980 年，它们的数量减少了 3 亿。

灰山鹑和凤头百灵首当其冲，至少减少了90%。圃鹀、斑鸠和草地鹨的数量也降低到过去的三分之一以下。[8]

农田鸟类在美国被称作"草地鸟类"或"灌丛鸟类"，那里的不少物种同样深陷困境。东草地鹨、白斑黑鹂、岩鸽、短耳鸮和穴小鸮都在受害者之列。[9]

罪魁祸首依然是工业化耕作。国际鸟类联盟（Birdlife International）称，普遍认为农业集约化和随之而来的农田栖息地恶化是欧洲农田鸟类锐减的背后推手。[10]而美国农田鸟类的减少则被认为是小型农庄消失、灌丛栖息地消减和"工业化农业"扩张引发的结果。[11]

英国退休农民迈克尔·史拉布（Michael Shrubb）对这种情形的说法是"咎由自取又令人费解"。他认为集约化让农田变得"死气沉沉"。迈克尔曾在位于西萨塞克斯（West Sussex）的家庭农庄亲眼看到这些变化的发生。他将鸟类的减少归咎于他所谓的农田"多样性的崩溃"。他在自己的著作《鸟、镰刀和收割机》（*Birds, Scythes and Combines*）里得出结论："采用混合农作法的栖息地正在遭到清除。其结果是，农田无法再维持与之前数量相等的物种和个体了。"[12]

混合农作法是指在农田里逐年轮种多种不同的作物，同时将耕种和放牧搭配起来。这种方式历史悠久，更加自然，不但兼具生产粮食、改善肥力和增加收成之效，还能预防病虫害。按照经典的轮作法，人们会在头三年种植蔬菜或大麦之类的谷物，后三年种草，用来喂养奶牛等牧畜。

这种农作法在英国大地上占据主导，直到几十年前，才被工业化种植单一作物的化学时代推翻。在这个新的时代，混合农庄退出历史舞台，让位于大规模出产单一种子、植物或动物的工厂式农场。化肥可以让土壤重焕生机，农药可以遏制虫害。表面上看，农耕终于告别了靠天吃饭的漫长历史，可喜可贺。然而，代价将会十分沉重。

史拉布认为 20 世纪 70 年代中期是集约化革命席卷大地的时代。农场动物被带离草场，监禁在工厂式农场里狭小的牢笼中。它们的食物也变成了享受财政补贴的单一作物田产出的谷物。英国和其他国家涌现出了一类大规模种田的新式农场主，人称"大麦爵爷"。农业开始向大量种植单一作物的时代高歌猛进。

化学除草剂清除了杂草（任何农人不想看到的植物都可归为杂草），却也消灭了那些曾经装点乡间美景的野花。随着野花野草的消失，长久以来曾经帮助野生动物蓬勃兴旺的种子和昆虫也消失了。杀虫剂原本是为了消灭那些被农学家视为害虫的昆虫，但灭杀的物种范围往往广泛得多，导致鸟类赖以为食的昆虫严重减少。

总体而言，乡村荒漠化普遍同农田生物多样性的减少有关。

美国的开国元勋本杰明·富兰克林曾经说过一句非常有名的话："万事万物皆有其位，就各得其所。"而近几十年来鸟类的情况，却颠覆了常理：那些同广阔乡间密切相关的物种一直在飞往城市的花园逃难。20 世纪 70 年代，美丽的金翅雀在英国贝福德郡的花园里是难得一见的风景，如今却要靠人在花园里喂养才能存活。这种迷人的小雀在城市花园中的数量已经增加了 40 多倍，摆脱了英国鸟类学基金会（BTO）所说的"农业集约化导致可获取的草种减少"的困境。[13]

值得肯定的是，英国政府并没有试图掩饰实际情况，而是承认"农业集约化"是导致鸟类减少的幕后黑手。英国环境、食品和农村事务部（Department for the Environment，Food and Rural Affairs，缩写为 Defra）在报告中指出，混合农作的消失、农药和化肥的滥用以及绿篱的根除，使鸟类失去了适宜筑巢和觅食的场所。[14]

英国政府首席科学家伊恩·博伊德教授（Professor Ian Boyd）甚至直言不讳地承认，如果我们"沿用现有的农业系统，就不可能让农田鸟类恢复过去的水平"。此言不虚，要解决问题，显然要从大局考虑。不幸的是，英国的部长们将"改变体制"视为畏途，宁愿闭目塞听，一如既往。

有一次我去伦敦参加食品和农业会议，有人质问这位政府首席科学家，为什么他提出如此严峻的警告却毫无作为。首席科学家耸耸肩，说他只负责提供信息，请社会各界"通过选举出来的政治家来促成这一决定"。换句话说，他已经向国会议员们摊牌了：现在该他们做点什么了。

现状已经够糟了，殊不知前景更加堪忧。英国政府现在正打着"可持续集约化"的幌子，在农村地区积极开展新一轮工业化宣传。"可持续集约化"在不同人那里含义千差万别。英国前首相戴维·卡梅伦费尽口舌也没能说清它究竟为何物。不过，可以肯定的是，它对农村地区绝非什么好事。

在保护野生动物的同时，又能生产足够的粮食来养活人口，这并非天方夜谭，甚至没有想象中那么难。英国广播公司广播四台《阿切尔家族》（*The Archers*）的编剧格雷厄姆·哈维（Graham Harvey）原本是一名农业新闻记者，他说："说英国人一直面临着'要野生动物还是要食物'的两难抉择……完全是胡说。实际上，我们恰恰需要

死亡区域

生物多样性来证明耕作制是可行的，土壤是鲜活的。假如农场上没有野生动物，那田里长的庄稼也不会有任何营养。"

我陪同哈维考察了一处农场，它离我在英格兰南部的寓所相距不远，而且采用了替代农业方法——一种对野生动物更为有利的耕作方式。蒂姆·梅（Tim May）是皮特·霍尔农场（Pit Hall Farm）的主人，一生从事农务。他的土地位于汉普郡贝辛斯托克（Basingstoke）附近，面积有 2500 英亩，是家族四代传承下来的。这是一座相当大的农场，比英国普通农庄的平均面积大 10 倍。时年 34 岁的蒂姆已经成家，是三个孩子的父亲。他已经见证了农场上一场意料之中的变迁：绿篱被连根拔除，为化学品浇灌出来的庄稼腾出空间。如今，他正在尝试改变，牛羊已经被重新放归农场，在以轮作为基础的草场上自由放牧。

我站在山坡上，周围看起来就像一片稻草人的墓地，因为地上种的东西活像是埋在土里、只露出脖子和脑袋的稻草人。我们居高临下俯瞰着沃特希普荒原（Watership Down），那片草场不仅风景优美，还因理查德·亚当斯（Richard Adams）关于兔子的经典小说[1]而闻名。

梅从地里拔出一个橙绿两色混杂的"脑袋"，用小刀切开后，递给我一小片，说："瞧，尝尝这个。味道不错吧？"我点点头，小心翼翼地尝了尝，发现这东西甘甜多汁，既像水果又像沙拉。"这是饲用甜菜，我们用它来喂羊。"他解释说。在从集约化农场退场很久后，

---

[1] 指理查德·亚当斯描写一群野兔历经冒险、寻找新家园的幻想小说《沃特希普荒原》，由于望文生义，曾被误译为"海底沉舟"或"船沉了"。

绵羊回来了。梅觉得自己让农场获得了新生，或者恰如他在自己网站上写的，让它"回到了未来"。

农场的田地边界特意考虑了鸟类的需求，仓鸮和纵纹腹小鸮充分利用了这些好处。我们乘坐卡车参观农场的途中，便看到一群鸟在绿篱和小灌木丛间飞进飞出，有黄鹂，有苍头燕雀，也有麻雀。

在同梅交谈并参观过他的农场后，我更加强烈地体会到了之前所感受到的：农耕已经同乡村的根基严重脱节。"作为一个农民，我真正悲哀的是，我对鸟一无所知，"他说，"这是我最懊悔的事情之一。农民能辨五谷，这没什么可担心的。可那种同自然环境的亲近在农业社区里已经消失了。我走进林子，却不知听到的是什么鸟在叫，想想真是挺让人震惊的。不知道有多少农民能说出个一二来。"

他的肺腑之言替我总结出了问题所在。

数十年来，农民一直被鼓励把精力放在产量上面，似乎付出任何代价也在所不惜。人们普遍认为，如果每公顷产量上不去，那就是失败。这种观念貌似注重成本效益，殊不知从广义的成本，乃至个体农户的生计上来说，都有充足的证据表明，实际情况正好相反。

梅把自己现在的做法称为"复种"或"多熟"。他解释说："我们认为应该用庄稼放牧。这样除了最终地里的收成，上面放养的牲口也可以创收。"

具体操作是：提前播种，让谷物长得郁郁葱葱，然后让绵羊在上面自由活动。秋冬两季，羊群可以靠庄稼新长的嫩芽吃饱养肥。次年春天，再撤走羊群，让大麦长熟，以供收割。在我看来，这种别出心裁的创新似乎代表了未来。

从集约化种植转变为以混合耕作的方式使用农田，可以减少在化学农药剂和肥料方面的昂贵开销。先前他在这些东西上的花费高达每公顷 700 英镑。如今，他将大部分化学制品束之高阁，而钱存进了银行。

这一变化还改善了他和野生动物的关系。"我们现在经常从拖拉机里走出来……实际上融入环境的机会更多了。"

不过，在整个农业系统走向集约化的时候逆水行舟绝非易事。他坦陈："那几乎令我崩溃……我经常战栗着惊醒，那种感觉非常难受……严重的焦虑、巨大的压力……整个过渡与其说是羊群和草地所经历的，不如说是我自己经历的，因为它们不需要任何干预就知道该怎么吃草，怎么生长。"

他告诉我，他在这个过程中做了大量考问心灵的反思："我学会了理解自己，理解他人，还学会了如何应对变化——那是我迄今为止遇到的最大的挑战。"

我问他有没有想过放弃，他说偶尔也会。

"是什么支撑你挺过来的呢？"

"心存信念。"

化粪便为神奇

十月的清晨阳光明媚，我早早地带着爱犬"公爵"出门溜达。片刻前，我们刚刚听到一阵窸窸窣窣的"唧唧"声，那是最早一批从斯堪的纳维亚飞回越冬的白眉歌鸫发出的鸣叫。公爵是一头粗壮的混种狗，所以需要做不少锻炼。遛狗的时候，我俩经常会经过一座老磨坊，一旁的白垩陡崖耸立在草场之上，酷似一头搁浅的鲸。

一辆眼熟的货车停了下来，我连忙叫公爵往路边靠。司机是我的邻居乔治·阿特金森（George Atkinson），他戴着那顶招牌式的棒球帽，把车窗摇了下来，似乎有什么消息急于分享。

"今年咱们让两对仓鸮下蛋了！"他开心地宣布，"还有一对红隼。"我们侃起地方新闻来话题不少，从本地曲棍球队的球运、我老婆的粉色头发到村里的七七八八无所不谈。但总的来说，仓鸮才是其中的高潮。他之所以跟我提起仓鸮，是因为今年早些时候我们聊过这个话题。

乔治是个精力充沛的高个男人，总是东跑西忙。这次他是来我们的河畔小屋享用早餐的。他把套鞋和雨衣搁在门口，然后就和我开始了数年来最长的一次聊天。（平时我们大多是在他开着皮卡经过时坐在车里或隔着院子的栅栏零星聊上几句。）他说他刚跟英国皇家鸟类保护学会在本地的分部谈过，为什么全国范围内的鸟类数量持续减少，而他家农场周遭却正好相反。我好奇地问："秘诀是什么？"他拿起大马克杯啜了一口茶，然后回答："老实说，菲利普，没什么高精尖技术。我觉得就是靠混合农业。我们这个地方还能看到不少混合农庄，所以有大量的副产品留给野生动物。这一点挺幸运的。真要说秘诀，那就是让土壤恢复肥力，再就是在外面放养牲口，带来大量的副产品，比如昆虫，还有在庄稼地里生活的其他东西。"

他的农场位于南唐斯地区，一直被誉为兼顾优质产粮和自然空间的杰出典范。农场占地 1200 英亩（比英国农场的平均面积大 5 倍），一百年来一直归其家族所有。他在耕地和永久性草场混杂的土地上放养牛羊。晨间的鹭影、河边的翠鸟还有河中的野生褐鳟都令他无比愉悦。由于在环境保护方面的贡献，他曾两度入围英国"农耕本原奖"（Nature of Farming Award）决赛。这一评选活动由皇家鸟类保护学会和《电讯报》（*The Telegraph*）主办，旨在奖励那些关爱野生动物的农民。

最近他还通过一番考察摸清了自己地盘上的物种。

"每样东西我都做了记录，"他告诉我，"这里有 32 种不同的蝴蝶（也就是全英国半数以上的蝴蝶种类）……有一种兰花，还有各种鸟类和其他动物。能不叫人兴奋吗？"

他认为，创造一种体恤野生动物的环境应该是现代农人的分内之事："如果我们能摸着良心说，农民的部分天职就是提供粮食，同时创造一种环境让人们愿意在其中生活或漫步，那样我们才能同时填饱肚子和滋养身心。"

他还讲述了自己驱车经过英国大片区域，却看不见任何农场动物的经历。这一现象确定无疑地表明，集约化农业的黑手牢牢掌控着一切。那么，在他看来，是否会有另一个时代，农业有望超越这种 20世纪的思维方式呢？

"70 年代和 80 年代那批一心想着生产粮食的人即将淡出历史了……关键其实在于教育，在于让公众理解，粮食生产和保护野生动物这两方面可以相辅相成，也必须相辅相成。"他说，"我从小就认为，必须尽量把健康的土地留给后人。也就是说不光有土地，还有土地上的一切。这是为了下一代。"

说到仓鸮，他表示："我们这儿在这个时节还能看见三只，已经很不错了。我父亲运气好，有两只仓鸮在他的狗舍上面安家好些年了，还会育雏。多好啊。"

每每在谷仓、路上或赤鸢的栖息地看见仓鸮一闪而过的身影，我都会想起他的这番话，然后赞同地感慨：多好啊。

死亡区域

第三章　野牛

玉米种植的兴起

"欢迎乘坐本次航班，"扩音器里传来空姐甜美的声音，"我们即将飞往西黄石（West Yellowstone）。如果您不打算前往黄石，烦请告知。"

为了弄清美国大平原地区的数百万野牛是如何被驯养的牛群和玉米田取代的，我开始了一场为期8天、横跨8个州的求索之旅。接下来的日子里，我将迷失于一片转基因作物的汪洋之中（离奇地晕头转向），被牛蜱折磨得死去活来（不是一般地痒），还将在世界上面积数一数二的死亡地带——水质严重污染，以至于生命无法存活的水域——游泳（超现实的体验）。

我这次来是想亲眼看看美洲野牛。如今，这种招牌式的动物和白头海雕一道，已经被确定为美利坚合众国的象征。[1]

美洲野牛一度濒临灭绝，因1872年黄石国家公园建立而绝处逢生。黄石国家公园是美国第一座国家公园，也是美国迄今为止最大的国家公园。黄石公园建立正好是在新的自然保护意识兴起的时候。黄石国家公园占地 3400 平方英里，有亚高山森林、山地、峡谷和河谷等多种地貌，如今已然是各种狼、熊和鹰的家园，每年能吸引近 400 万游客。[2] 黄石国家公园的主体位于怀俄明州境内，局部延伸至蒙大拿州和爱达荷州，它在北半球温带地区留存下来的最大的生态系统中居于核心地位。[3] 我之所以被这个独一无二的地方吸引，是因为预感到美洲野牛的悲惨命运或许能带来启示，让我们看到当工业化农业占据乡村时将会发生什么。野牛的消逝正好发生在美国历史上的一个关键转折点，标志着工厂式农场的诞生。

西黄石的小机场掩映在一片大山和密林之中，上面是蒙大拿广袤无垠的长空。它的到达大厅小而紧凑，让人觉得不像是机场，反倒像乡村政务大厅。这里每天至多不过两趟航班，所以接机的人一眼就知道是我们。我接过车钥匙，按照指引走出去，找到我们租的车。车开上沥青路后，我嗅了嗅空气，顿觉清新之余透着松香。置身于群山密林、清风长空之中，我不由得埋怨起自己的不智来：如此美好的地方，待上一星期、一个月都嫌不够，我怎么只定了一两天的行程呢？我每到一处新地方都会兴奋不已，但这里却令我别有一番感受。

我从机场驱车来到镇中心，却发现称之"镇中心"恐怕有些夸大，因为镇上的人口其实不足两千。[4] 或许是为了招徕游客，抑或是西黄石居民乐意如此，分布于主干道两侧的商家都给人一种身处主题公园的错觉。我在商店和餐馆之间信步游走，路过诸如"熊齿烧烤""灰狼旅馆"和"野牛烈酒屋"之类的招牌，很快就找到了国家公园的游客中心。那是一幢气派的双层木屋，室外有一面美国国旗迎风招展，室内的墙上装点着加拿大马鹿①、鹿和野牛的头部标本。

"你去找野牛的话，一定得小心，"公园的女护林员告诫道，"看见竖尾巴，不是要'撞'就是要'放'。"她给我们上了一堂关于野牛肢体语言的速成课，按她的说法，野牛竖尾巴要么表示被激怒了，要么是准备拉屎。"你应该随时携带防熊喷雾，"她指着一罐活像小灭火器似的胡椒喷雾，接着说，"一罐在手，野外无忧。"我觉得做好该做的防卫措施也没什么不好的，于是二话不说就花 50 美元买了一罐。

由于此时已是下午三点左右，我决定四处转转，熟悉一下地形。为了弄清方位，我驾车进入公园，在无尽的松林和连绵的群山间穿行。上方的树冠间有美洲黄林莺②穿梭疾飞，一株老松的残桩上有一只长尾的灰鸟傲然端坐，那是坦氏孤鸫。

我悄然驶近一个名叫"彩锅泉（Fountain Paint Pot）"的温泉，只见周围的地上一片焦黑，树木早已枯死，这里看起来仿佛硝烟滚滚的战场。咝咝沸腾的泉水时不时以排山倒海之势怒喷，在风中喷洒阵阵水流。透过蒸汽看落日的余晖，仿佛燃烧的镁。好一派火与硫黄的地狱景象！

黄石公园的温泉区以凶险莫测而闻名，往往薄薄一层地壳下方就是滚烫的热水——千万别拿性命开玩笑。根据告示牌上的警告，已经有十几个人不幸烫死，严重烧伤者更是大有人在。幸亏有木板道和简单明了的提示牌相助，游客才能免于像无数龙虾一般被灼熟的命运。

---

① 原文为 elk，这里应该指马鹿，不是驼鹿 moose。

② American yellow warbler，拉丁名为 *Setophaga aestiva*。

次日天还没亮，我就带着胡椒喷雾，驱车开始了寻找野牛的旅程。美洲野牛都是大块头——至少我觉得是这样的——每头大概高6英尺，重1吨左右，所以找起来应该不是难事。作为观鸟者的我，早已习惯了在灌木丛中搜寻各种棕色小不点，发现偌大一头野牛想必不费吹灰之力。不过话说回来，在这么大的地方找，还真有点大海捞针的感觉。

公园里的路虽然窄小，但保养良好。我驱车驶过一片片美国黑松林和花旗松林，还有雕凿出天际线的加勒廷山脉（Gallatin Mountain Range）。这里的地貌异常丰富。枯死的松树只剩下树干和树枝构成的骨架，突兀地挺立在平坦湿软的土地上，犹如一具具灰白的骸骨。

继续前进，更多的温泉映入眼帘。准确地说，是像热水壶一样沸腾的间歇泉，它们喷出的蒸汽聚在一起，形成飘渺无形的薄雾，然后消失在清爽的空气中。一只白头海雕在麦迪逊河（Madison River）上低飞而过，那招牌式的白色脑袋让人一眼就能认出。此刻仍未破晓。小巧的桂红鸭在浅滩中涉水，马鹿一边吃草，一边看着第一缕晨晖给万物抹上一层橙黄。

最终，绵延无际的树林变成一马平川的草原，我的寻"牛"之旅正式拉开序幕。随后，在一个叫峡谷村的村庄以南，我翘首以待的时刻终于来临：就在那儿，两头雄性野牛正在心满意足地吃草，由于距离很近，我甚至可以清晰地听见它们的咀嚼声。它俩专心致志地享用着早餐，脊背在旭日下冒出阵阵热气，鼻息消散于清凉的空气中。两头野牛都有强壮的三角形轮廓：由于肩上有两块醒目的巨大隆起，所以身体前粗后细。它们的脑袋硕大无朋，皮毛粗糙卷曲，走动起来酷

　　　　　　　　　　　　　　　　　　　死亡区域

似大胡子男人用拳头顶在地上走路——远远看着便令人生畏。

我一边看着它们，一边暗自欣慰：大老远来到此地，总算没白跑一趟。就在这时，离我更近的那头野牛突然竖起了尾巴。我想起护林员的忠告，立马意识到了事态的严峻。我可不想招惹一头上吨重的愤怒公牛！它真的发火了吗？要冲过来了吗？细想之下，它要是一开始就用威胁的眼神看着我，我也不会在附近逗留。既然如此，我觉得它应该不打算"撞"，而是打算"放"。谢天谢地，我猜对了。

北美洲曾经有好几种野牛。受到威胁时，个头较大的野牛往往不会逃跑，而是选择迎战，利用体格优势和蛮力克敌自保。数百万年来，这种本能成功地保全了它们。然而，随着人类的武器变得越来越有杀伤力，长期以来向猎人迎头反击的策略反倒令它们成了送上门的猎物。于是，古代的野牛就这样被屠杀殆尽了。[5]

不过，如今我们所熟知的美洲野牛更倾向于逃跑，而不是迎战。看似傻大个的它们实际上一点儿也不笨重，奔跑起来速度可以达到每小时 40 英里。[6] 比起祖先，它们体格更小，也更灵活。祖先们走向灭绝后，它们便成了大平原的主人，继承了昔日一望无垠、绵延整个北美大陆的草原。黄石公园拥有全美最大的公共野牛群，据公园管理处估算，数量约为 5000 头。

找到两头落单的公牛后，我又趁热打铁地去找其他野牛。我知道公园里肯定有牛群，可惜我时间有限，搜寻范围又实在太大，能不能找到很难说。我知道，牛群可能会因为发情季迁徙而走出很远。

我顺着黄石河在海登谷（Hayden Valley）穿行，高大的松树一路相伴，间距越来越密，大有令人窒息之势。最终，它们淡出画面，让位于一个风景秀丽的河谷。河谷中长着茂盛的青草，一对有着珍珠白色羽毛的鹈鹕在溪流里哗啦戏水，用带有购物袋一般皮囊的巨大的橘黄色喙捕鱼。

接着，我看到了连北美本地人都难得一见的奇景：两百来头野牛组成的庞大牛群正在溪水边吃草。牛犊跟在父母身边，或打响鼻，或互相推挤，或在尘土中打滚。小牛的毛色姜黄，和成年野牛深棕色的皮毛形成了鲜明的反差。

这一幕仿佛昔日重现。

一个世纪前的旅行者们曾在游记中提到，美国的大平原上可以看见无数头野牛。1854年，一位报社编辑如此记述自己在公共马车上所见的景象："我知道百万之巨有些夸张，但我可以拍着胸脯说，昨天见到的真有这么多。"另据美国南北战争期间得克萨斯州牧场主查尔斯·古德奈特（Charles Goodnight）描述，整个得克萨斯州看上去覆盖着一张"移动的棕色毛毯，其长宽无法确定。其中包括的动物数量之多超出了人类的估算能力"[7]。

根据历史上的估计，曾有3000万至5000万头美洲野牛漫步于美国的大平原地区，除此之外还有不计其数的马鹿、鹿和其他食草动物。[8]单单美洲野牛，总体重量就相当于今天北美洲全部人口的总重量。[9]

野牛总是形成密集的群体，一路迁徙觅食。它们只需要靠阳光、雨露和青草来维持生存，然后通过粪便把获取的养分回馈给平原。在大平原上，它们似乎与人类相安无事地共存了数千年。美洲原住民也曾为获取牛肉、牛皮和牛骨而猎杀它们，但从来不曾危及种群的存续。

然而，到19世纪后期，曾经浩浩荡荡的牛群竟然被削减到了濒临灭绝的地步，而且整个过程只用了不到十年的时间。它们不但遭到亡命之徒和军人的批量屠杀，而且还在欧洲殖民者和美洲原住民的交火中两头受创。正如一位军官所言，在当局看来，"每死一头野牛就少一个印第安人"。[10] 军队甚至为"引牛者"①或"牛皮猎人"提供武器和保护，让他们用大口径枪支尽可能射杀野牛。为了获取牛皮和牛舌，这些唯利是图的猎手蜂拥而至，在大平原上残杀了数百万头野牛。由于他们的推波助澜，南部平原和北部平原的野牛相继于1877年和1885年灭绝。[11]

卡斯特将军（General Custer）是美国内战时期的一名骑兵指挥官，因在小巨角河战役（Battle of Little Big Horn）中被杀而"名垂青史"。殊不知，此公还是最可怕的野牛屠夫，甚至被称作"最有干劲、最摧枯拉朽的野牛猎人"。[12]

"今天在大部分人看来，猎取牛皮的活动和牛皮猎人的职业是匪夷所思的，"戴尔·洛特（Dale Lott）在其撰写的美洲野牛博物志中写道，"我们无法理解，那些人的脑子里究竟在想什么——准确地说，是心里在想什么——以致他们能从事如此大规模的屠戮和破坏。"[13] 洛特的这番话正好总结了我的感受：无缘无故大开杀戒，短短数年便消灭数以百万计的大型哺乳动物，让它们濒临灭绝，如今看来是多么骇人听闻。

直到世纪之交，残存的野牛才得以在黄石公园等禁猎区幸免于难。在这些地方，野牛要么受到保护，要么难以被人发现。驯养的牛群很

---

① 引牛者（buffalo runner）是一种风险极高的猎人。美洲原住民猎杀野牛时，会安排勇敢的青年人披上牛皮假扮野牛，引导野牛跑向悬崖摔死。这种事先选好的悬崖往往有错落的岩架供引牛者跳崖后攀附。

快接管了曾经属于野牛的大平原。起初，这些后来者还能自由自在地游走吃草，但随着时间推移，它们也被赶进了肥育场；牛仔和开阔的牧场让位给了耕犁。

或许是受锐意扩张的时代精神和自主意识的驱使，早期牧场主和农场主在大平原上大肆开垦。他们为这种亵渎之举付出了沉重的代价。20世纪30年代，在土壤肥力下降、降水稀少、疾风肆虐的三重打击下，大平原遭到了灾难性的破坏。干旱袭来时，由于缺乏禾草强大根系的固土作用，松散的表层土壤往往被强风卷起，形成人称"黑风暴"的尘暴。

尘暴在美国疯狂肆虐，令牛群窒息，草场荒芜，无数居民流离失所。[14] 就连华盛顿特区的街道也受到了波及：有一次，国会正在就土地保护问题进行关键辩论时，遮天蔽日的尘暴竟然让天色都暗了下来。[15]

第一次世界大战期间谷物价格飙升，驱使农民们将数百万英亩的天然草地开垦成了麦田。他们的辛勤劳作使农作物和牲畜产量都达到了史无前例的高度，引起粮食过剩，导致价格崩盘。农民为了还债、交税和维持生计，不得不继续加大产量。到20世纪30年代，粮食价格降到极低，导致大量农民破产。[16]

政府被迫出手干预，在"大萧条"时期推出了一揽子补贴方案，帮助生计维艰的农民走出困境。1933年，美国首部农业法案出台。这是一笔数十亿美元的大单，其中一项便是在困难时期收购过剩谷物的政府计划。此举一出，不但令粮食价格回升，而且为其后数十年的粮食生产提供了动力。[17] 在政府的扶持之下，玉米产业蓬勃发展，转

死亡区域

而寻求新的市场。既然人吃不了这么多玉米，给牲畜吃怎么样？玉米兼具廉价、充足和供应稳定的优点，很快开始取代草料，成为牲畜的主要饲料。牛群的饲料不再是草场上的青草，而是那些取代了青草的庄稼——玉米。

早期的庄稼长在有多年累积的天然粪肥滋养的土壤中，收成喜人。然而，没有了野牛和牲畜，加之种植单一作物的做法愈演愈烈，土壤很快耗尽了肥力。化肥成了救命法宝。如今，美国中西部那些迎风摇曳的玉米之所以能维持超高产量，都多亏了大量使用人工肥料。而这些东西大多是化工厂的产品，而非奶牛或野牛的排泄物。

越来越多的牲口从草场进入了所谓的肥育场，也就是泥泞的围场。那里夏天尘土飞扬，毫无遮挡；冬天满是污泥，不堪行走，而且终年看不到一根草。第二次世界大战后，英国和西欧也步美国后尘，把纳税人的数十亿税金用于补贴农业。而相当一部分谷物，都被用来饲养工业化农场养在室内或关押在拥挤的畜栏中的动物。

"这个令人痛心的过程在英国和全世界一再上演，"前农业记者格雷厄姆·哈维写道，"在全球种植粮食作物的巨大热情下，原本出产健康粮食的可持续草场全被犁了个底朝天。"[18]

黄石公园是个让人触景生情的地方。看见这么多人因为目睹野牛、狼和其他各种令人着迷的野生动物而激动不已，更是别有一番感受。不过，我的喜悦之情却因一个冷酷的事实而大打折扣：曾经驰骋于美国中西部平原、规模大到无以计数的美洲野牛，如今竟然衰落到只能偏安于一座国家公园的地步。正如我预想的那样，这集中体现了工厂式农业的演变史，这段历史可以追溯到大平原上美洲野牛的覆灭。野牛群被消灭殆尽后，先后让位于驯养的牲畜和玉米田。无数个世纪以来，那些丰富多彩的动植物之所以能永续存在，无非是靠平原上常年出产的禾草。可是后来，大地上种满了用化学品浇灌出来的玉米，绝大部分是用来喂养牲畜，而不是供人类食用。这真的是进步吗？

玉米的孩子

在内布拉斯加州的吉尔特纳（Giltner），我在一片广大的转基因玉米田里艰难穿行，不一会儿就彻底失去了方向。又瘦又高的玉米秆耸立在我四周，排列得密密麻麻，完全隔绝了前后的视野。脚下竟然看不到一丝生命的迹象：没有甲虫匆匆躲避我沉重的脚步，也没有田鼠惊慌失措的身影。除了一块接一块浸染了化学品的平坦土地，什么也没有。

"我看见玉米组成的一片流动的绿色海洋。"41岁的布兰登·亨尼克特（Brandon Hunnicutt）边说边爬进一辆约翰·迪尔公司（John Deere）生产的大型拖拉机——这个大家伙光车胎就有6英尺高。他对眼前景象的描述近乎奉承。他眼中这片流动的绿海，在我看来是一场环境灾难。

亨尼克特自称"技术极客（tech-geek）"，他在拖拉机的车载电脑上敲打一阵，进入了自动驾驶模式。这年头，有些农用车辆上使用的软件比早期航天飞机上的还多。[19]亨尼克特解释道："有人在拖拉机里听音乐，还有人喝酒，看电影。"

他和妻子丽莎住在一座木板结构的农舍里，家中有七个孩子和一条叫"摇滚明星"的狗。我们正聊着，那条狗突然对着我的包跷起腿来。"呵，"我尴尬地笑着说，"起码我还能出去吹嘘，说这包被某个摇滚明星尿过！"

亨尼克特用一阵大笑表达了歉意。他是个不拘小节的人。

100 多年来，这座占地 2600 英亩的农场一直是他家族的地产。如今，农场的地全被用来种植大豆和玉米。"野牛上哪儿去了？"我故意打趣地问。他笑答："早就不见了。"

内布拉斯加州的玉米种植带是全美第三大玉米产地。玉米种植业的年产值现在高达 70 亿美元。[20]"这项产业无所不包……是我们州的经济支柱。"亨尼克特告诉我。作为内布拉斯加州玉米理事会的成员，他讲话很有权威。

全世界三分之一的玉米都产自美国，其中相当一部分成了猪、家禽和牛的饲料。[21]美国有超过 9000 万英亩的农田种植玉米，主要分布于中西部腹地的诸州，比如爱荷华州、伊利诺伊州和内布拉斯加州。[22]

"我们州跟牛群的缘分由来已久。"亨尼克特说。牛群、乙醇和玉米共同组成内布拉斯加的"金三角"。据他估算，大约 40% 的玉米被用于养牛，另有几乎等量的玉米被用于制作生物燃料乙醇，供应新兴的谷物消耗者——汽车。如今，混有玉米制生物乙醇的汽油在美国的加油站寻常可见。他告诉我："用于养牛的玉米及玉米副产品总量要比用于制作乙醇的稍多。"内布拉斯加州出产的玉米约有 1/5 进入食品市场，全美范围内的比例也大致相当。[23]

这里出产的玉米几乎都是转基因玉米。我问亨尼克特转基因玉米相对传统玉米有什么好处，他热情洋溢地回答："利用转基因技术来养活全世界，让我们可以真正确保种植高产优质的作物。"

我已经不是第一次听人用"养活全世界"来为工业化农业辩护了。尽管如此，这样的说辞还是让我不由自主地反感。

　　这种说法我也多次听世界各地的工业领袖及其代言人说过，难怪如此深入人心。人们很容易引用那些陈词滥调，以养活飞速增长的人口为由，一如既往甚至变本加厉地推行工业化农业。有一种说法是，对世界上正遭受饥饿和营养不良侵袭的地区而言，提高粮食产量能够确保子孙后代免于同样的苦难。这种观点非常可疑，最主要原因在于，当今的饥饿现象其实主要是分配问题造成的，但粮食生产者和政策制定者却不厌其烦地鼓吹"粮食危机论"，因为他们要么有太多的利益关涉，要么根本不管那种说法是否站得住脚。

　　让粮食产量实现高速增长的做法在 20 世纪 60 年代起到了作用，因为当时农业确实处于供不应求的状态。我曾听过奥利维尔·德舒特（Olivier De Schutter）担任联合国食物权特别报告员时的一次讲话，他说当时的政策制定者有三个选项：解决人口增长问题，解决失控的消费（尤其是西方），或求助于科技。

　　西方的政策制定者不想让人觉得自己是在吩咐民众该吃什么，不吃什么，故而倾向于避免拿消费问题说事。同样，他们对人口控制的选项也兴味索然，毕竟那是碰不得的政治禁区。如此一来，科技被视为唯一的救星，而它也不负众望，取得了令人叹为观止的成功，以至于如今粮食产量远远超过了实际需求。

　　要解决问题，必须另辟一种无需工业化农业的粮食系统。作为这一观点的有力支持者，德舒特解释了为什么 20 世纪 60 年代的解决方案行之有效，而今天简单照搬半个世纪前的思路却不大可能。20 世纪 60 年代以生产为中心的思路已经被太多有望获利的商业群体"套牢"了：兜售化肥和杀虫剂的化工公司，生产生长促进剂和病害抑制剂的制药公司，还有饲养者、粮食商、超市和连锁快餐店——当然，也少不了约翰·迪尔这样的农机制造商。该公司创始人约翰·迪尔于1837 年发明了钢犁，让老式的木犁和铁犁退出了历史舞台，因为它们在美国中西部平原肥沃的黏性土壤里向来只能勉强一用。钢犁这种新农具的出现促进了开拓大平原的移民潮。[24]

时间快进到当下，我们发现当今世界依然在为养活每一个人苦苦挣扎。全球 70 亿人口，约有 10 亿仍然食不果腹。鉴于世界人口在本世纪中叶有望增至 90 亿或 100 亿之巨，不难理解为何有人寄望于粮食再增产了。不过，增产也意味着需要更多的农用化学品、兽药和农机等物资。

然而正如我在《坏农业》里已经指出，在本书随后的章书中也将探讨的那样，我们目前生产的粮食其实已经足以养活两倍于现有规模的人口：不仅在当下，而且在可预见的将来，喂饱所有人都绰绰有余。[25] 真正的问题在于，相当一部分粮食被浪费掉了。

发展中国家的浪费并非有意为之，而是纯粹因为贫困，比如没钱修建合格的谷仓来防止谷物变质，或是没有发达的运输系统将粮食及时运往市场。发达国家的粮食浪费则发生在我们的家里、超市和餐馆里。纵观整条粮食产业链，我们似乎已经形成了一种随意丢弃的文化。研究食物浪费的权威人士特里斯特拉姆·斯图尔特（Tristram Stuart）指出，英国 40% 的果蔬在进入店铺前就被淘汰了——主要是因为它们未能满足超市严苛到毫无意义的外观标准。[26] 肉品也好不到哪里去，仅欧盟国家一年浪费的肉食，就相当于把 20 亿头农场动物养大、宰杀后直接扔进垃圾桶。[27]

然而，地球上最大的粮食浪费却是因为把各种适宜人类食用的农作物喂给肉牛等工业化养殖的动物造成的。如果把当下全球用于种植玉米和大豆等饲用谷物的土地加起来，总面积将相当于美国土地面积的一半，或者说相当于整个欧盟的土地面积。如果把全世界谷物喂养的动物放归牧场，省下的谷物和大豆足以再养活 40 亿人。

也就是说，我们完全可以鱼和熊掌兼得：放养动物，任其自由觅食，把我们无法食用的草转化成可以食用的肉、奶、蛋。地表约有四分之一的陆地是草地，所以完全有充足的空间来放牧。别忘了，把牲畜圈养起来的做法既谈不上"节省空间"，也谈不上经济高效，因为喂养它们的饲料往往要从数千英里之外运来。

农场动物虽然吃下谷物，产出肉、奶，但谷物的大部分营养价值都被它们的生存所需消耗了。在家禽和牲畜把饲料转化成肉、蛋、奶的过程中，谷物潜在的营养价值或卡路里的损失达 2/3 左右。[28]

牛肉的转化率最低。明尼苏达大学的一项研究发现，用谷物喂牛，每 100 卡路里最终只有 3% 转化成了肉。[29]蛋白质的情况稍好。根据同一项研究，农场动物通过谷物每摄取 100 克蛋白质，最终以奶、蛋、鸡肉、猪肉和牛肉回馈的蛋白质分别为 43 克、35 克、40 克、10 克和 5 克。

联合国粮食及农业组织（FAO）称："以集约化方式养殖的牲畜，把原本可供人类直接摄取的碳水化合物和蛋白质转化成少量的能量和蛋白质。这种情况下，我们可以说牲畜有损粮食的投入产出平衡。"[30]

所谓"有损粮食的投入产出平衡"，其实就是"浪费"的政治化的说法。

也就是说，大片大片的土地所生产的卡路里，有 2/3 以上白白损耗了。这些地成了工业化农业的"鬼田"。不过，这也并不意味着我们应该都吃素。相反，牛等农场动物还是可以饲养，但应当在覆盖地表的广大草地上放养，把浪费在饲料生产上的宝贵耕地用来种植粮食。

实现这样的改变，需要换个视角来看农业生产效率。明尼苏达大学的研究者们最近发表了一篇论文，呼吁重新审视粮食产量的计量方法。他们认为，生产效率不应以单位面积的产量（每公顷多少吨）来计算，而要以单位面积的土地养活了多少人来计算。研究人员对目前每公顷土地养活的人数进行计算后认为，现有比例远远小于理应达到的水平：现在每公顷只能养活 6 人，而理论上应该可以供养 10 人。[31]美国是工业化农业的精神故乡，那里的农田产粮量达到了每公顷养活 16 人的水平，但按照新的计算方式，美国却是世界上效率最低的产粮国，每公顷土地实际养活人数不足 6 人。[32]

从谷物到肉、奶的低转化率导致这些例子中的粮食投入产出失衡，其实质无异于把粮食直接扔进垃圾桶。

智库查塔姆研究所（Chatham House）在最近发表的论文中称，用谷物喂养牲畜的做法"低效得令人瞠目结舌"。[33]

国际环境与发展研究所（International Institute for Environment and Development）也表达了类似的观点，称用耕地种植玉米等作物给牲畜当饲料，而不直接供人类食用，"极端低效"。

联合国前特别报告员奥利维尔·德舒特呼吁把用作饲料的谷物重

新拿来给人类食用，因为"继续用谷物喂养持续增多的牲畜，将加剧贫困和环境退化"。然而，就我在考察美国大平原时所见的情况而言，趋势恰恰相反：关押在畜栏内以谷物喂食的动物，非但没有减少，反而越来越多。

在从科罗拉多州丹佛市出来的路上，我看到了不计其数的工厂式农场。州际公路旁边就有12座污秽不堪的仓库——上面都装着排列整齐的巨型风扇。这里很可能生活着数万只笼养的鸡。我也曾经过连绵不绝的鼠尾草丛和杂草地，上面几乎没有任何动物。再往前行驶，我们来到了大型乳品产区，也就是一座接一座拥有一千多头奶牛的农场。我们看到的那些奶牛不过是黑白相间的产乳机器，个个都像衣帽架一样单薄，在泥泞不堪的围场里你推我搡。它们挨挨挤挤地排成一长排，没精打采地嚼着食槽里的饲料。

下午三点左右，我穿过州际线，进入内布拉斯加。这里从前是美国中西部大平原的一部分，土地更加平坦，但路况却更差。内布拉斯加是美国最大的肥育牛出产州。所谓肥育牛，就是以封闭养殖方式培育的肉牛。在内布拉斯加州约有250万头肥育牛，它们吃的不是草，而是谷物。[34] 这里的肉牛产业年产值高达120亿美元，甚至比玉米业的规模还大。[35]

这让我想起了写作《坏农业》时曾经造访过的阿根廷。那是一个因美味的牛排而闻名世界的国家，可惜它的名声很大程度上建立在谎言的基础上：在餐馆食客的想象中，牛肉源自大草原上自由放牧的牛。殊不知牛肉实际上往往出自形同养鸡场的养牛场。

不久之后，我就首次领略了内布拉斯加版的肥育场——跟我在南美洲见到的如出一辙。上千头牛一动不动地挤在泥泞的围场里，整个地方笼罩在一种诡异的肃静之中，就像医院的病房，只有偶尔一声咳嗽、喷嚏或哀鸣打破沉默。围场里的牛有大有小。一头小黑牛在咳嗽，鼻子里流着清亮的液体。我注意到有些牛排出的粪堆特别稀。牛群全都暴露于烈日之下，没有一丝遮挡。为了避暑，它们徒劳地试图躺在彼此的影子下方。围场的气味臭不可闻，混杂着牛粪、污泥和玉米的怪味。这里虽然是一处露天肥育场，但气味还是很快就令我作呕。

围场周围的牌子上说这里是"牛仔之乡"，然而现在早已不需要那些跨坐在马背上、头戴牛仔帽的牛仔，也没必要赶牛了——反正牛群哪儿也去不了。

为什么非要这样养牛呢？说白了，就是为了让它们长得更快。

继续沿州际公路行驶，我又遇到了另一座肥育场。路边绵延半英里都是关在畜栏里的肉牛。这里的牛同样出奇地安静，周围簇拥着大群苍蝇。牛群稍有挪动，脚边成团的苍蝇便发了疯似的，像浓密的尘暴般来回纷飞。我没有久留，只在路边看了看，可我驱车离去时，竟发现身上爬满了蜱虫。

这是一趟令人绝望的旅程。现在的消费者大多对养鸡场的惨状有所了解，但工厂式农场里养殖的肉牛触目惊心的生活状况却鲜有人知。我不禁想，以这种养殖方式出产的牛肉，是不是也该像层架式饲养笼出产的禽蛋一样背负污名？想到美国的农业潮流往往会传到大洋彼岸的英国，我决定停车去路边的便利店透口气，没想到竟因此上了一堂关于地区差异的课。

我要买的不过是一瓶普普通通的饮用水和一根冰棍。由于店内没别人，我决定找店主问问，以免买错了东西：

"这是无气泡水吗？"我想确定水里不含碳酸。

"啥？"他不耐烦地反问道。

"这水是不发泡的吗？"

"你到底什么意思？"他的声音更不耐烦了。

"有没有加气？"我平静地回答，尽量装作并不在意他的语气。

"汽？有的是汽！"他指着加油泵说，"你要加点吗？"[①]

"不是，不是。我只要水……"我不禁叹了口气。

"行，"他如释重负地答道，"你拿的就是水……"

看来同样说英语的两个国家也会有语言分歧……

加油站外矗立着一座座太空火箭似的钢制筒仓。它们在阳光下闪耀着金属的光泽，很适合拿来布置 007 电影的外景。这种高大的筒仓在内布拉斯加州的乡村地区随处可见。不过，比起我接下来的所见，它们就相形见绌了。

道森县哥森堡市（Gothenburg）的铁路旁有座饲料厂，其规模之庞大、结构之复杂，几乎堪比美国航空航天局（NASA）的巨型设施。几根势如公寓楼般的圆筒状高塔兀然耸立，下面则是我生平见过的最大的筒仓。夕阳映衬下，这幕景象令人心生敬畏。相比铁路周围那些标准大小的仓库和筒仓，这座饲料厂俨然是置身小人国的巨人。

不远处，一列长蛇状的货运火车正在等周末结束。在另一列火车拖着刺耳的汽笛声呼啸而过后，我顺着梯子登上一节停靠的车厢，以

---

① gas 在英式英语里是笼统的"气"，在美式英语里却有"汽油"的意思。

便更清楚地看到亨尼克特所谓的"高速装车设施"。

周日的傍晚，我在斜阳下废弃的农业—工业建筑群中穿行时，感觉到一种奇异的氛围。空气中充斥着谷物灰扑扑的气味，库房建筑间有条铁路支线蜿蜒而过。我想，这就是一切得以正常运作的保障吧。玉米、大豆、小麦等粮食正是从这里，通过这个国家的主干道输送到四面八方，满足全世界对廉价牛肉的需求。

野牛，小心牛肉汉堡

"最后一头野牛倒下的时候，大草原上吹起了寒风……那是我族人的死亡之风。"这段话出自富有传奇色彩的美洲原住民酋长"坐牛（Sitting Bull）"之口。自 1874 年南达科他州的黑山发现金矿以来，他就领导苏族人在北美大平原上为了生存而苦战。"大苏族战争"（Great Sioux Wars）初战告捷，在这场战争的高潮——1876 年的小巨角战役中，他与另一位传奇的部落领袖"疯马（Crazy Horse）"率领多个部族组成的联盟，驱逐了联邦军队。然而，坐牛和族人最终还是被赶进了保留区，他本人也倒在了不惜一切代价巩固土地控制权的美军枪下。

大平原野牛的覆灭，正是美国历史上这个风云变幻的年代中令人痛心的一章。

如今，美洲野牛的数量似乎正在恢复。据美国野牛协会（National Bison Association）统计，北美洲现在约有 34 万头野牛。[36]

黄石公园野牛保护项目的带头人里克·沃伦（Rick Wallen）表示："要想拯救野牛，人类需要学着吃野牛。"持这一观点的人还不少，此行中和我交谈过的大多数人都认为食用野牛不是什么坏事。

表面上看，这似乎是互惠双赢的方案。更妙的是，野牛肉据说比一般牛肉更健康，就连美国心脏协会（American Heart Association）也把野牛肉中的瘦肉列入"健康饮食"之选。[37] 然而真相却是，迄今为止美国大部分在售的野牛肉其实都出自农场和牧场养殖的动物，这样的场所超过 2500 个。[38] 整个北美洲真正的野牛只有 15 000 头左右，也就是说美洲野牛这个物种实际上处于近危状态。[39]

"野牛肉汉堡里的肉很少出自真正的野牛，"沃伦承认，"有一个庞大的产业在生产野牛肉。"

有些野牛是在巨型牧场养大的，基本可以像在天然环境中那样自由驰骋，但有些却跟肥育场的肉牛无异。动物福利认证（Animal Welfare Approved）是在美国设立的一个以规范农产品生产为宗旨的公益项目，其成员安德鲁·冈瑟（Andrew Gunther）向我解释了野牛为何天生就与工业化农场的封闭养殖格格不入：它们并不朝向适应这样的环境条件的方向演化。"我看见数千头这种野性未驯的动物围成防御阵形站立不动，"他说，"这是野牛应对威胁的本能反应。它们只在进食或饮水时才会移动，但拥挤的肥育场使它们无法抵御寄生虫的侵害，所以不少个体需要药物医治。"[40] 它们吃的也是玉米。

弄清汉堡里的野牛肉产自牧场还是肥育场基本只能靠猜，因为食品标签上往往只字未提。美国并没有规定食品标签必须说明肉食的生产方式，欧洲也是如此。因此，只要包装上没有"放养""食草""有机"之类明确的描述，基本都可以假定是集约养殖生产的。毕竟，那些劳神费力用更加自然的方式养殖牲畜的农民没理由不在包装上宣传一番。

　　我在美国中西部无论走到哪里，都能在菜单上看见野牛肉的身影。论及吃野牛肉的馆子，最有名的当属连锁餐馆"泰德的蒙大拿烤肉"，它的商标就是一头如假包换的野牛。按照菜单上不无自夸的说法，野牛肉菜品如此丰富的地方只此一家。这里有野牛肉玉米脆饼、野牛肉卷、野牛排骨、辣味野牛肉——当然，还有无处不在的野牛肉汉堡。它们全都做得"狂放不羁……绝对原汁原味"。这家餐饮公司的官网吹嘘说，其创始人"开创性地通过让野牛肉重返美国餐桌来保护野牛"，从而使该物种免于灭绝。他们大书特书自己的环保认证，自称在不遗余力地"为我们的顾客、我们的民众和我们的星球做正确的事"。公司官网上还称"可持续性"是其食物的"灵魂"，自诩是"太阳能领域的领航者"。此外，由于美洲野牛是北美生态系统的天然元素，故而"野牛牧场也对环境有利"。[41]

　　可惜的是，我翻遍了他们的菜单和网站，也没能弄清"泰德的蒙大拿烤肉"所用的食材来自用什么方式养殖的野牛。我甚至直接联系过他们，问菜单上的肉是来自野生野牛，还是产自牧场或喂食谷物的肥育场上的野牛，结果他们要我去问美国野牛协会。根据该协会执行理事戴夫·卡特（Dave Carter）的说法，市场上所有的野牛肉都产自"商业"牧场，而非真正的野生牛群。这些人工养殖的野牛仅有四分之一是放养的，其余皆为食用谷物的肥育牛。

　　由此可见，笼统地说吃野牛肉挽救了这一物种是有问题的。更何况有些汉堡里的肉其实源自皮弗娄牛（beefalo），也就是北美野牛和肉用黄牛的杂交种。无论如何，把这些动物关在惨无人道的肥育场里来保障物种存续，都是可悲的。我不禁感到，野牛一旦被人工养殖，就不再是野牛了——我们保存下来的实际上是另一种截然不同的生物，一个纯粹作为食材存在的物种。

"我们到底为什么要把野牛关进肥育场？难道只是为了让它们更像肉牛吗？"冈瑟质问道。强迫家养牲畜适应有悖天性的工业化农业系统，已经造成了种种恶果。有鉴于此，他不禁感慨："对野生动物也这么干，真的有必要吗？"

即便是生存在自然环境中的野牛，也可能与社区和牧场主发生冲突。黄石公园历史最久、规模最大的牛群即是一例。在靠近公园的土地上经营的牧场主都对野牛群忧心忡忡，生怕它们害家养牛群染病，尤其是染上可怕的布氏杆菌病。人们认为，黄石公园大约半数的野牛都面临这种疾病威胁，而它们最初很可能就是从在这里放牧的驯养牛群身上感染的。布氏杆菌病虽然能导致母牛流产，但在公园附近的牛群中间已经得到了根除。这些打上"无布氏菌病害"标签的肉牛无需检疫、隔离或接种疫苗，便能直接跨州销售，所以备受市场青睐。

可想而知，野牛如果游荡到了公园外面，牧场主会急得像热锅上的蚂蚁。野牛是天生的流浪者，如今却只能偏安于公园的松林、群山和林间草地间。比起祖先们自由驰骋的广阔草原，这里简直是弹丸之地。禾草生长的时节，食物还算充裕，可到了食物匮乏的冬季，牛群往往就得北上到公园外觅食。

一名养牛的牧场主告诉我："越界的野牛一被看到就猎捕了。"他用委婉的"猎捕"代替了"杀"字。近几年他曾亲眼看到几头野牛被灭掉。他直言不讳地说："我们开枪打。"

除了允许牧场主射杀闯入他们地盘的野牛，黄石公园还依据联邦和州级野生动物管理部门共同制定的长期管理方案，采取计划性宰杀，防止种群规模过大。按照要求，黄石公园的野牛数量应控制在 3500 头左右。[42]

　　"黄石公园必须通过计划性宰杀来控制野牛数量，这足以证明当地的野牛恢复工作多么成功。"戴宽檐帽、留着大胡子、身穿卡其布护林员制服的里克·沃伦站在他那高大气派的办公楼外告诉我。这座石头建筑位于猛犸温泉（Mammoth Hot Springs），入口两旁各有一尊熊的雕像。沃伦解释说，控制野牛数量主要是通过猎杀公园外游荡的个体。"但是我们也需要辅以真正的捕捉和剔除行动。"他告诉我，这指的是园方在斯蒂芬斯溪（Stephens Creek）附近将数百头野牛捕获后送去屠宰的做法。[43]

　　我和当地人交谈后发现，他们对计划性宰杀褒贬不一。

　　"这些野牛虽说性情温顺，但也确实造成了破坏。我儿子的汽车就被（一头迁徙的野牛）糟蹋了。"在当地经营狩猎装备的劳巴赫先生（Don Laubach）告诉我。

　　其他人则持有不同的看法。我在摄影师克里斯·托马斯（Chris Thomas）的店里和他聊了聊。他告诉我，野牛不过是在本能驱使下出外觅食，数千年来一向如此，没想到竟然因此被杀。这让他很不舒服。他说："它们本打算到越冬的地方去，结果踏上了不归路。这样的惨剧真叫人心痛。"

　　黄石公园的野牛似乎成了"旷野幽闭恐怖"的典型案例：在这种令人不安的状况下，广阔的野外空间无法继续承载富有魅力的大型动物。我在南非的国家公园已经见识过这一现象，那里虽有广袤的旷野，却只有少得可怜的大型动物。黄石公园的情况如出一辙，野牛不但数量稀少——不过是历史上原有规模的零头——而且时刻面临捕杀的威胁。

我不禁感到，黄石公园的野牛与其说是自然景观的一部分，不如说是难民或博物馆的展品。除了龟缩于这片避难所，它们无处可去。野牛的困境蕴含着一个更大的启示：要想让拥有野生动物的世界不至于沦为回忆，我们必须学会更好地与之共处，让它们成为生活景观的一部分，让野生动物和粮食生产相辅相成，福荫众生。

关照小家伙

黄石公园和百年山脉（Centennial Mountains）的阴影之下是一眼望不到边的山间草原。广阔无垠的天空下，郁郁葱葱的草地上各种野花野草争奇斗艳。我在一条土路旁选了个可以尽览美景的地方稍事休息，依稀看见适合垂钓的湖边有座孤零零的农舍——很好看的木头房子。更远处，则是掩映在森林中的丘陵。

此时我身处爱达荷州的雷克斯堡（Rexburg），距黄石公园不远。我来此地是为了探索今日大平原上野牛、家牛和玉米的和谐共处之道。

吉姆·哈根巴特（Jim Hagenbarth）是个一辈子养牛的牧场主，他的家族已经在这片土地上经营了一个多世纪。吉姆很自豪的就是他养牲口所需的一切食物都取自天然。

"这里夏天不错，"他告诉我，"草长得旺，牲口能添不少膘。"

如今，66岁的吉姆和兄弟一起饲养着5000头牛。他们为市场供应的是常规牛肉，而非有机牛肉之类高端产品。尽管他们使用激素类生长促进剂来提高牛的生长速度（主要是出于经济原因），但就其他方面而言，他们自认做到了顺应自然。

头戴牛仔帽的哈根巴特热情地欢迎了我，然后就让我别把他的这块地叫农场。

"这是个牧场。也难怪，你们英国地方窄，所以没牧场。"他打趣地说。

他正在让牛群"回去干活"——变草为肉。这里的牛群几乎不吃辅食，只吃草。我问他农场上是否用谷物喂牛，他不屑地摇摇头，回答："不吃谷子已经长得够壮了。"

哈根巴特重轮作，轻农药，所以田里至多20年喷一次除草剂。他颇为自豪地告诉我："这里40年没喷过除草剂了。"他一边说，一边把一块地指给我看，大大小小的黑牛正在那里开心地吃着草，地里到处是高山鼠尾草和其他野花野草。一只橙色的帝王斑蝶扇着翅膀，令我眼前一亮。

此地开阔的空间和景致同内布拉斯加的肥育场简直是天壤之别。不过，我随即失望地听到，哈根巴特还是要把部分肉牛送到肥育场去"精加工"。这个产业简直吃错了药：品质上乘的放养肉牛，不直接送到超市货架上，反而要先喂玉米来糟蹋。行业现状就是如此，几乎没人质疑。哈根巴特不得不随大流，因为只有这样他的生意才能做下去。也难怪消费者弄不清状况。

哈根巴特虽然小有参与，却一直对玉米种植表示担忧："玉米在当今社会的地位让我很担心。我们在最肥沃的土地上用化肥种杂交玉米，几乎是在毁地。种出来也都不是为了给人吃，而是为了给汽车提供燃料，给牲口提供饲料。""这种做法'不可理喻'，"他接着说，"我们要的是可持续性农业，不是泼这些化肥去烧地，毁地。"

玉米的生长需要大量养分。如今，大平原的单作田上既没有野牛，也没有家牛来补充肥力，所以只能靠化肥来弥补。殊不知，这么做其实是在酝酿灾祸。许多用于给贫瘠土壤施肥的营养化肥会使土地在受大雨冲刷时，土壤和营养物质更易流入河川湖泊之中。我们在下一章中将会看到，这往往会造成毁灭性的后果。

大平原上有草覆盖时，植被粗壮发达的根系足以让土壤应对旱涝侵蚀。干旱时，植物的根系深入地下；暴雨时，它们又像海绵一样锁住水分。因此土地韧性很强。如今，我们牺牲了自给自足的大地上数百万头野牛，换来的是依赖玉米单作田供养的数百万头肥育牛。

有人认为，让自由放养的野牛回归平原的建议太过激进，尤其是目前无论庄稼还是土地都几乎没有空余了。不过，越来越多的人呼吁农业要与野生动物和谐共存，因为大自然本来就和农业系统密不可分，不应被拒之门外。拯救美洲野牛或许为时已晚，但我们还有时间让鸟类、蜜蜂和小型哺乳动物免于同样的厄运。

哈根巴特认为他所说的那些"小家伙"非常重要。我俩一起用大树枝戳牛粪，全身黑色带黄褐色条纹的屎壳郎四散奔逃。它们一直在忙着用牛粪滋润土壤。"就是这些'小家伙'让一切运作起来，"他告诉我，他所说的小家伙是指昆虫、鸟类、蜜蜂之类的生物，"我们对它们关注得不够。要是这些也没了，我们就完了。"

19世纪，大自然在人类眼中是取之不尽的宝库，也是需要加以管控的蛮荒之地。野生动物因此成为猎杀和迷恋的对象，那些侥幸逃脱枪口的被关进了动物园。

20 世纪，随着自然保护意识高涨，人们开始认识到自然资源也是有限的：如果管理不善，很多事物会走向消亡；物种规模会显著缩水，栖息地会逐渐消失。为了保存国宝而购地的做法成了某些人眼中的时髦。中学时期作为校园里的自然保护主义者，我对此也深为赞同。

人们兴师动众，用自然保护区把濒危物种保护起来，就像博物馆里活生生的展品一样。大多数精力花在特殊的生境和完全依赖此类独特环境的珍稀物种上。其背后的逻辑是，常见生物不需要特殊关照，因为它们确实寻常可见。

然而，历史证明，这种认为"常见"物种无需多虑的思路其实存在根本的缺陷。过去半个世纪以来，许多常见物种数量锐减。凡是工业化农业波及之地，都像美国中西部那样，无论鸟类、蜜蜂还是野牛，所有野生动物都不可避免地遭到了打压。

实际上，我们低估了农业对其他各方面的影响。说到底，听起来农业总是有益无害的。人们会想象到风吹麦浪，奶牛在毛茛丛生的草地上漫步，农人则站在绿意盎然、令人赏心悦目的土地中央，无私地为国家提供"纯天然"的"健康"食品。这个神话虽已彻底过时，却正合行业的心意，他们希望这个神话延续下去。更何况，工业化农业贻害无穷的某些特性——比如在大片土地上反复种植单一作物——对外行人而言是难以察觉的。不知情的观察者觉得一望无垠的金色玉米田是一幅美景，也情有可原。驱车驶过英国乡间，或者在飞驰的列车上凭窗而望，谁能看出土壤已经疲惫不堪，化肥正在涌入江河呢？谁人知晓，那些巧克力色的耕地看上去那么肥沃富饶，但上面播撒的种子却附有能够毒杀鸟类的化学品？谁又曾注意到，土地上除了绵羊和马之外，几乎没有任何家畜的身影？

　　只要农业活动很大程度上主导着各洲和各国的土地开发，田间地头的一切就与许多其他事物息息相关。直到现在，我们才开始真正认识到这一点：对于我们所有人赖以存续的生态环境而言，那些动物和植物是不可或缺的。

第四章　虾

死域探底

新奥尔良的天气又热又闷。来之前，我以为这里只是有些潮湿——就像英国最热的日子里雷暴欲来时那种状态——没想到美国南方腹地热得冒油。此时是夜里 9 点整，我刚从伦敦飞来的航班下来。

我和同行的凯蒂（Katie）还有莉亚（Leah）下榻的地方是一家廉价小旅馆，那里想必没什么吃的。我把车停在一家沃尔玛超市的停车场里，打算买点食物，却听见上方传来一阵蛙叫似的"呱呱"声——是几只神出鬼没的美洲夜鹰。

虽然初到新奥尔良有些兴奋，我却没空游览那些旅游胜地。从超市里匆匆购得一些零食后，我们就驱车经过一连串霓虹闪耀的免下车快餐店和车形餐馆，最后停在那家寒碜的经济型汽车旅馆前。我的旅伴们已经颇为失望，夜班的前台服务员更是让我们提不起劲儿：他不厌其烦地在电脑上查阅着我们的订房信息，好像让我们在前台站上一宿也无所谓似的。

最后，他用责备的目光盯着我，问："蒂娜在哪里？"

"她没来，"我耐着性子回答，"她是我的秘书，负责订房，但她不来。"前台将信将疑地看了看我，然后接过我的护照，对着电脑又审查了不知多久。排在后面的一个人建议我们别往心里去："他这人向来这样，慢慢吞吞。"我竭力压抑着怒火，可是一天的舟车劳顿后还要经受这番待遇，我简直要气炸了。

最后，我们总算进了房间。由于累得不行，我已经顾不上考虑舒适与否，倒在床上就睡了。两天后，我们对这个简陋处所的直觉被证明是对的：我们的摄影师在野外拍摄了一整天后，回来发现自己的房间门户大开，灯也亮着。所幸，我们还算有先见之明，没在房里留什么值得顺走的东西。

我从旅馆驱车前往港口搭船，一路上乏善可陈，但海上却是另一番景象。片刻之后，我便置身于墨西哥湾（Gulf of Mexico）离岸15英里的海域，注视着一片看似工地的所在。四周都是钻井平台，有些是错综复杂的脚手架和钢梁的巨大构架，有些俨然一座小型城市。天气酷热难耐，海上静得出奇，我们的小船轻快地从一座发黄生锈的钻井平台旁驶过。每隔几秒钟，就有一阵雾号声打破宁静。我觉得就像到了电影片场。

我从媒体上了解过很多关于此地的消息：这里是生物绝迹的海域，人称"死亡地带"。所谓死亡地带，是指遭到严重污染后几乎无氧的大片水体，它是一切预防、缓解和遏制环境破坏的措施全盘失效后最糟的结局，可谓"海洋末日"。更糟的是，死亡地带并非墨西哥湾所独有，而是遍及全球。不过，在生物学家、海洋科学家和自然保护工作者眼中，墨西哥湾的死亡地带却是最臭名昭著的。

虽然不太明智，我还是准备深入到脏水里一探究竟。我的计划是亲自去察看这片死亡地带——不是从干净舒适的小船上。我戴上通气管，稍做准备，扑通一声滑入水中。除了泳裤和脸上的潜水面具，我的身体全都暴露在外。在灼热的天气下，脚踩海水的清凉触感着实令人心旷神怡。表面上看，豆绿的海水并无异样，不过我在不小心呛了一口后，还是有些瘆得慌。

"但愿这水没污染！"我含糊不清地自我安慰了一番，旋即一头扎进了浪底。

向下滑了几米后，我开始窥探昏暗的水下世界。眼睛几乎刚一适应，就看见了鱼，而且是大群大群的鱼。幽暗中依稀可见成群结队的弓纹刺盖鱼或大西洋棘白鲷在井架间窜进窜出，还有体形较小的鱼在藤壶间欢快地游动，看上去无比自在。不仅如此，我的头顶上方还有一群迅疾如梭的银色小鱼从水面哗啦掠过。既然是死亡地带，怎么会有如此之多的鱼呢？那些银色的小家伙又为何游得那么快？就在这时，一个块头更大、狰狞可怖的身影悄然上浮，进入了我的视线——应该是条鲨鱼。我屏息凝神，静待命运的发落。难不成，这片死亡地带就是我的葬身之所吗？

正当我惴惴不安地在海面上拍着水时，一名潜水的同伴喊道：是军曹鱼，不是鲨鱼！在我这个没什么经验的英国浮潜者看来，那体长鼻尖、有着锯齿状灰黑色鱼鳍的家伙实在太像吃人的鲨鱼了。我事先没去查这些水域有没有鲨鱼，甚至都没想过这一点。毕竟，这里可是死亡地带呀。

游回水面的过程中，我发现身边的海水竟然热闹非凡。该不会搞错了吧？难道我们下水的地方不对？抱着这样的疑问，我再次扎进了水里，而且这次憋住气，打算游到更深处看个究竟。这时，事情变得清晰起来——毋宁说更令人迷惑。

潜到水下几米后就完全是另一幅情景了。这里水温更低，盐度更高，也更加昏暗。能见度已经很低了，没有潜水装备的我也无法继续深入。看来真正的死亡地带我是去不了了，因为它实在太深太深，像一张令人窒息的巨毯一般笼罩着大洋的下半部分。在真正的死亡地带游泳让我觉得有点恐怖——我在浅尝辄止的浮潜过程中已经深有体会了。我决定跟着懂行的人潜到深处去看看。

路易斯安那大学海洋协会（Louisiana University's Marine Consortium）的执行理事南希·拉巴莱（Nancy Rabalais）教授显然是此次探寻中最合适的保驾护航者。身为海洋生态学家和"墨西哥湾卫士"的她数十年如一日地在路易斯安那州沿岸的这片死亡地带进行测绘，是首位记录其演变过程的科学家。她的研究对唤醒公众关注这一重大环境问题起到了关键作用。她还亲自开展过无数次考察，比任何人都更了解这片区域。[1]

她告诉我："如果你在夏季潜入死亡地带，就会发现海水的表层碧绿如玉，底部褐色发浑，中间清澈。"

拉巴莱 46 年来一直在从事潜水活动，而且从 20 世纪 80 年代中期就开始对这里的海水进行取样——10 年之后，渔民和其他科学家才开始注意到海洋生物季节性窒息死亡的现象。

这天，我与拉巴莱的潜水队一道搭乘 12 米长的双体监测船"赤膀鸭号（Gadwall）"出海考察。当她换上潜水服的时候，我无意中发现她的背脊上有一道纵向的伤疤。她告诉我，几年前，她曾在一次游泳事故中背部骨折。不过，她休整了不到一年，就制定了新的潜水目标，然后付诸实践。如今，她把当年的那份执着带到了墨西哥湾，呼吁环境变化已经到了刻不容缓的地步。

墨西哥湾的这片死亡地带离海岸线约有 4 英里。前往目的地的途中，我们的船轻快地驶过了两艘捕虾船。它们的舷外撑着桁杆，加上船身，每艘差不多有 100 英尺长。墨西哥湾是全球几大渔场之一，出产的海产品约占美国捕捞总量的 1/6。这个地区仅捕虾业的年产值就高达 5 亿美元，有 5000 多艘渔船以此谋生。

海洋中的营养物质滋养了浮游微生物，这些生物为虾和各种小鱼提供食物，而虾和小鱼又是大鱼的猎物。然而，有某些因素正在扰乱这条古老的食物链和让这片海域物产丰饶的脆弱的营养平衡。近几十年来，墨西哥湾海域的营养物质含量逐步上升，浮游生物随之"暴涨"。它们大量增殖，然后死亡，其腐败过程几乎将水中的氧气吸收殆尽，留下贫氧或者说"低氧（hypoxic）"的水域。低氧水域是生命的禁区，来不及逃离的生物唯有死路一条。

墨西哥湾号称拥有当今世界第二大的低氧水域（最大的位于波罗的海）。如此"殊荣"实在称不上光彩。这片低氧区每年如期出现，从 2 月至 10 月，从路易斯安那州海岸一直延伸到上得克萨斯州海岸，[2] 面积相当于康涅狄格州和罗得岛州的总和（接近整个威尔士）。它吞噬掉深海的氧气，迫使一切生物向表层转移，从而在海洋下层制造出一个生命绝迹的禁区，使墨西哥湾成了"死亡地带"的代名词。[3] 这就好比一座城市挤满了高耸入云的住宅楼，但它的下半层空间每年都会遭到毒气袭击，不得不紧急疏散。

随着死亡地带逐渐扩大，一些原本在底层生活的鱼类被迫到表层避难，继而遭到掠食者捕杀。有些或许能侥幸逃生，其余的则在劫难逃。拉巴莱解释道："有些鱼在海洋表层生活，有些鱼通常在底层生活，但底层的鱼现在已经不在底层了。"她一边指向双体船的一侧一边说："它们要么往表层靠，要么彻底消失。我在乘船出海前也在岸上工作过。我曾看到成群的刺鳐出现在海洋表层，似乎是为了逃离低氧而向近海转移，可那里并非它们通常栖息的地方。我还看见过完全不该出现在表层的动物在那里游动……它们想从低氧的环境下逃出去。可惜有一些没能成功。"

虾作为底栖生物，遭受的打击尤为严重。拖网捕虾船用"挠痒器"把虾从海床上惊起来，赶进渔网，这种破坏海床的捕捞法被环境学家比作"用推土机收割玉米，把表层土和玉米秆连带着玉米穗一股脑铲掉"。[4]

死亡地带没有虾，捕虾者因此群集于它的边缘，将逃难者一网打尽。缺氧屏障打乱了虾的洄游模式。通常情况下，沿岸的食物供给不足时，它们会返回海中，发育到能够繁殖的程度。然而，由于死亡地带的出现，一部分虾不得不潜入更深更冷的水域，因而生长迟滞；另一部分则困在较浅较暖的海湾水域，透支食物供给。

如今，墨西哥湾的大片区域都沦为了无虾区，由此产生的环境影响直击渔业的痛处。由于捕虾者必须到更远的地方寻找渔场，且捕获量越来越少，一些人只好另谋生路。[5]"你得出海跑老远，运气好才能碰见点儿可捞的东西，"一名捕虾者告诉美国有线新闻网（CNN），

"燃油成本这么高，要是没法打上一整船虾，出海根本不划算。"在同一篇报道中，路易斯安那州一名海产加工商也透露，死亡地带的扩张已经危及他的生计："美国首屈一指的虾产地就在眼前，可它却把我们拒之门外，叫我们吃闭门羹。太不真实了。"[6]

据美国政府科研机构国家海洋与大气管理局（NOAA）估计，死亡地带每年给美国的海产和旅游业造成的损失高达 8200 万美元，沉重地打击了墨西哥湾沿岸的经济。[7]然而，尽管造成惨重损失，自1981 年第一部针对死亡地带的行动计划出台以来，问题非但没有缓解，反而有愈演愈烈之势。截至 2015 年，低氧或无氧水域的面积已经达到 6474 平方英里，足足有 2001 年低氧问题特别工作组（Hypoxia Task Force）设定的目标（1900 平方英里）的 3 倍。[8]

谁是罪魁祸首？答案是化肥。据美国国家海洋与大气管理局称，死亡地带问题的源头就是我在内布拉斯加州亲眼看到的那些绿色的"玉米海洋"，这些"海洋"也遍布于美国中西部其他地区。在一篇名为《墨西哥湾北部低氧现象的成因》（"The Causes of Hypoxia in the Northern Gulf of Mexico"）的报告中，该机构称美国中西部是"玉米和大豆密集产区，土壤中每年会施用大量源自化肥和粪便的硝酸盐"。报告解释了过剩的硝酸盐被冲刷进河流，最终注入墨西哥湾的过程，并称科学证据"不容置疑"。[9]

仅 2015 年 5 月，就有 10.4 万吨硝酸盐和 1.93 万吨磷经由密西西比河和阿查法拉亚河（Atchafalaya）流入墨西哥湾。[10]规模相当于一个月内有 4000 多个集装箱或 3000 多辆重型货车满载着污染物坠河。

既然当局都认同农业是无可争议的元凶了，为何没采取更多的行动来遏制这一产业的过度扩张呢？[11]"呵，那都是历史了，"拉巴莱耸耸肩，语气里透着无奈，"我的意思是，那些（密集种植的玉米和大豆）本该是养活世界人口的粮食，不是吗？可惜它们并没有给人吃，而是成了鸡和猪的饲料……"

尽管我对此一清二楚，根本不需要别人讲解，拉巴莱还是向我解释了墨西哥湾的问题与盘中餐的联系：如果我们吃更多的肉，很可能会导致种植更多的玉米用作饲料，进而使用更多化肥，最终令海湾地区的情况恶化。"我不是要大家都吃素，但我们还是有很多选择……只是少吃点肉，少吃牛肉、猪肉甚至鸡肉……只是少吃肉，"她恳切地呼吁，"我不是素食主义者，但我不会吃太多肉。"

由于农业排放导致的富营养化，墨西哥湾成了最臭名昭著的死亡地带，但它并非唯一的受害者。[12]在美国海岸附近的四十多个死亡地带里，农业扮演的角色已经被明确记录下来。联合国环境规划署（UNEP）执行主任克劳斯·特普费尔（Klaus Toepfer）指出，由于过度使用低效的化肥，以及随意排放未经处理的污水等污染物，人类卷入了一场巨大的全球试验："这些污染源中的氮和磷排入河流和沿海环境，或是经大气沉降，造成种种触目惊心的影响，有时甚至是不可逆转的。[13]

科学家直到最近才开始理解氮是如何在生态系统中不断循环，并造成种种环境问题的。在世界范围内，人类每年都会创造1.6亿吨以上的氮，这比自然环境自古以来的承载量多得多。[14]不仅如此，氮还在以超过我们降解能力的速度累积。

氮肥无疑能让庄稼增产，但问题在于，它并不能被植物充分吸收，所以人们施用的化肥和动物粪便往往超出了植物实际需要，只有很小一部分真正作用到了庄稼上。在有些地区，庄稼对氮的吸收率甚至不到20%，没有吸收的部分都白白流失，最后进入了墨西哥湾这样的地方。[15]

鉴于化肥在墨西哥湾死亡地带的环境灾难中扮演着如此重要的角色，我不禁产生了见识一下化肥工业规模的冲动。带着这一想法，我来到了巴吞鲁日（Baton Rouge）机场。在这里，只需花上几美元就能雇一架轻型飞机，从空中将化肥工业的整体情况尽收眼底。有人告诉我，鸟瞰会给人截然不同的观感。

过去15年来，河流管理员保罗·奥尔（Paul Orr）一直在监督这个位于密西西比河下游的州，所以他对化肥工业在辖区内造成的影响了如指掌。轻声细语、胡须整洁的奥尔为我们安排了一架四座式赛斯纳（Cessna）飞机。这种飞机特别小，机翼离得很近，让人觉得简直是被直接缚在机翼上。然后我就进入接下来的程序了。我们钻进机舱，关上舱门，戴上耳机，等飞行员启动发动机。接着，螺旋桨动起来，一阵怡人的清风从打开的窗户吹进来。

"我们会看到什么呢？"我好奇地问。我告诉他我所想象的情景：各式各样的仓库，里面用巨大的托架盛放着成堆的袋装化肥。奥尔只是苦笑了一下。实际情况和我预想的大相径庭。当我们飞过一座化肥工业欣欣向荣的小镇时，满目所见竟是筒仓、塔和杂乱的金属。我不禁问道："哪一块儿是化肥厂？"

"全都是。"他直截了当地回答。这话也不尽然，因为下方还有一个废水形成的潟湖，规模俨然一座小型水库。除此之外，还有一大片采石场似的区域，上面尽是白垩色的物质。那其实是堆积如山的石膏——一种柔软的矿物质，常被当作灰泥使用。我目测这堆石膏大概高 100 英尺，宽 200 英尺。这座小山包突出于周遭的树木之上，全都是白垩色。这都是生产化肥留下的废物。和巨大的石膏堆相比，周围等待装车的翻斗车看起来简直像玩具。

这些白色的东西究竟运往何方呢？也许是送去掩埋，或者加工之后另作他用？都不是。我得到的回答竟然是直接倒进河里，直到环境承受不了，不能倒了为止。

对飞行员来说，这已经不是新鲜事了。"这种情况我见了不少，简直多得令人发指。"就在他感慨的当儿，我们的飞机又低飞掠过了另一处化肥生产设施。它的后方是一块块田地，每一块都有一个化肥厂园区那么大。整个飞行过程中，我只看见庄稼，从未看见一只农场动物。这时，我们又飞过了一排间隔很近的塔楼。一辆罐车和塔的底部相连，正在装载谷物粉尘①。"谷物粉尘是最糟糕的。"奥尔抱怨道。

"行，我们要回去了吧？"我以为该看的都看完了，孰料奥尔回答："不不不……还有呢。"

我们的机舱里充斥着一股类似煮白菜的气味，那是从下方的造纸厂飘来的。造纸厂后面还有更多的化肥厂，工厂设施都错综复杂，而且坐落在密西西比河蜿蜒的河岸旁，方便随时排污。我们在 4 平方英里内就看到了 4 座这样的化肥厂。河道的一边，运输化肥的驳船组成的小舰队正溯流而上；另一边，运谷的集装箱货轮迎面而来。对于极少有消费者了解的盘根错节的农业活动来说，这还只是冰山一角。

作为当地的河流管理员，奥尔一直没闲着。用他的话说，他的辖

---

① 谷物粉尘是由谷物在加工、运输等过程中产生的灰尘，包括灰尘中所有的污染物或添加剂。通过分离技术收集起来的谷物粉尘可用于制造化肥、饲料等。

　　　　　　　　　　　　　　　　　　　　　　死亡区域

区包含了全美最大的石化工业聚集区。我问他有何感想，他淡然地回答："一方面，这就是现实，但另一方面，我也知道事情的确是变了，知道森林是怎么走向消亡，让位给了工业区。我希望如此美好的环境还能保留更多昔日的风采。"

尽管奥尔的语气里透着感伤，我却感到他远远没有气馁。他告诉我，过去他曾和父亲在这片地区郊游，徜徉于河川之上和沼泽之间。所以我知道，为了让下一代也能像儿时的他一样享受周遭的水资源，他一定会全力以赴。

密西西比河流经美国的三十多个州，是北美洲无可争议的第一大水系。这条 S 形的大河呈现出奇怪的红色，在英国人看来有些不同寻常。同墨西哥湾的死亡地带一样，化肥厂这个元凶的身影并不明显。它们虽然就在眼皮底下，却必须从空中俯瞰才能看个确切。而看过之后，我发现"化肥厂"这个词根本没法反映工业化农业拼图上这个鲜为人知的小块究竟有多大规模。

化肥固然不是什么吸引人的话题，但任何关心自然、关心动植物未来的人都至少应该对它的影响感到不安。可以说，正是我们对廉价肉食的需求，促使人们用化学品浸染的农田种植廉价玉米以喂养牲禽，从而使珍稀物种和大小生物——从鸟类到美洲野牛，再到虾——惨遭荼毒，流离失所。难道非要等死亡地带从海洋扩展到陆地，政策制定者们才能意识到这场灭顶之灾并有所作为吗？

被忘却的灾难

墨西哥湾近年来灾祸不断。外有"卡特里娜"和"丽塔"等飓风侵袭，内有世界上面积数一数二的死亡地带之忧，2010 年又遭有史以来最大的海洋原油泄漏事件重创：英国石油公司（BP）旗下的海上钻井平台"深水地平线号（Deepwater Horizon）"在突然爆炸后沉没，导致数百万桶的原油倾泻到墨西哥湾中。平台上 11 名工作人员的遗体人间蒸发，这场环境灾难影响了无数人的生活。虽然事后为保护湾区海滩、湿地和海口免受黑色污染而发起了规模浩大的补救行动，但灾难却势不可挡。数月持续泄漏的原油不仅给当地的渔业和旅游业造成严重破坏，也搅乱了野生动物的生活。

事发之后，英国石油公司当时的首席执行官唐熙华（Tony Hayward）的言论又招致众怒。他告诉英国天空新闻台（Sky News），此事造成的环境影响很可能"微不足道"。[16] 此外，这位言论频频失当的大亨似乎更在意自己个人受到的侵扰，而不是他的公司在这场浩劫中应负的罪责。他疲惫地告诉记者："没有人比我更希望这事尽快收场。我想恢复正常的生活。"[17]

唐熙华在那场危机中可谓是千夫所指，72 岁的老太太威尔玛·苏夫拉（Wilma Subra）更是成了他的死对头。"深水地平线号"爆炸后的次日早上，她的电话就开始响个不停。她的友人和邻居们不是家中有人在钻井平台上工作，就是本人被石油的气味熏得苦不堪言。国会议员们开始就工人患病的报道质问唐熙华时，苏夫拉就已经在追这个案子了。她和路易斯安那州环保联动网（Louisiana Environmental Action Network）利用法庭和政界关系向英国石油公司施压，迫使后者为那些乘船治理原油泄漏的工人提供呼吸器等防护装备。她因游说工作声名鹊起，不久即被请去面见巡视墨西哥湾的奥巴马政府官员。再后来，她又应邀在国会调查漏油事件的特别委员会面前作证。[18]

长期投身环境保护运动的苏夫拉有着一双蓝色的眼睛，头发向后束起，看上去像个不怒自威但和蔼可亲的校长。我和她会面的地点就在她的家庭办公室——位于路易斯安那州乡村地区的一座小平房。那里似乎是个慢节奏的慵懒乡村，有着当地典型的那种长满苔藓、随风摇曳的树，树对面则是成片的甘蔗田。村里的房子美而不华，正如当地人所言，是你想象中退休养老的好去处。

办公室里面摆放着一张堆满各种文件的大松木桌，上面有诉讼案情摘要、化学实验室报告、政府备忘录，还有她在法庭上从环境角度据理力争时使用的其他证据。她的工作既为她赢得了朋友，也为她招来了敌人。因此我很快明白了为什么她的窗户装着金属防盗网，而不是掩映在带玫瑰花纹和蕾丝的窗帘背后。她屡次遭到恐吓和盗窃，甚至经历过一次驾车枪击事件：六月里一个凉爽的夜晚，有人驾驶一辆汽车并从车内朝她开了一枪。好在子弹没有击中，而是落在离她坐的地方几英尺远的砖头上。

然而恐吓行动失败了。"这实际上强化了我的决心，因为我的所作所为是在造福社会，"她目光坚定地告诉我，"如果我在他们的持续骚扰下停止了这一切，他们就赢了……我决不能让他们得逞。"

微生物学家和化学家出身的苏夫拉是最早开始关注这方面的科学家之一。早在 20 世纪 70 年代的例行取样中，他们就确认了墨西哥湾死亡地带的存在。她向我讲述了最初是怎样意识到大事不妙的。

"我们那时做巡洋取样，每月一次。"她一边回忆当年在本地某科研机构工作时的情况，一边说，"当时做的是关于石油与天然气钻井平台的研究项目。我们给整个水体做纵向分层取样，发现有一层是乳白色……就在海底附近。"结果表明，那份水样的氧含量低，氮磷含量高。当时还是 1972 年。

于是，她开始向当地的捕虾者打听。后者说出海时不得不前往更远的地方打捞，而且打上来的尽是死掉的生物。"我们并不知道怎么回事，只知道事情不对劲。后来发现，原来（造成这一现象的）营养物质是从中西部各州沿密西西比河流入海洋的……主要来源是化肥。"她指出，由于中西部玉米种植的盲目扩张，问题变得日益严重，"种的玉米越多，流入河流的化肥越多，就越会使死亡地带进一步扩大。"

令她忧心的是，竟然没有人把中西部的情况和它在墨西哥湾引起的后果联系起来。正所谓"眼不见，心不烦"，由于地理上的阻隔，中西部的农场主和政策制定者可以无视下游的水深火热，继续我行我素。苏夫拉总结道："在我们已经清楚污染源是什么，并且知道它仍在不断地涌入下游，冲击墨西哥湾的情况下，问题就成了还能放任破坏发展到什么程度。"

拿美国中西部的玉米种植业开刀比登天还难，因为它根深蒂固，牵扯到强大的既得利益，而且有美国《农业法案》规定的大量财政补贴做保障。整个过程中，纳税人被敲了两次竹杠，一次是为农业补贴出资，另一次是为环境治理的开销和失去生计的损失买单。

苏夫拉希望墨西哥湾的渔业社区和中西部的农业利益集团能够通力协作，共同减少化肥的流出。不过她也承认，这一点必须获得国家层面的支持方能实现，因为"不断提高玉米产量"的要求恰恰来自最高决策层。

自英国石油公司的灾难性事件爆发伊始，死亡地带就一直在努力寻求舆论关注。该公司花了上百亿美元的安抚金和赔偿金，最终在五年之后宣布，墨西哥湾的环境正在恢复到漏油事件发生前的状态。[19] 死亡地带过去曾是媒体眼中的"大热话题"，但自从被"深水地平线号"抢了风头后，重新唤起公众对下游水体富营养化的问题（一个相对冷门的话题）的关注就成了难事。从环境主义者和保护主义者的角度来看，真正令人担忧的地方在于，人们正在把这种农业污染归咎于天气，仿佛它是某种只能无奈接受的不可抗力，而非只要有心就能彻底预防的人为灾祸。

死亡地带正在世界各地涌现。从20世纪60年代开始，全球范围内死亡地带的数量几乎每十年就要翻一番。[20] 时至今日，全世界已有400多个沿海死亡地带，波及范围多达9.5万平方英里——几乎和新西兰的面积相当。[21] 这些受灾区域或小如港湾海口外的狭窄浅滩，或大至公海上数万平方英里的带状海域，不一而足。它们大多出现在温带水域，位于美国东海岸周边和欧洲的海洋，同时在中国、日本、巴西、澳大利亚和新西兰附近的水域也有抬头之势。世界上最大的死亡地带位于波罗的海，那里直接入海的污染物既有农场流出的富营养物质，又有燃烧化石燃料产生的氮沉降和人类粪便。[22] 此外，切萨皮克湾（Chesapeake Bay）、长岛湾（Long Island Sound）、普吉特海湾（Puget Sound）、罗讷河三角洲（Rhone Delta）、北海（North Sea）和亚得里亚海（Adriatic）等地的氮磷含量水平也被认为仍在上升。

　　至少就目前而言，如果农民和决策者能够听取劝阻，不再让营养性污染物流入湖泊和沿海地区，死亡地带还是可以逆转的。可惜这种假设很难实现。正如墨西哥湾的案例所示，一旦牵涉强大的农业利益，人们往往就眼不见，心不烦。

第五章　红原鸡

养鸡户的爆料

午夜时分，夏季的夜空繁星点点。在声声蝉鸣和远处牛蛙的聒噪声中，北卡罗来纳州的乡间很是热闹。我把我的四驱雪佛兰悄悄停在养鸡场的棚屋之间，耐心地等着一场好戏上演。同伴打趣说，和我待在一起，就是跟一个生态恐怖分子厮混。这话当然只是开玩笑。实际上，我在世界农场动物福利协会履职的时候，通常是一副商务人士的形象，每天都得西装革履地会见政客、媒体以及食品业和农产业领袖（如果你问我太太，她估计会说成天如此）。

不过，这天夜里我换上另一身行头，开始了一场漫长难熬的蹲守。要想看见我想看的东西别无捷径，只能暗中观察。我们得避免发出任何意想不到的动静，或者被远处稍纵即逝的强光照见——那样会暴露目标，被养鸡场的工作人员发现。尽管这番举动颇有点搞破坏的感觉，我却不必担心被愤怒的农场主逮个正着——因为他就坐在我旁边的驾驶座上。

当天早些时候，克雷格·瓦茨（Craig Watts）让我见识了美国家禽业不为人知的内幕。家禽业在北卡罗来纳是一桩大生意，这个"肉鸡之州"每年出产 7.85 亿只家禽，年产值高达 30 亿美元。[1]

瓦茨之所以决定做个告密者，是因为他对业内的某些做法感到不满：面向公众的廉价鸡肉宣传令他不安，签约的公司又让他失望透顶。所以他想把自己的经历讲出来。他了解过我们的世界农场动物福利协会，觉得我们愿意倾听，不会把问题怪到农民头上。于是，一位记者朋友就安排我俩接触。

我和世界农场动物福利协会的美国地区主管莉亚·加尔塞斯一起来到此地时，瓦茨已经在他装有白色护墙板的屋子外面，坐在一台亮橙色的割草机上等我们了。他是个粗犷俊朗的汉子，穿着无袖 T 恤和粗布裤，一头乱蓬蓬的灰发，棕色的眼睛很是勾人，整体给人以热情好客、快活爽朗的印象。

瓦茨 20 多岁时娶了青梅竹马的姑娘阿梅利亚。由于不愿给人打工，他便自己操持起了养鸡的行当，结果很快发现事事身不由己。如今，48 岁的他育有一女和两个幼子，养鸡场也经营得颇具规模。他签约的珀杜（Perdue）公司是全美几大禽肉加工巨头之一。[2] 同美国为数众多所谓的承包养鸡户一样，他觉得禽肉加工公司掌控了一切，自己则成了卖身奴，即便累死累活也只能勉强维持收支平衡。

为了给禽肉市场供货，瓦茨斥资 50 多万美元兴建了 4 座设施一流的养鸡房，也就是那种狭长、低矮的库房式建筑。他提供鸡舍、土地和劳力，而珀杜方面提供鸡、饲料和具体的养殖要求。这些鸡自始至终归公司所有，只是暂时交给他养殖，等长到足够大时就会收回去宰杀。瓦茨举债建成了这处养鸡场后，花了几十年才把养殖规模扩展到足以偿清债务的程度。

接着，我们跳上了瓦茨的卡车。他想带我们开开眼界，一窥超市和杂货铺里那些"纯天然""农场放养"之类动听的食品标签背后往往隐藏着怎样的真相。

我们的车一路行驶在安静的松林路上。"我是在那儿长大的。"他指着林间一处小小的农舍说。片刻之后，我们又经过了他祖母的家。瓦茨在这个地方并不是心怀不满的初来乍到者。实际上，从18世纪初至今，这座农场一直归他的家族所有。

最后，我们在四栋工业风格的建筑物前停了下来。这些建筑一扇窗户也没有，每栋建筑都关着3万只鸡。接着，瓦茨把我们从正午炫目的阳光下带入了鸡舍尘土飞扬的昏暗之中。充满氨臭味的刺鼻空气立刻让我有作呕之感。我的眼睛适应黑暗后，旋即聚焦在了一张白色巨毯上——那实际上是无数只一动不动的鸡。走廊占地2万平方英尺，两端有巨型风扇在呼呼作响。这里看似巨大，却被挤得水泄不通。"是不是像我说的，白色的海洋？"瓦茨说。

我扫了一眼鸡群，发现它们大多蹲在地上喘气，叫人看了心痛。瓦茨说："晃悠几步去吃点饲料，再晃悠几步去喝口水，这就是它们的生活。"这时，有些鸡笨拙地跑了起来，扑腾着翅膀乱飞。看样子，它们很享受我们闯进"鸡海"之中给它们辟出的这点空间。据瓦茨估算，每只鸡平均享有的地面不过一张A4纸的大小。讽刺的是，它们在烤炉里倒是能获得更大的空间。

这就是温室养殖，用丰盛的饲料将精心选育的速成鸡种快速催肥的集约式农业。这些鸡虽然个头很大，发出的却是从喉咙根里发出的那种尖锐的"唧唧"声，听起来就跟小鸡仔一样。实际上，它们还不到六周大，所以的确是小鸡仔。只用短短几周，这种鸡就能从毛茸茸的复活节小鸡长成它们祖先的怪诞翻版。压力很明显。

一只鸡奋力拍着翅膀单脚蹦跶过去。瓦茨评论道："那是只独腿鸡。"我还发现有只鸡躺在地上，一条腿直挺挺地向后伸着。虽然它勉强站立起来，拼尽全力想走动，但由于双腿长成了外八字形，所以它只是在地上刨了几下，然后就啪的一声摔倒在食槽下面，气喘吁吁，狼狈不堪。

就连外表看来没有明显缺陷的鸡也是一副随时要倒的样子，臃肿的身体摇摇晃晃，靠相比之下孱弱可怜的两腿"钉"在污浊不堪的几厘米地面上。它们的眼睛就像淹没于一片白色羽毛毯中的小黑点。

当我抱起一只鸡来端详时，瓦茨问我："在体重是正常标准两倍的情况下，你能支撑多久呢？"这只鸡的胸前没长羽毛，光秃秃的粉肉摸起来微微烫手。它"唧唧"叫唤了几声，眨眨眼睛。我把它放回地面，它就一瘸一拐地走开了。地上还有一只死鸡，粪便密布的地上一小团羽毛十分扎眼。

瓦茨只负责养鸡，至于鸡的基因如何，健康与否，则无权干预。他告诉我，受合同约束，他甚至不能为鸡提供新鲜空气和阳光。他叹息道："这是个道德困境。"他知道这种做法不对。他说："最让我不安的是这一切经过粉饰后，简直和真实情况相差十万八千里。"

假如不是受限于合同，他会怎么做呢？

"我肯定会把密不透风的墙去掉，让阳光和新鲜空气进来。首先，鸡喜欢这样；其次，我心里也好受些。"

我问他在他看来养鸡业的未来如何。

他说："我觉得差不多要推倒重来才行。现在积重难返，亡羊补牢已经晚了。"

珀杜公司左右着瓦茨的鸡的命运，而这家公司的董事长吉姆·珀杜（Jim Perdue）在一部宣传片中，竟然大谈特谈人道养鸡，称这样是"做正确的事"。[3]

珀杜公司的产品商标上带有美国农业部的许可章，证明这些禽类是"非笼养的"。他们还给一些鸡肉贴上"人道养殖"产品的标签。不过，自从美国人道协会（HSUS）与之打了一场官司后，这个标签就被撤下来了。[4]

瓦茨心知肚明，敞开鸡舍大门，道出业内真相意味着极大的风险。他担心自己的合同因此作废。不过，别无选择的他还是感到有必要说出来。如果真的被珀杜公司炒了鱿鱼，那该如何是好？对此，他戏谑地说："那就在家吃软饭好了。"

当天晚上，瓦茨、莉亚和我在皮卡车里熄灯静守，只待收鸡队到来。鸡棚长长的波纹状屋顶渐渐隐没于夜色之中，装饲料的巨型铁罐有如踩高跷的哨兵矗立在外。尺寸堪比家用热水浴缸的巨型风扇旁，草地被吹得尘土飞扬，狂舞劲摇。这些风扇彻夜无休，正在为成千上万只鸡降温，好让它们在生命的最后一程稍微凉爽一些。飞旋的叶片间，那片已经见惯的白色海洋若隐若现。

"车别停在风扇边，臭死了。"瓦茨说。

将近凌晨 2 点的时候，鸡棚的另一头终于亮起了汽车大灯。

"他们来了。"

灰尘突然扬起，扇叶间的画面立刻朦胧起来。一名收鸡队员用手电筒的灯光在鸡群中挥舞，开始把它们往捕鸡器的方向赶。刚刚还静如止水的鸡群顿时炸开了锅，又是鼓翅，又是乱跑。那人如同涉水般行走在这片半米多深的鸡海里，所到之处，鸡群自动分开。最后，等所有的灯光都熄灭后，捕捉正式开始了。

据说捕鸡过程已经改进了不少，过去都是直接把鸡塞进板条箱里，然后轰隆一声关上门，连鸡的头夹在门里也不管。瓦茨告诉我："以前到处都能看见夹断的鸡脑袋。"那时他和捕鸡人想必已经麻木了，或者至少是迫不得已地默默接受。

如今，捕捉过程已经完全自动化了。捕鸡器在漆黑的鸡舍里自主行驶，像收白菜一样把鸡扫进机身，然后用传送带送进板条箱。整箱整箱的鸡在铰接式货车的后面堆得老高，随后被运到屠宰场，等待宰杀、拔毛、去除内脏，用食品包装纸裹好。

屠宰厂耸立在南卡罗来纳州边界，是一座庞大如山的工业建筑，外观就同它的功能一样冷酷无情。路旁的广告牌写得粗俗直白："小鸡爱大豆：畜牧业是你的头号顾客。"[①]这让我不禁想到了在阿根廷见过的那些大豆单作田，它们如同一片绿色的荒漠，在曾经丰饶的草地和森林上恣意铺张。不用说，鸡自然不会"爱大豆"，要说它们"爱"什么，那无疑是天然食物——尤其是蛆、蚯蚓和种子。

直到次日中午，最后一只鸡才被装上车——送去屠宰的鸡共有十万多只。它们离开后，留在农场的瓦茨如释重负。此时他一身粗布

---

① "小鸡爱大豆"（chicks dig soy）是对俚语"chicks dig it"（姑娘们就爱这个）的化用。

　　　　　　　　　　　　　　　　死亡区域

工装，正在给蔬菜浇水。他的言谈举止和先前判若两人，可见身为合同养殖户是怎样一番感受。

"今天我很高兴，"他微笑着告诉我，"没鸡的日子就像过圣诞节，既高兴又疲惫。"

这里的情况一点都不稀奇。我曾走访过世界各地的集约式养鸡场，这些养鸡场都惊人地相似。从美国豢养着上百万只家禽的工业养殖园到秘鲁沙漠里类似贝都因人露营地的小帐篷，总体状况都是鸡群挤得寸步难行，而且往往伴随着令人窒息的骚臭。

我在菲律宾见过悬空的高桩鸡舍，在南非见过低矮的大型库房，在中国台湾地区见过鸡满为患的农舍，在英国见过无窗的巨型鸡棚。无论里面养的是几千只鸡还是几十万只鸡，情况都如出一辙。我敢说，那些购买超市廉价鸡肉的消费者，在目睹或听闻养鸡场内幕之后，绝对不可能像毫不知情时那么心安理得。为什么我们的社会如此看重鸡肉，却对禽类本身不屑一顾呢？

肉鸡的起源

地球上的鸡肉工业化肇始于一种来自热带森林的鸟：红原鸡。雄性红原鸡身形苗条而矫健，头顶雅致的金色鸡冠，身披黄橙栗相杂的羽衣，还有一条华丽的泛着金属光泽的绿尾巴，让人看了眼前一亮。

争夺地位的天性使然，雄鸡喜欢打架。每当发生这类冲突时，它们就会脖子炸毛、翅膀大张，用这种方式给自己壮势。那副雄姿总是令我惊奇不已。世界各地的斗鸡玩家利用雄鸡天生不服输的韧劲，把它们培养成了擂台上的斗士。一较高下之后，落败者灰溜溜地退场养伤，胜利者则会抖抖身子，昂首挺胸地发出一声凯旋的欢呼。那叫声跟农家庭院和寓言故事里熟悉的公鸡打鸣差不多，只是变成了喉音更重的翻版。

斗鸡的"武林地位"不仅受临场发挥的影响，很大程度上还取决于血统。科学家认为，基因是决定鸡群地位的关键因素。那些顶尖公鸡的后代最有可能顺利长大，成为鸡群的领袖。母鸡也很重要，它们可以留下优势公鸡的精子，拒绝其他公鸡的基因，以此能动地决定自己后代的父亲。[5]

红原鸡最初生活在东南亚的森林和红树林，长期以来都是当地人的猎食对象。大约在公元前三千多年的青铜时代，红原鸡被印度河流域文明驯化。[6]从那时起，这种家禽便随着旅行者和开拓者们传播到世界各地，后来于公元前 1500 年传入西北欧和中国。

早期的太平洋航海者们把鸡带上了探寻未知岛屿的征途，以至于远在世界尽头的复活节岛都能看到鸡的身影。复活节岛上的鸡舍是一种叫"hare moa"的石屋。要不是更加夺人眼球的巨石像与这个声名远播的地方广泛联系起来，复活节岛可能就会以"石头鸡笼之岛"为旅游者所知了。[7]

如今，原鸡的驯化后代已经是地球上最繁盛的鸟类。全世界共有一万多种鸟类，为何这种名不见经传的森林动物从隐秘的丛林里一飞冲天，凌驾于众鸟之上？作为世界上数量最多的农场动物，这一值得怀疑的现代身份在当下又意味着什么？

雄性原鸡精彩纷呈的格斗仪式引起了远古部落的关注，而原鸡的种种特性则让其成为理想的驯养对象：生来不爱飞，所以易于看管；

死亡区域

几乎什么都吃——既会自己找食，又吃人类的剩菜剩饭；身上的肉和产下的蛋都是可口的食物。

不过，原鸡之所以一跃成为"农场动物之王"，很可能是因为，通过选育，就能轻易培养出不同品系的鸡。科学家卓有成效地破解了原鸡的基因奥秘，在旧蓝图的基础上改造出产肉和产蛋效率最高的新品类，从而使全世界的消费者得以享受到廉价白肉。全球每年生产的肉鸡多达 600 亿只，相比半个世纪前，已经翻了 10 倍。然而，这一巨大成就却让鸡付出了惨重的代价，也带来了层出不穷的人类健康问题和环境问题。

动物和植物都会不惜一切代价地繁衍。戴维·爱登堡曾说过，只要观察动物一段时间，"你会不可避免地得出一个结论：生命的主要目的是把基因传递给下一代"。演化的终极动力就在于此：在适者生存的过程中传递基因，同时缓慢地调整自身。这是物种对环境变化的适应。可是，当微妙的自然选择被人为操纵后，情况又会如何呢？

一方面，鸡要感谢人类选中了它们。毕竟，原鸡（*Gallus gallus*）是一种几乎不会飞，也不会游水的鸟，而如今鸡群数以十亿计，几乎遍及全球。但是另一方面，"山鸡变凤凰"的背后也有阴暗面。

据联合国统计，全世界五分之四的肉鸡都是在"专一肉鸡体系"，也就是工厂式农场里养殖的。专事肉鸡生产的企业甚至发展成营业额动辄数十亿美元的跨国公司。这些粮食生产巨头又被称作"整合商"，因为它们往往包干了产业链上除养鸡场外的所有环节：它们自建孵化场和饲料厂，把鸡苗交给养鸡场或承包户代养，等成熟后再收购回来，送到自己专门修建的"加工厂"屠宰。

巴西食品公司（Brasil Foods）、泰森食品股份有限公司（Tyson Foods Inc.）、皮尔格林公司（Pilgrim's Pride）和珀杜农场是这类企业中的龙头老大。作为"专一肉鸡体系"的发源地，美国是世界上仅次于中国的第二大肉鸡生产国。而如今白肉变得比牛肉还受欢迎。[8] 尽管规模大、势力强，美国的肉鸡业却很警惕，因为背后的黑幕着实需要避人耳目。结果便是，鲜有人能亲身了解到"鸡肉工业化"对鸡和养鸡人意味着什么——我之所以能破例，多亏了正直勇敢的克雷格·瓦茨。

全球五分之四的商业肉鸡都出自三家育种公司。[9] 它们的业务就是繁育特定的鸡种，让其在尽可能短的时间内从活物转化成肉块。这种加速肉鸡发育——尤其是鸡胸发育——的需求给鸡带来了无尽的痛苦。过快增加的体重使白鸡的心、肺、腿不堪重负，生不如死。欧洲科学家已经发现，半数以上的商业肉鸡连走路都成问题。[10] 有些鸡不到 6 周大就死于各种心肺疾病，而且它们几乎见不到阳光，拥挤更是常态。用于商业养殖的鸡种现在已经遍销全球，这就意味着相关的动物福利问题也有可能是全球性的。

假如有人将一只活鸡放到开阔的公共空间——比如伦敦的特拉法加广场——然后用工厂式农场里日常的那一套来对待它，势必招来一片声讨。肇事者很可能被人以虐待动物罪告上法庭，这合情合理。可是在封闭的养鸡场里，这类折磨既不会引来关注，更不会招致惩罚。

《纽约时报》的尼古拉斯·克里斯托弗（Nicolas Kristof）曾精辟地总结道："折磨一只鸡，你有被捕之虞。把几十万只鸡从出生一直虐待到死呢？这叫农业产业。"[11]

越来越多的农场主被归为大型综合鸡肉公司的承包养殖户。仅珀杜的合同养殖户名录上就有大约 2100 家家禽生产商。[12] 饲养数十万只鸡的一切固有风险都由承包户承担。如果鸡生病或死亡，那也是承包户的问题。可怕的是，这种基本模式正在向全球蔓延。

找到像瓦茨这样自愿爆料的人很不容易。几乎没有人敢这么做。大部分业内人士要么极力维护，要么忍气吞声，极少有人让我这样的外人到他们的鸡棚里窥探，更别说让公众知情了。记得有一次，我在英国某地禽业人士的聚会上做餐后发言。我立场坚定但不失礼貌地把自己对鸡肉工业化的看法讲出来，结果遭到了愤怒的质问："你没去过我们的农场，怎么敢说我们是怎么做的？"

家禽养殖户一个接一个站起来，说实际情况比我宣称的好得多，问我敢不敢亲自到他们的农场去看看。他们没料到，我竟然迫不及待地接受了邀请。在当时的气氛下，从众心理发挥了作用：他们都信誓旦旦。后来我逮着机会，请主持人帮我联络那些反驳者，孰料那些人冷静下来之后，都不乐意尽地主之谊了。一众提出挑战的人中没有一个说话算数。

由于进入这些地方难于登天，平时我只能通过爆料人士或卧底调查者带出的录像间接了解内幕。虽然时不时有个别农民想跟我接触——我结识了一些这样的人，也走访过他们的农场——但是在美国，瓦茨是第一个。

为了向消费者展示内幕，同时又不必求助高度保密的养鸡业，英国明星大厨兼食品活动家休·费恩利－惠汀斯托尔（Hugh Fearnley-Whittingstall）想出了一个颇具创意的点子，那就是在电视节目里自建一座工厂式养鸡场。他把 2500 只活鸡塞进一个很小的鸡棚，关了整整 39 天，不仅每天只让它们睡 1 个小时，而且鼓励它们一刻不停地进食。最后，鸡棚变得惨不忍睹，臭气熏天，以至于一同主持电视节目的厨师杰米·奥利弗（Jamie Oliver）直接吐了。[13]

在英国，费恩利－惠汀斯托尔的行动促使大批消费者开始抵制工业化养殖鸡肉，连锁超市巨头森宝利（Sainsbury's）也承诺不再销售以集约化养殖方式生产的禽肉。然而，当那些没有像费恩利－惠汀斯托尔和奥利弗这样的名流身份的个人试图抖出不可告人的行业黑幕时，往往遭到强大得多的对手无情碾轧。瓦茨揭示的内情通过世界农场动物福利协会发给媒体的视频播出后，珀杜方面似乎暗示一切过错都是他造成的，与公司无关。他们在次日接受一项关于动物福利的审计时表示，瓦茨未能按照他们的饲养和动物福利指导方针行事。这种伎俩自然令瓦茨义愤填膺，因为他恰恰一丝不苟地遵循了他们的指示。

"他们肯定会那么回答，这就好比太阳不会从西边升起。"他疲惫地说，"屈辱吗？当然。意外吗？一点儿也不。这就是他们干的事：混淆视听；不解决问题，而是解决我。我不过是一个人，明天就能被他们踹进沟里。"

世界农场动物福利协会把瓦茨的故事发给媒体时，配套视频由《纽约时报》报道后，迅速传播开来，有数百万人观看。[14]虽然瓦茨在道出真相后感觉到珀杜公司对他施压，但珀杜也的确开始显示出了改善养鸡状况的迹象。

次年（2015 年）7 月，吉姆·珀杜又在《纽约时报》的一篇报道里表示"我们需要更加开心的家禽"。该公司负责食品安全和质量的资深副总裁据说被派遣到了欧洲，专门调研那里的动物福利标准。[15]

死亡区域

一年后，珀杜做出一项重大声明：他们将成为美国第一家出台详尽的动物福利政策的鸡肉生产公司。[16]

他们还在声明中承诺给禽舍添置窗户，增加家禽的活动量，并且与外界同样关心动物福利的利益相关者建立联系。现在，动物福利至少已经为众人所知，部分家禽应该很快就能看到自然光了。

至于克雷格·瓦茨，他已不再是珀杜公司的承包养鸡户了。相反，他正在探寻其他的创业路子，其中一个选项就是用原来的鸡棚种蔬菜。

无疑，瓦茨的爆料引发了养鸡业的局部变革。然而，工厂式养殖仍然是全世界商业养鸡的主流模式，这一事实并未改变。

鸡肉工业化

席卷全球的鸡肉工业化是 20 世纪养殖业最引人注目的事件。这种养殖体系在生产价格超低的食品方面取得了惊人的成功，直接导致从 1930 年至今鸡肉的价格降低了四分之三。可是，这一切背后的代价是什么呢？

从许多方面来看，鸡都是工业时代最理想的农场动物。相比猪和牛，鸡的体形更小，易于打理，可以轻易实现规模化饲养，而且成长迅速得多。现代集约式养殖的肉鸡从出生到屠宰的周期只有短短六周，而猪需要六个月，牛需要将近两年。不仅如此，鸡肉的可塑性强，味道相对清淡，可以任意搭配各种最新的酱汁。这样看来，把赌注押在鸡身上铁定不会亏。

专门用于供应蛋或鸡肉的鸡种的出现在养鸡业的高歌猛进中发挥了关键作用。而快熟鸡种的培育又与高产玉米品种的研发密不可分。

20 世纪 40 年代，"混种"鸡（产量更高的鸡）开始在美国出现。当时的背景是，美国政府急于为产能过剩的玉米和大豆开辟市场，积极开展各种提高肉鸡生长速度的比赛。谁养的鸡长得最快，鸡胸肉最好，谁就是赢家。[17] 例如，大西洋与太平洋茶叶公司（一家连锁超市公司）就赞助过一个名为"明日之鸡"的比赛。比赛最初只是县级的，后来从州级一路发展到了全国。美国和欧洲的补贴制度也发挥了作用。虽然鸡肉生产并不直接享有补贴，但集约化养殖依赖的廉价谷物饲料（饲料在生产成本中占比接近 70%）享有补贴：耕种补贴使玉米种植户免去了扩大种植面积的后顾之忧，间接保障了谷物供应。便宜可靠的谷物供应为集约化禽肉生产创造了理想条件。反过来，饲料需求的增长又刺激了谷物生产，但谷物生产通常采用破坏环境的单一种植，显然谈不上良性循环。

一段时间以来，白肉都被标榜为红肉的健康替代品，如今这个幌子已经站不住脚了。当代工业生产的鸡肉比 20 世纪 70 年代的鸡肉脂肪含量几乎高三倍，而蛋白质含量却减少了三分之一。要想达到同等的营养水平，就需要摄取更多的脂肪和热量。放养的鸡往往质量要好得多，因为它们可以按照天性自由活动，体内的饱和脂肪含量通常只有集约化养殖肉鸡的一半。

人们对室内养殖存在一种误解，那就是这对动物来说更安全、更健康，最终有益于消费者。实际情况恰恰相反，以工业养殖方式生产禽肉或禽蛋反而会增加禽病暴发的风险，进而危及消费者的安全。

超快发育的鸡种与引起食物中毒的弯曲杆菌密切相关，后者能导致严重腹泻和体重减轻，甚至死亡。在英国，人们曾发现超市超过三分之二的鸡肉都受到该病菌污染，而最新的科学研究表明这与鸡的饲养方式有关。由于鸡在成长过程中受到压力，弯曲杆菌在其肠胃中疯狂滋长，然后通过排泄物殃及整个鸡群。快速生长的肉禽抵抗力更弱，因此病菌可以穿过它们的内脏壁，进入血液和肌肉。如此一来，活跃的致毒菌就会进入肉禽体内，出现在宰杀后的鸡肉中，从而增加波及终端消费者的风险。[18] 相比之下，自由放养的鸡总体上生长较慢，所以更加健康，免疫系统更强，引起食物中毒的可能性更低。

禽肉和禽蛋还是另一种导致严重食物中毒的病菌沙门氏菌的主要传染源。大规模群养或笼养会显著增加这种风险。研究表明，笼养母鸡比放养母鸡感染沙门氏菌的风险大十倍。同样，把动物放到压抑的环境下饲养，也会降低它们的免疫力，导致它们更容易染病。[19]

农民预防家禽染病的惯常做法就是喂食抗生素，因此工厂式农场往往大量使用这些原本可以用来救人性命的药物。事实上，全世界生产的抗生素有一半都喂给了鸡、牛、猪等农场动物。在美国，用在农场动物身上的抗生素甚至占抗生素使用量的80%。英国将近90%的农用抗生素都用到了家禽和猪身上，这两种动物的养殖是集约化程度最高的。[20]

用于禽畜的抗生素已经被世界卫生组织认定为"超级细菌"（也就是对抗生素具有耐受性的细菌）日渐增多的一大诱因。该组织警告，全世界可能已经跨进了后抗生素时代的门槛，从此以后，曾经可以治愈的疾病将再度变得致命。严峻的形势迫使制药公司加紧研发新型抗生素，但这样也是治标不治本，因为这场危机的真正根源在于滥用抗生素。

尽管"鸡肉工业化"从许多层面来看都意味着浪费，但最恶劣的恐怕要数任意处理雏鸡。大量屠杀新孵化的小鸡（就是我们在复活节热情相待的那种黄色小毛球）是工业化养鸡的日常工序，这一点无疑会令消费者发指——如果消费者知情的话。

半个世纪以前，鸡具有双重用途。它们先是被用于产蛋，养到不再下蛋了，就准备下锅。大部分小公鸡则直接送上了餐桌。采用肉蛋分离的专一养殖后，一个两难局面出现了：那些蛋鸡品种的小公鸡怎么办呢？要知道，这类品种就是为充当下蛋机器而生的，所以不管公母，它们都不会像肉鸡一样增重。

公鸡显然不会下蛋。这是不是说数十亿只公鸡仔都能长成小伙子，在某个地方度过快乐但无为的一生，或者直接作为肉鸡被人吃掉呢？答案是否定的。它们在一日大时就被集体屠杀了。小公鸡要么被毒气熏死，要么坠落到绞肉机里被活活碾死，最后像碎纸或包装盒里的聚苯乙烯填充物一样进了垃圾箱。

在养鸡业中，不管是笼养还是放养，屠杀幼鸡都是固有的阴暗面，也是从业者极力掩盖的内幕。身为致力于农场动物福利的专家，我在过去 25 年来奉行着一个原则——凡事都尽量亲自了解，可我唯独没有亲眼看过雄性雏鸡的集体灭杀。说实话，我没有尽力争取，因为我知道那一幕肯定触目惊心，而我不确定自己能从中收获什么。在我看来，仅仅因为性别就杀死刚出生一天的小鸡，与其说是动物福利问题，不如说是道德败坏。话虽如此，到目前为止，在我为动物福利奔走的生涯中，我还从没发现过一扇打开的门，也没得到过一次观看的机会——这是一个绝对的禁区。

直到最近，才有人对杀戮机器之外的替代方案表现出较大的关注。2014 年，全球食品生产巨头联合利华（Unilever）表示希望一劳永逸地解决这一问题。该公司承诺，一定会设法"结束业内选择性宰杀雄性雏鸡的行为"，具体做法可能是在孵化前先行确定性别。

据联合利华高级外事经理威廉·扬·拉恩（Willem Jan Laan）介绍，研究人员已经取得极大进展并"乐观地表示"，该项技术最早有望于2018 年投入商用。他告诉我，联合利华不仅正在同其他也希望解决这一问题的公司合作，而且认为政客们应该禁止选择性宰杀雄性雏鸡，对他们的行动予以支持。"我们已经按照欧盟法规，废除了层架式鸡笼。"他说，"今后是否还能克服阻力，废除选择性宰杀一日龄雄性雏鸡的做法呢？"不过，在某些人看来，这是因为鸡蛋已经在食品工业中有了失宠的迹象，所以联合利华也开始考虑为含有鸡蛋成分的产品寻找替代材料了。[21]

我自己就养着一只小公鸡，所以我每天都会感慨，把刚出生一天的小鸡杀掉后丢弃的做法，于生命和资源而言是何等的糟践。这一局面肇始于数十年前那个为生产肉蛋培育"专用"家禽的决定，今天终于迎来了破局的希望。科技可以终结雄性雏鸡惨遭毒杀或活活碾死的命运。等到我们让鸡回归放养之时，鸡蛋不管是煮着吃，煎着吃，还是炒着吃，想必都比现在美味得多。

笼子终究是笼子

栅栏门上的告示牌写着"小心有鸡"，几株果树苗下有寥寥几只母鸡在刨地啄食。假如它们在觅食之余抬起头，就会看见一幢由温切斯特主教修建的中世纪庄园，还有绿草如茵的陡坡对面那座诺曼式教堂的尖顶。四处是云雀的歌声，头顶上有一只孤独的赤鸢在翱翔。

我曾凭门而眺，消磨过许多时光。较为安全的那一侧——当然是对鸡而言——就是我们其貌不扬的农家小屋，它的历史至少可以追溯到 1802 年。我们六边形的鸡笼里有 6 位住户，它们有稻草当铺盖，还有一个梯子通往鸟巢箱和栖息区。这些鸡品种各异，全都是我们在它们需要一个像样的家时接纳进来的。除了矮脚乌骨鸡路易是小公鸡之外，其他几个之前都是商业养殖的母鸡，而且是在利用价值被榨取殆尽，只待宰杀之际被我收养的。

我们把鸡蛋送给当地人，同时为本地的临终关怀院募捐。很多邻居也养着几只母鸡：庄园大宅形成了一个小小的鸡群，附近放养奶牛的地里也有一些。我们村不少住农舍的人也养鸡——你只要听见母鸡得意洋洋的咯咯声，就知道又有新的蛋。

野生原鸡的窝藏在灌木丛或竹林中，它们每年孵一两次蛋，每窝生五六个。[22] 现在的蛋鸡一年竟然能连珠炮似的产下 300 多颗蛋——这种违背自然规律的高产令它们严重透支，因此蛋鸡的寿命极短也就可想而知了。即便如此，养鸡业仍然觉得不够，以至于有人甚至见过 1 年出头的时间里产下 500 颗蛋的超级母鸡。[23] 这一切似乎建立在这种观念上：动物不过是机器，需要调试改造来强化性能。一旦秉持这种态度，就无所谓自然局限或人道约束了。

全世界共有 70 亿只蛋鸡（相当于人均 1 只），将近三分之二都被关在层架式鸡笼里。这些光秃秃的铁丝盒子小得可怜，母鸡在里面连翅膀都撑不开，同曾经的林地相比简直是天壤之别。它们在如此恶

死亡区域

劣的环境下一待就是一生（通常只有一年出头，顶多两年），最后被人宰杀；一具具疲惫不堪的肉身变成鸡汤、馅饼或宠物食品。

直到开始喂养母鸡，我才充分体会到，让母鸡在工厂式养殖场里度过一生是多么违背天性。当你养鸡的时候，很快认识到的第一件事，就是它们多爱忙活。鸡是顶呱呱的觅食专家，时时刻刻都在寻找新鲜可口的食物。它们先用强有力的脚爪刨地，然后仔细端详新翻开的泥土，偶尔会用敏锐的喙啄一口。它们喜欢多样的食物，喜欢大口啄食残羹剩菜，那副兴致勃勃探索废弃食物堆的样子让人看了就乐。母鸡是终极回收者，它们吞下蛆、蚯蚓和废弃食物，将其转化成新鲜美味的鸡蛋。

这些母鸡从原鸡那里继承了诸多优点，其中包括每日固定的作息。它们在树上歇息，而且通常对某棵树情有独钟。每天早上，它们从树上下来觅食，一般都是找蚯蚓和昆虫吃。随后，它们靠"尘浴"来清除身上的寄生虫：抖动羽毛，用尘粒清洁羽毛。下午又是一个活动高峰，在此期间，它们会觅食，交配，然后回去休息。

要是母鸡能自己盖房子，肯定至少得有三居室和一个宽敞的院子，而且要把卧室或者说栖息区放在楼上——为了躲避狐狸之类的肉食动物，母鸡天生喜欢在高处过夜。它们还会择地另辟一处筑巢区，那地方要不见光，还要与世隔绝。待产的鸡妈妈退出"公众生活"后，可以在那里不受打扰地生蛋。第三间房位于一楼，是饭厅和会客室，地上要铺稻草之类的东西，好让它们刨开找零食吃。

大院子也是必不可少的，只有这样母鸡才能真正感觉自己在自由探索。最重要的是，它们需要一处可以晒太阳的地方，以便填饱肚子后放松身心。母鸡做日光浴的时候会瞪大眼睛，张开翅膀，展现出和平时截然不同的一面。那种喜悦之情真可谓溢于言表。原本笼养的母鸡获得自由后，不久就能重拾这些与生俱来的行为，速度快得令人惊讶。

笼养的母鸡一辈子待在光秃秃的囚笼里，除了其他百无聊赖的同类之外，没有任何风景可看。笼养母鸡在重获自由之后，起初还会犹犹豫豫，走走停停，但很快就会一步、两步、三步地走起来……当我和妻子目睹一只从没感受过阳光照在背上是什么滋味的母鸡在阳光下躺下来快活地舒展翅膀时，我们简直喜极而泣。很快，不出数日，它就会跟那些对放养生活更有经验的同类一样驾轻就熟了。

为什么会这样？因为这些行为都是根深蒂固的，是遗传天性：无论人类为了提高它们的肉蛋"产能"而采取多么繁复的选育，都无法抹杀那些让鸡成其为鸡的属性。失去了"做一只鸡"的能力，鸡就会生不如死。这一点对任何生物都一样。

我们给一只母鸡起名叫"哈叩"（Huckle），这是模拟它第一次向我们走来时发出的刺耳的喉音。哈叩属于英国最后一批以裸露层架式鸡笼饲养的母鸡。它曾和至少四名"狱友"挤在一个小得连翅膀都舒展不开的裸架铁丝笼里生活了一年。这只鸡原本可能一辈子都不会走动一步。它刚来的时候，身上一片羽毛都没有——大多是被百无聊赖的同伴们啄掉的，剩下的则因为长时间在笼架上摩擦而脱落了。

重获自由的它开心不已。我们把装运它的便携鸡笼放到草地上后，它花了好一阵才走出来。起初它还有些迟疑，小心翼翼。可眨眼的工夫，它就从花园的另一头走过来，进入我们的小屋，然后飞到窗沿上，打量起好奇的路人来。

遗憾的是，不到半年它就因为感染病毒死去了。我们家其他的母鸡都平安无事，因为它们来自放养农场，免疫力更强。哈叭的免疫系统早就千疮百孔。一年的铁窗生涯毕竟还是留下了影响。好在我们让它在临终前重新获得了生活，感受到了笼养母鸡从未体验过的快乐。

如今，那种光秃的层架式鸡笼已经在欧洲全境禁用了，我和众多同道之士为共同促成这场动物福利改革而由衷地自豪。现在，有更多的母鸡能够自由放养，享受到新鲜的空气和阳光。然而，那部开创性的法律却遭到了歪曲，导致所谓的"改进型"鸡笼仍然得以存在。这类鸡笼比原来的稍大，附有若干旨在模拟母鸡所需条件的基本设施，比如鸡窝。实际上，它们并不比裸露层架式鸡笼好到哪去，即便增大的空间的确算是难得的福利。

"改进型鸡笼"是由科学家设计的，其中一些设计者甚至还与我相识。他们为人不错，初衷也是好的，但视野未免受限于专业领域。在审视过母鸡方方面面的需求后，我发现他们似乎把什么都研究过了，可什么也没有学到。至少我还从未见过哪只母鸡会选择在这样的条件下生活。

在繁衍中灭绝

在"鸡肉工业化"席卷全球之际，红原鸡却悄然滑向了基因灭绝的边缘。纯种红原鸡面临的最大生存威胁不是通常所认为的猎杀或栖息地被毁等因素，而是其驯化近亲带来的基因污染。在与家鸡杂交的过程中，纯种红原鸡正逐渐走向消亡。在红原鸡曾经蓬勃兴旺的东南亚，有些地方已经看不到它们的踪迹了。

在泰国的国家公园里，红原鸡仍然与大象、豹甚至老虎为邻。我们在保护体格较大的珍禽异兽上花了不少心思，可是对原鸡这样地位卑微的动物呢？牛津大学的演化生物学教授汤姆·皮扎里（Tom Pizzari）在研究原鸡长达十年之后，认为挽救这一物种"意义重大"。

"从生态角度来说，平凡无奇的物种与魅力四射的物种对所在生态群落的生态弹性同等重要。"他告诉我。失去野生纯种原鸡产生的影响比某一物种永远消失所带来的遗憾还要深远。一些专家担心，原鸡的灭绝有可能最终危及家鸡的健康和福利。

皮扎里说："我们人类社会严重依赖家鸡，所以无法承受其野生祖先消失造成的损失。当下全世界大部分家鸡由两家全球性公司培育而成，因此形成垄断，导致大量遗传多样性和遗传系丧失的风险非常高。"

他认为，维持"纯种鸡"种群是解决未来家禽业潜在问题的关键。没有了纯种鸡，现代鸡种就失去了一个重要且不可替代的遗传参照。简单地说，如果我们继续进行这种不顾后果的选育，可能终有一天会忘记鸡"应有的"样子。

"我们从家鸡身上收集到的基因组信息越来越多，"皮扎里解释道，"但目前对于驯化给这种鸟带来的改变认识不足，因此失去纯种种群将是名副其实的灾难。驯化造成的基因损失如今可能关系到整个家养鸡群的存亡。"在他看来，驯化过程让家鸡在疾病面前变得"出奇地脆弱"。相比之下，大多数野生原鸡对如今肆虐于欧亚和北美的高致病性禽流感几乎完全免疫。有些禽流感毒株甚至能危及人类健康。

面对疾病频发的趋势，集约化家禽养殖业的反制措施是给家禽接种疫苗和服用药物，并且把它们关在室内，隔绝环境影响。皮扎里认

　　　　　　　　　　　　　死亡区域

为这是一场注定失败的战争："显然，从长远来看，这种做法越来越难以实现，成本也越来越高。"

最终，消费者必须回答这样一个问题：为了获取廉价鸡肉，就要让动物受苦、物种灭绝，这样的代价是不是太高了？

第六章　白鹳

补贴的去向

泰晤士河畔这座气派的庄园就是当年肯尼斯·格雷厄姆（Kenneth Grahame）创作《柳林风声》（*The Wind in the Willows*）时的家。

在那部 1908 年出版的经典儿童文学作品中，河鼠、鼹鼠和狗獾一起劝说标新立异、放纵自我的蛤蟆改过自新，因为蛤蟆总是追求新奇时髦的东西。一开始，他痴迷于一辆马拉大篷车（后来翻进了沟里），接着又随心所欲地驾驶汽车寻欢作乐，最后进了监狱，方才认识到自己曾经拥有而后来几乎失去的东西多么重要。

查尔斯·戴·罗斯爵士（Sir Charles Day Rose）是书中蛤蟆先生的原型。身为银行家、自由党议员和早期汽车驾驶先驱的他痴迷于一切华而不实的玩意和身份象征，尤其喜欢自己那辆 1904 年产的梅赛德斯奔驰。他喜欢驾着这辆车在惠特彻奇（Whitchurch）附近的乡村狂飙，而且就像书中的蛤蟆一样"嘟嘟"地狂按喇叭，根本不管那些碰巧挡道的倒霉人来不来得及躲避。所以他在乡间小道上飙车的时候，行人只有四散奔逃的份儿。

查尔斯·戴·罗斯爵士的居所哈德威克庄园（Hardwick House）建于16世纪伊丽莎白时代，是格雷厄姆笔下蛤蟆庄园的灵感来源。如今，这处房产归老罗斯爵士的曾孙朱利安·罗斯爵士（Sir Julian Rose）所有。哈德威克庄园背靠一处长满山毛榉的陡坡，四周是野花盛开的草地。这些草地既没有犁过，也没被化学喷剂浸染过。它们虽是庄园的一部分，但管理方式顺应自然。

我在牛津的一次会议上演讲时见到了阔别二十载的罗斯。当时我一眼就认出了他，因为他真是丝毫未变：精致的胡须，快活的神气，依旧那么高大伟岸。他邀我到"蛤蟆庄园"叙旧。就这样，在一个春光灿烂的上午，我取道一座古色古香的收费桥，穿越位于牛津郡的泰晤士河畔惠特彻奇（Whitchurch-on-Thames）的古村，来到哈德威克庄园的大门前。门上写着"无转基因作物区"。进去后，我经过了一间满是诱人蔬果的"菜棚"，还看到阳光下的泰晤士河如同一条银丝贯穿草地，令人目眩神迷。

我的终点站是庄园管理处，罗斯在那里盛情欢迎我，还为我端来了咖啡。他有许多话想告诉我，还有更多的东西想让我看，所以我们片刻之后就开始边走边聊地游历庄园和田地了。哈德威克庄园起初只是一座农庄，16世纪修缮成了庄园。"蛤蟆庄园"的藏书室仍然保持着大半个世纪前的风貌，其中足可阅读千年的藏书令我叹为观止。会客室则是另一番景象。16世纪初，哈德威克庄园曾是伊丽莎白一世巡视王国途中的下榻之所。当时为了接驾，女王的卧室被华丽的石膏浮雕装点得富丽堂皇。

室外阳光普照，我们经过一条酸橙树组成的林荫道向河边走去。

夏日里，这些树吸引来成群的蜜蜂。我还注意到了一丛耀眼的黄水仙，它们最初是罗斯的祖母种下的。最后，我们终于来到了河畔。这里绿草如茵，柳树和桦树俯瞰着蜿蜒的泰晤士河。一对天鹅从身上游过。罗斯告诉我，肯尼斯·格雷厄姆在创作那个为一代又一代小读者所喜爱的故事时常常坐在此地。

"我祖母记得，那时他喜欢到河边去，坐在柳树间思考，一边看着河水流淌，一边写《柳林风声》。"他告诉我，"他编的那个故事，讲的是泰晤士河流域的一群动物一起谋划着夺回一个名叫蛤蟆庄园的地方。那地方无疑就是这里，而我的曾祖父，疯狂的老查尔斯爵士就是蛤蟆先生！"

罗斯和曾祖父一样，有敢为天下先的精神。早在 1975 年，他就把庄园改造成了有机农场，而有机农业多年之后才成为时尚。1997 年，他又向同质化食品开战，反对政府禁止销售未经巴氏消毒的生牛奶的计划。[1]

长期以来，他一直是工业化农业的激烈批判者，他认为工业化农业就跟《柳林风声》里蛤蟆飙车的恶习一样不计后果。同小说中虚构的曾祖父形象不同，罗斯骨子里对新奇事物（至少就农业而言）持怀疑态度。在他看来，那些靠透支土壤养分获得高产或者加速肉鸡发育的技术突破谈不上真正的进步，反倒是目光短浅之举。

"你不能用看待福特汽车和芯片一样的眼光审视农业，"他对我说，"农业的本质是管理土地和自然。"

如今罗斯已是一位年近古稀的准男爵。我上次见到他还是在 90 年代中期，当时他正在推动欧盟改革一刀切式的补贴制度——共同农业政策。那时的我初出茅庐，在世界农场动物福利协会还是个新人，而罗斯那时就是业内的领军人物了。

之后二十年我们不曾联系，直到在牛津出席那次会议才有缘再见。也正是在那个时候，我才发现他对波兰的农村，还有共同农业政策对波兰农村的影响特别关心。

罗斯对波兰的关注由来已久。最初是在1989年，他在英国农业报纸上看到一个新闻标题："波兰唾手可得"。他对我说，看到人们用这种具有殖民色彩的词来谈论一个如此美丽的国家，他感到义愤填膺。几年后，同雅德维加·洛帕塔（Jadwiga Łopata）的邂逅加深了他对波兰以及波兰农村问题的关切。洛帕塔是一位荣获戈德曼环境奖（Goldman Prize）的环保人士，致力于保护乡村。

洛帕塔和罗斯是在2000年伦敦的一次会议上邂逅的，当时波兰正准备加入欧盟。罗斯的同行者帕特里克·霍尔登（Patrick Holden）是土壤协会（Soil Association）的创建者，也是有机食品运动的先驱，和很早就加入该运动的查尔斯王子（HRH Prince Charles）也是密友。洛帕塔那时则刚建立了一个波兰农村保护机构。

如今已是夫妇的罗斯和洛帕塔共同管理着一个名为"保护波兰农村国际联盟（ICPPC）"的非政府组织。由于该组织总部位于波兰克拉科夫（Krakow）附近的斯特里肖夫（Stryszow），所以他俩每隔几周就要在斯特里肖夫和哈德威克庄园之间往返一次。斯特里肖夫的民众十分不解：洛帕塔为什么不搬去英国享受安逸的贵族生活？好端端一个英国贵族为什么想在波兰的乡下生活？答案很简单，因为他们热爱波兰的农村。另一方面，他们也对波兰加入欧盟后乡村发生的事情深感忧虑。

　　欧盟每年的农业支出高达 500 亿欧元，约占欧盟总体预算的 40%。[2] 过去，丰富的补贴严重扭曲了市场，以致农民生产的产品远远多于消费需求，由此造成 20 世纪 80 年代臭名昭著的"黄油山"和"葡萄酒湖"的事件。如今，共同农业政策补贴导致农产品过剩的日子虽已告一段落，但在其他方面又不计后果，迫使农民失业，鼓励工业化农场的大规模生产。

　　为了让环保游说团体无话可说，布鲁塞尔欧盟总部的官员们大谈特谈这套体制的"可持续性"，声称共同农业政策强调粮食生产，很大程度上表现在扶助农民和促进环境和谐。可惜，说得很好听，实际却是另一套。正如罗斯所说，这一点在波兰尤甚：

　　"2004 年加入欧盟后，波兰面临巨大的现代化压力：要调整结构；要加入全球化市场；要摆脱不合时宜的小农农业，与时俱进。这种巨大的压力来自企业和政府，来自欧盟和世界贸易组织，来自所有人……谁都想在波兰分一杯羹。

　　"不幸的是，还有林林总总的其他法规令小农场主生计维艰。因此，洛帕塔和我一直在做的，就是为这些人发声，帮助推广他们的生活方式，让人们看到他们并不落伍。甚至可以说，他们是先于时代的。假如我们希望未来拥有一个可以持续管理的地球，所有人最终都要去效仿他们。"

　　作为欧盟的新成员国，地处东欧的波兰充分展示了共同农业政策对农村的改变是多么迅速和彻底。长期以来，补贴制度在原有成员国一直是农业不可分割的组成部分，因此很难确定补贴与农业的因果关系。然而，补贴制度不到十年便对波兰的野生动物产生了极其不利的影响，这种关系就显而易见了。

罗斯邀我去亲自感受一下，我欣然接受了。于是，我挤进一辆车身有凹痕的福特嘉年华，由一位英国贵族开车，开始了在波兰乡间的巡游。我坐在后排，罗斯和洛帕塔分别坐在正副驾驶座上。虽说我们的座驾没有查尔斯爵士的爱车那么光鲜，但这番体验倒真有几分与蛤蟆先生同行的趣味。

不住哈德威克庄园时，他俩就住在山势和缓的贝斯基德山（Beskidy Mountains）。那里是喀尔巴阡山脉的一部分，位于波兰和斯洛伐克之间。他们住的地方叫"小波兰省"，是一个遍地小村子的区域，首府在克拉科夫。当地素以顽强不屈闻名，当年波兰共产党人试图建立集体农场，结果因为遭到农民的强烈抵制而作罢。时至今日，当地农场的平均面积仍然只有 2.5 公顷。[3]

这些小农仍然以传统方式耕作，用粪肥不用化肥，而且农牧交替。"他们物尽其用，"罗斯说，"可谓低碳良性农业的最佳范本。"

他俩迫不及待地想让我领略波兰农村的精髓。于是，我们一路走马观花，极少停留，最终抵达了一个名叫基厝里（Kiczory）的村子。那片区域靠近斯洛伐克，位于巫婆山（Babia Góra）脚下，是猞猁、狼和棕熊出没之地。[4] 我看见背着传统书包的女学生在回家途中穿过开满野花的田野，鸡在红顶房子之间的院子里自由奔跑，奶牛在潺潺流水旁悠然地吃草，还有乌鸦在上方聒噪。难怪罗斯和洛帕塔对这里如此钟爱。毕竟，这就是田园牧歌呀。

我们和一些村民聊了几句。一位名叫斯坦尼斯洛娃（Stanislawa）

的女士在当地拥有土地，她告诉我们："咱们产的食物和外面买的食物最大的区别，就体现在质量上面。咱们这儿有顶好的森林，空气清新，溪水也无污染。多么迷人的地方呀。"我们就站在她的农舍外面，那是一座高地人风格的房子，有三面山墙，还有一个坡度较大因而不会积雪的屋顶。

"这里有白鹳吗？"我好奇地问。

她给出了肯定的答复——显然它们喜欢小溪里的青蛙。

远望天际，塔特拉山（Tatra Mountains）就像悬浮在一排松树上空。仿佛心有灵犀一般，一只白鹳流线型的身影飘进视野，慢条斯理地拍着黑白两色的翅膀，在溪流上空滑行。它伸长红色的喙和红色的双脚，在午后的热浪中越升越高。最后，它慵懒地拍了几下翅膀，飞走了。

在波兰，白鹳是最受喜爱的野生国宝之一。该物种虽然在其他地方生存艰难，在此地却颇为兴旺，因此波兰长久以来以拥有全世界四分之一的白鹳筑巢种群而自豪。白鹳把巢筑在老树上、岩石后、屋顶上，甚至高大的烟囱里。波兰人热爱而且敬畏它们：有人专门架置网络摄像头，观看它们筑巢的过程。

自然保护工作者们视白鹳为乡村地区环境总体健康情况的重要指标，每隔十年就会开展一项全国性普查，确定白鹳的数量。波兰还招募了成千上万的志愿者，派他们清点鸟巢数量，向各村村长分发调查问卷，了解当地白鹳种群的详细情况。

在波兰鸟类保护学会（Polish Bird Protection Society）的帕韦尔·希德洛（Paweł Sidło）看来，波兰是白鹳的"天堂"。波兰禁止猎鹳，因此今后最大的任务之一是乡村管理。希德洛于波兰加入欧盟前后曾在布拉格电台的一次访谈中提到白鹳面临着"间接威胁"。他指的是加入欧盟后农业领域必然发生剧烈变化。

他言简意赅地说："我们实行高度集约化的农业，把小农庄变成大农场……这会间接威胁到白鹳，因为它们找不到食物。"

早在波兰筹备加入欧盟之际，自然保护工作者就曾警告说，欧洲农田鸟类的减少达到了史无前例的程度。工业化农作方式被认为是头号威胁，这一点在英国尤甚，其他西欧国家也紧随其后。2001 年，皇家鸟类保护学会的保罗·唐纳德博士（Dr. Paul Donald）在接受英国广播公司新闻网的采访时称，西欧农田鸟类数量锐减，"最为严重的就是那些共同农业政策鼓励农业集约化的地方"。[5]

随着欧盟扩张的临近，自然保护工作者对波兰农村的担忧也与日俱增。"波兰农村问题让我着迷，"罗斯回忆道，"波兰的土地管理方式仍旧是传统的，你可以看到庄稼轮作，农家粪肥实行再利用，人们驾驶小型拖拉机劳动……他们对自己的工作非常用心和细致。"

罗斯认为小农场主受共同农业政策打击最深。作为一位身在波兰的英国贵族，这一新奇身份为他打开了许多扇门，可他在某些门后看到的内幕却着实令人不安。在波兰筹备入欧期间，他曾力劝波兰当局不要效仿西欧开展工业化农业改造，以免重蹈覆辙。

他说："他们（小农场主）是农村的守护者，但委员会似乎铁了心要消除他们。"

在布鲁塞尔，罗斯和洛帕塔会见了波兰政府负责入欧事宜的委员会。据罗斯在《捍卫生命》（*In Defense of Life*）一书中所述，那个

12 人组成的委员会里，竟然没有一人是波兰人。罗斯认为，在一个五分之一人口靠土地为生，而且以小型农庄为主的国家，任何新法规的制定都不能照搬工业国家的制度，因为那些国家里就连最好的农民都在与大规模单作田的竞争中落败出局。会场一片沉默。一阵令人尴尬的停顿过后，委员会的女主席清清嗓子，向前倾了倾身子。

"您恐怕没有理解欧盟的政策，"她用居高临下的口气说，"为了实现欧盟的目标，必须对那些'老派的'波兰农庄实施现代化改造，让它们能在全球市场中竞争。要想实现这一点，就必须把一百万左右的农民从土地上迁走。"[6]

实在难以想象，如果换作另一个社会领域，政策制定者还能这样心安理得地谈论如何让百万家庭失去生计。然而，农民纷纷失业，务农仿佛成为历史，这样的现象数十年来在整个欧洲比比皆是。如今，波兰也决心追随同样的未来。

罗斯的担忧已经部分变成现实：自从加入欧盟后，波兰已经有数十万农民失业。然而仍有 150 万人在坚守。[7]虽然平均拥有的土地不足 10 公顷，[8]但是一名欧盟专员对罗斯表示"很沮丧"，这些小农场主似乎能在种种不利条件下顽强生存下来。

罗斯解释说，这些小农并不需要补贴，他们只要能向当地社区出售农产品就行了。我和一位来自斯卡文奇村（Skawinki）的农民塔德乌什（Tadeusz）聊了聊。他既种土豆和谷物，也喂养肉牛和奶牛。除此之外，他还喂了三头猪，他自己屠宰，把肉卖给当地人。他的牛群在苹果园里享用丰盛的青草，小牛可以和母牛待在一起，尽情吮吸母乳。塔德乌什认为，自己正是靠本地交易，也就是把农产品直接卖给消费者，才生存下来。身为小农场主，他需要适当提高价格，所以大宗销售显然不能考虑。事实上，人们之所以要他的农产品，正是因为这些东西不是大规模生产的。

对塔德乌什这样的小农场主而言，直接向消费者出售农产品就是一条生命线。如今，他们却在国内外市场双线失利。无疑，小型或纯天然农庄出产的本地农产品仍然吃香，但欧盟却对农产品直销强加了重重限制，使那些希望以这种方式做生意的人难以为继。

自从波兰加入欧盟以来，塔德乌什的农产品售价一直在下降。虽然现在能获得直接补贴，但由于补贴制度推动化肥和农机等原料方面的成本增加，结果反倒比没有补贴时还亏了。

"成本很高，我们只能勉强支撑。"塔德乌什告诉我。他有两辆小型拖拉机，好在可以从捷克购买便宜零件，自己也能动手修理。如果买的是约翰·迪尔之类昂贵的西方拖拉机，出了故障他就得花钱请别人来修了。

这种本地食品自产自销的传统方式正在瓦解。正如在美国和欧盟其他地区那样，动物渐渐从土地上消失了，各类作物混种的小型农田让位于一望无际的单作田。自从加入欧盟以来，一股新的监管浪潮便开始席卷波兰，使农民直接向消费者出售农产品变得更加困难，价格也更加昂贵。新的卫生规定可能听起来对消费者有利，但由于小农场主无法满足种种条件，所以市场会往更大的玩家那边倾斜。

"如果不支付高昂的注册费，小农场主就无法把肉和奶加工成香肠和奶酪出售，而且相关法规往往要求这些产品在专门的生产场所加工。"洛帕塔解释道。

"波兰最好的食品现在竟然沦为非法的了。"罗斯愤愤不平地说。

我见了一个名叫克日什托夫·夸特拉（Krzysztof Kwatera）的男人，他主管一个设施分享项目，帮助小农场主在法律框架内把农产品直接销售给本地消费者。该项目使农民得以克服满足欧盟卫生标准所需的令人望而却步的费用。"农民可以按小时租用厨房和仓储设施。"他解释说。我还得知，小波兰省的地方政府想把这种厨房推广到每个辖区。即便如此，这种做法是否足以挽救处境艰难的小农，成效尚未可知。很多情况下，政府给予农民的支持往往愚蠢到了无可救药的地步。当地人讲述了一个故事，说曾经有个农民要政府给点建议，结果收到了一本 200 页厚的手册。

目前，"非法的"本地食品市场仍然侥幸存在，但大趋势是明确的：小生产商正在被排挤出局。

自从波兰及其中欧、东欧的邻国在 2004 年加入欧盟后，小型农庄就开始以两倍于欧盟平均水平的速度消失。2007 年至 2010 年，波兰农庄的数量减少了三分之一以上。[9]

与此同时，农用化学品的使用量却在飙升。入欧之后不久，化肥和杀虫剂的使用量增加了 80%，除草剂的使用量更是激增到过去的 3 倍。[10] 由于补贴是根据农场面积一次性发放的，小农庄所得到的微不足道。另一方面，不断上升的土地价格和投入成本却在蚕食着本就微薄的回报。

据欧盟委员会估计，其农村发展计划提供的每欧元补贴中，只有一点零头（不到 14 欧分）[11] 体现在波兰家庭农庄的净收入里。也就是说，对大部分农民而言，布鲁塞尔当局有没有慷慨撒钱几乎毫无区别。

我还见了一个叫玛丽亚（Maria）的南方山区农民。她有七头奶牛，放养在靠近斯洛伐克的雅布隆卡村（Jablonka）的山坡上。我们站在她的畜棚里交谈时，牛妈妈们正在吃草，三只小牛犊则在干草上休息。阳光透过窗户倾泻进来。隔壁就是她的小乳品间，里面那些银闪闪的铝制搅乳器都是她在波兰加入欧盟前买的。

　　玛丽亚穿着朴素的绿色毛线衫，配蓝色束腰上衣。她告诉我，她要费尽气力才能将牛奶卖个好价钱。在波兰加入欧盟之前，她曾拥有更多的奶牛，牛奶也能卖出不错的价钱，可现在好景不再了。"如今商店里矿泉水都比牛奶卖得贵。"这样的抱怨我在其他国家（尤其是英国）的奶农那里经常听到。在农牧产业中，这只是高品价格下降到难以保本的众多分支之一。

　　我在波兰见到的小农场主没有一个对未来表示乐观。"奶牛的补贴在减少，"玛丽亚告诉我，"我们的燃油和肥料补贴也用完了。"玛丽亚的儿子罗伯特希望日后能接管农庄，可是在牛奶价格如此愁人的情况下，这么做显然无利可图。他也承认："未来充满了变数。"

　　在波兰加入欧盟十年之后，这些山区农民已经沦落到要靠补贴才能维持生计的地步。过去，他们能争取到更好的定价；如今他们拿到的补贴，全都因为卖价损失了。波兰似乎正在身不由己地陷入一边压低卖价、一边逐步废除农产品本地直销途径的全球市场。与其他地方一样，这个国家的农民面临着越来越大的压力，许多人正在抽身。

　　如果一项制度已经不能惠及它本应造福的对象，在它上面浪费纳税人数十亿的资金还有什么意义呢？

好心办坏事

聚会正酣，觥筹交错之间，客客气气的闲聊变成了放声大笑和插科打诨。这是罗伯茨一家在英国汉普郡乡间的农家小屋举办的聚会。四十多年前他们还在务农的时候，这里就是他们的家了。安娜是家里的长辈，现在已经八十有余。当时她坐在我旁边，一边抿茶，一边沐浴着晚春的阳光。一家人都在户外享受温暖的天气，而那天我必须表现得无可挑剔，因为我和安娜的女儿——我日后的妻子——订婚了。就在那时，正当我跟安娜亲密交谈时，我抬头瞥见了一个身影。那分明是一只白鹳在农舍上空低飞！我简直不敢相信自己的眼睛。

"我×！我×！白鹳！"我兴奋地嚷道。话音未落，我就在花园里蹦来蹦去，急着去拿我忠实可靠的双筒望远镜了。

"他说什么？"安娜气呼呼地问。我真不该当着未来岳母的面爆粗口。

"见鬼，不好意思……白鹳！哎呀，我×！"我语无伦次，更显狼狈。

我苦心经营的好青年形象算是泡汤了！可是，那种看到稀有鸟类后激动得不知所措的心情只有追鸟族才能理解。我的注意力完全被天空吸引了，只能呆看着那位意想不到的来客，直到它红色的长喙和长腿在空中盘旋了一阵后消失得无影无踪。

听我解释完白鹳在英格兰多么罕见后，岳母原谅了我的口无遮拦。这是我在本地见到的第二只白鹳，见到上一只已是三十年前的事，那时我还是个学童。身为野生动物爱好者的她对我的热情感同身受。在共同农业政策刚刚出台的年代，她和如今已故的丈夫彼得曾在这片地区务农。他们亲眼见证了农业在政府政策和补贴的驱使下转向集约化的过程。正因为此，他们才放弃农庄，转而成立了我现在为之奋斗的慈善机构——世界农场动物福利协会。

共同农业政策是在战后粮食短缺的经历仍然深深铭刻于人们集体记忆之时诞生的，其目标在于增加粮食产量，保证农业社区的生活水平，并保证市场在合理的价格下供应正常。[12] 这些目标于 1957 年由法国、西德、意大利、荷兰、比利时和卢森堡正式写入奠定今日欧洲联盟之基础的条约。

当时欧洲国家已经在补贴农业了。然而，要想在保持国家干预的情况下把农产品纳入自由流通的商品之列，就必须确保欧共体[①]成员国的干预计划并行不悖。共同农业政策的宗旨就是通过采购和储备过剩农产品，同时补贴出口来保护国际竞争中的欧洲农民。[13] 随着越来越多的国家入伙，它们的农业支持也被堂而皇之地并入了共同农业政策。例如，英国早在 1947 年的《农业法案》（*Agriculture Act*）里就制定了自己的补贴方案，但直到 1973 年才加入欧洲共同市场。其后数十年间，欧盟成员国从最初的 6 个扩展到今天的 28 个[②]，共同农业政策也发展成了庞然大物。

英国"脱欧"公投的结果对今后农业政策的影响还有待观察。英国农民每年通过共同农业政策可以获取高达 36 亿英镑的补贴，已经习惯于此的他们势必也希望英国的纳税人提供同样的支持。但另一方

---

① 当时还叫欧洲共同体（Community）。

② 2020 年 1 月 31 日，英国正式脱离欧盟。欧盟成员国现在为 27 个。

面，"脱欧"对英国或许意味着一个机遇，至少可以让英国推倒重来，把纳税人的资金部分应用于保护环境和改善动物福利。由于土地和劳动力成本高昂，英国的农业在同他国的价格竞争中处于相对劣势。这一局面或许能让农业生产转而以质量而非数量为中心，也就是说，淡出工业化农业。然而，英国公投前政府的农业战略恰恰是在未来数十年里加强工业化。

对欧盟来说，共同农业政策依旧是预算平衡表上主导性的项目。如今，共同农业政策的预算很大一部分都直接拨给了农民，用于保障他们的收入。农民获得的采购价高于市价，而这层差价是由纳税人买单的。

无视供求关系，通过向农民发放补贴来保持价格的做法确实有好处。其作用相当于保险，让农民免于歉收或其他可能影响粮食供应的不确定因素之害。实际上，如今美国庞大的一揽子补贴计划中主要的补贴就是承担"农业风险"、弥补"价格损失"。[14]然而，这种做法本质上与操纵市场无异。农业产业不是按照自然的供求规律运作，而是很大程度上由补贴激励和消费者决定。这势必对农产品的数量和种类造成影响。

表面上看，共同农业政策推动集约化并非一目了然的事。针对农场动物养殖的直接补贴过去面向较粗放的养殖形式，也就是放牧牛羊。而猪和家禽养殖长期以来集约化程度最高，并没有直接补贴。不过，猪和家禽的饲料（主要是谷物）却是补贴的重点对象。另一方面，各种旨在改善动物福利的补贴更是让人难以看清个中关系。这些津贴虽然听起来对动物有利，但实际上在整个共同农业政策的预算里只占零

　　　　　　　　　　　　　　　　　　　死亡区域

头。因此，正如我们将会看到的那样，它们几乎在任何时候都无济于事。

经历了 20 世纪 80 年代的农业产能过剩之后，改良的共同农业政策引入了若干措施来鼓励环境保护。欧盟委员会称他们制定了多套方案，以便在促进"现代化"的同时，"用可持续性更强、对环境更有利的农作方法"帮助农民改善土地状况和销售农产品。[15]实际情况却截然不同。

我在波兰西里西亚省（Śląskie Voivodship）和另一个农民海伦娜（Helena）交谈过，她告诉我，她那片区域的村庄正在慢慢走向衰亡。她和她的丈夫什切潘（Szczepan）自豪地向我们展示了他们仅有的一头奶牛。那头牛棕白相间的身体很是结实，牛角也长得粗壮。它在翠绿欲滴的草地上随心所欲地走动进食，唯一的束缚不过是牛角上缠得很体贴的一条长链。

波兰加入欧盟前，该地每家每户都有两三头奶牛，而且靠养牛就能过得跟国营铁路的员工一样好。如今，就连养一头牛都成了稀罕事。我还听说加入欧盟前的价格更加稳定可靠，所以一家人可以更好地理财。那时候边境管控和关税保护着本地市场。但如今好景不再。"这块地方的农业正在死去。"海伦娜伤心地说。

过去的共同农业政策用直接补贴鼓励农民增产，最大的受益者是那些土地面积更大的农场主。近年来，补贴很大程度上已经与生产脱钩，农民享有的直接补贴多寡取决于农场面积。农场越大，补贴越多。欧盟国家只有 3% 的农场超过 100 公顷，而这些农场却占全部农业用地面积的一半。[16]因此它们吞掉了大部分补贴支出。欧盟三分之二左右的农场面积不足 5 公顷。[17]最小的（英国在 5 公顷以下，法国在

4 公顷以下，意大利和波兰在 0.5 公顷以下）甚至没有资格获得直接补贴。

"这不是在做农业，而是在毁灭农耕。这跟农业养殖和粮食都没有本质的关系，而且既不关心环境，也不关心人和动物。纯粹是灾难。"洛帕塔说。

我试着理清其中的经济体系。纳税人贡献的补贴为农业生产提供支持，结果导致农产品价格下跌，化肥、杀虫剂和农机等农业投入品价格上升——因为市场需求极其旺盛。相当大一部分补贴都被这类投入品的提供商吸走了。于是，农场沦为了踏车上的囚徒：唯有越踩越快，才能用更低的成本增产。不久之后，他们就变得完全依赖补贴才能立足了。他们开始对欧盟当局心怀不满，但又离不开欧盟的施舍。就这样，投入品成本居高不下，以化学品为基础的集约化农业成了现状，而补贴制度则（有意或无意地）沦为维持这一现状的工具。

这些和基于农场面积的补贴标准一道，共同构成了农场扩张的动力。

在小农场主被逼到墙角的同时，史密斯菲尔德（Smithfield）和丹麦皇冠（Danish Crown）等食品加工巨头已经进入波兰，抢占了市场。一排排金属建筑取代了质朴简陋的小农舍。它们潜藏在高高的围墙和紧锁的大门后面，里面关着成千上万只动物（通常是猪或鸡），拥挤而肮脏。

这套体制的拥护者们，尤其是那些既得利益者，包括化肥、杀虫剂和农药公司，或许会视之为进步——一面飘扬的、足以为一切恶行正名的旗帜。可是在我看来，这种变化无论如何都谈不上是积极的。

工厂式农场里的猪和鸡一样处境悲惨。猪是一种智力与狗相当的

死亡区域

动物，可是在集约化农场里，它们的生活往往空虚得无以复加。[18] 除了哼哼唧唧，互相拱拱，它们几乎无事可做，因此常有为了发泄而咬断彼此尾巴的情况。养殖业的对策倒是干净利落：把尾巴剪掉。虽然欧盟对去掉猪尾的例行做法明令禁止，但业内仍然对所有猪群实施这种痛苦的摧残，而且经常是在没有采取任何麻醉措施的情况下进行的。

母猪的一生就是周而复始的怀孕和哺乳，它们往往要在所谓的"产仔笼"里产下小猪。产仔笼是一种特别狭窄拘束的猪栏，母猪关在里面几乎站也站不起，躺也躺不下。一连几周，它们甚至没法转身。设计这种残酷装置的初衷是为了防止母猪不慎踩踏小猪，可是在我看来，由此造成的不分昼夜的苦难是不可接受的，更何况其他设计精良的替代方案完全可以起到同样的作用。

和养鸡一样，集约化养猪也容易催生疾病。为了防止必然相伴的病菌兴风作浪，大量药物被用到猪群身上。如今，波兰 68% 的抗生素都被用于农场动物，主要用途就是抵御各种与集约化养殖有关的感染。[19]

欧盟委员会承认补贴制度对农业集约化起到了促进作用，他们表示："早期共同农业政策曾鼓励农民使用现代机械和新技术，包括化肥和植物保护产品。"[20] 然而，农场动物是如何被工厂式农场劫持的呢？这一问题却不甚明了。

正如我们在本书其他章节已经看到的那样，答案和廉价饲料脱不了干系。

从共同农业政策诞生至今，猪和家禽的养殖一直是集约化程度最高的。而它们恰好也是最大的谷物消费者。虽然猪和家禽养殖并不享有直接补贴，但谷物生产的直接补贴起到间接支持作用。根据一项估算，仅英国工业化养殖的牲畜近年来获得的间接补贴就高达 4 亿欧元。[21] 也就是说，共同农业政策确保了廉价动物饲料的供应。

格雷厄姆·哈维讲述了在 1947 年《农业法案》为增加粮食产量而引入补贴制度之后的发展历程。"当政府接管农业，继而出台《农业法案》后，小型农庄就成了问题，"他说，"它们被认为是效率低下的，必须加以淘汰——就像如今波兰的情况一样。最后形成的是离开补贴就难以为继的大型农场。我们现在的农业模式就是这样，你得把摊子越做越大，以此稀释开销，但就算业务越做越大，牧群越来越多，收获的农产品越来越多，还是无法挣得可观的收入。"

这一切对农村社会产生了显著的连带效应。单作田的耕作高度机械化，需要的劳动力少得多。杀虫剂和除草剂在消灭害虫和杂草的同时，也消灭了农民。很快，村子里连本地的邮局或学校都没有存在必要了。[22]

共同农业政策的补贴制度的确关心动物福利，至少在理论上如此，因为从业者必须遵守聊胜于无的相关法规。例如，按照共同农业政策的规定，剪猪尾巴以及用裸露的围栏饲养动物都是违法的。法律要求，畜栏至少要铺上稻草或其他"毫无阻碍的"材料，不能只是冰冷的水泥或石板。

然而，在波兰和欧盟其他国家，后一种畜栏随处可见。法律显然形同虚设。结果便是这样的恶性组合：制度鼓励农民将动物囚禁在棚屋中，给它们喂食廉价谷物（或大豆），却不能保护动物免受新的生活条件带来的险恶影响。据估计，在欧盟出台动物福利方面的规定后的十年里，欧洲生活在非法养殖条件下的猪约有 20 亿头。

共同农业政策还把动物福利列为所谓农村发展计划的优先资助项目，每年拨款 5000 万欧元进行补贴。这笔钱听起来似乎不少，实际上在整个共同农业政策预算里的比重微乎其微——只有 0.1% 左右。获得该项补贴的农民不仅要符合常规标准，还需要额外做出改进，比如给动物更多空间、更舒适的地面、更好的寝用材料，甚至允许它们户外活动。尽管初衷在于鼓励农业生产降低集约化程度，但并没有充足的证据表明这项措施发挥了积极作用。实际上，效果适得其反。

2015 年 3 月，欧盟委员会农业和农村发展委员菲尔·霍根（Phil Hogan）在推特上发布了他在罗马尼亚参观某养猪场的消息。从照片上可以看出，农村发展基金的光荣得主是一个地表突兀、没有铺稻草的集约化养猪场，而且猪的尾巴被剪掉了——这显然违背了欧盟法律。霍根还在他的博客上将这座养猪场誉为"共同农业政策支持农村社区本地发展、促进欧盟成员国农业商机"的"完美范例"。[23] 在我看来，确实如此。

德国的两个研究中心在一项研究中发现，受农村发展基金的直接影响，把奶牛永久性关在室内饲养的奶农实际上增加了 5%。2009 年的一项研究指出，至少部分农场可能在获得补贴后扩大了养牛规模，因此被剥夺户外活动的动物数量或许增长了许多。[24]

同一项研究还发现，在获得补贴后，使用粗糙石板瓦地面（因而很可能违反了为猪提供稻草之类充实材料的法律要求）的养猪场从 50% 增加到了 73%。专家们通过监视猪的行为来衡量它们的福利状况时，发现至少在 40% 的养猪场都存在福利状况滑坡的情况。[25]

在捷克共和国，农村发展基金为新建禽舍畜栏投入了 5 亿多欧元，但没有对这笔资金是否改善动物福利进行后续评估。因此，摇摇欲倒的棚屋或露天环境很可能换成了亮闪闪的新设施，可禽畜的生存状况实际上更糟了。[26]

在英国这个爱好动物的国度，政府把动物福利分成了健康和疾病防控两个方面，二者相互独立。的确，动物若是遭受病痛折磨，福利自然会打折扣，但这只是福利的一部分内容。动物福利应该同时包含身体和心理上的健康。就身体方面的健康来说，政策制定者需要考虑诸如此类的问题：通过人为手段让肉鸡发育过快，会不会造成痛苦？有些产奶量高的奶牛品种身体严重透支，以致仅仅三个泌乳期之后就要送去屠宰，豢养这些品种是否明智抑或人道？产奶更加平衡的奶牛品种能存活更多年。

然后是心理健康。关在极其窄小的笼子里，动物（比如母鸡）的行为是否自然？单纯让禽畜保持"无病害"状态，实际上意味着只关心那些与生产有关的方面。换句话说，就是让动物尽快发育，活到能够宰杀即可。要想切实评估动物的福利水平，需要考虑的问题还有很多很多。而波兰的农村发展计划呢？干脆对动物福利只字未提。

如此看来，很多时候都是好心办坏事——农场动物的生存状况反而比过去更糟了。

今天是我走访波兰乡间的最后一天。一片多种作物混种的小块农田展现在我眼前，反抗着单一作物田的霸权。贝斯基德山柔和的群峰被覆着茂密的森林，渐渐隐入远方的天际。我伫立在艳阳之下欣赏着这幅美景，清风在高高的禾草种穗间荡起涟漪阵阵。脚边是金黄的毛茛花，一只蝗莺近乎机械的颤音清晰可闻。

用欧盟委员会的话来说，农业"不仅关乎粮食"。委员会在阐释共同农业政策时承认，农业也关乎"农村社会以及生活其中的人们，关乎我们的乡村及其宝贵的自然资源"。[27]然而，拜共同农业政策所赐，西欧的农民已经集体失业，过去靠土地就能养家糊口的日子一去不复返。在走访波兰期间，我深入了解了农业在补贴影响下扭曲蜕变的过程。现在，我对历史上重塑西欧地貌，把混合农庄变成单作田的那些力量有了更深的认识。

多年来，共同农业政策虽然有所发展，但支援生产、促进"现代化"并维持低价的基本前提始终不曾更改。波兰的案例很好地再现了欧盟原有成员国半个世纪前走过的路，让我们得以实时检验自己有没有吸取历史教训。

在波兰期间，波兰国家广播电台宣布的一则消息引起了我的注意：波兰已经失去了白鹳数量居世界第一的地位。报道称白鹳数量在短短十年内减少了20%。[28]相比刚刚加入欧盟时的普查结果，波兰全国各地白鹳的数量减少了15%至20%不等。

该国西部的白鹳受到的影响最为严重，种群数量减少了40%。专家认为这一趋势同集约农业的兴起脱不了干系。波兹南动物学研究所的马尔钦·托博尔卡（Marcin Tobolka）参与过这项研究，他直截了当地说："波兰西部的白鹳之所以消失，就是因为集约农业越来越多地进入当地。"[29]他向由政府资助的波兰科学网（Science in Poland）透露，白鹳在油菜和玉米单作田里很难找到食物。"在传统农业仍然占据主导的地方，白鹳生存状况不错。那里不仅有湿草甸、田野，还有不同地形间的交界地带。"他说。

共同农业政策像肆意飙车的蛤蟆先生一样在波兰乡间急速扩张，造成的后果惨重。

第七章　水獭

英国的"河流雨林"

自然界里某些最美好的事物没有得到应有的重视，英国的白垩河流就是如此。这些脆弱的水系从地形起伏的乡间悄无声息地流过，最后汇入海洋，消失得无影无踪。如果你凑近观察，就会发现其中别有一番天地。白垩河流自古以来就深受渔民们喜爱，因为这类神奇的水系中物产格外丰盛。在潺潺泉水的滋润下，白垩河流形成了独特的生态系统，因风景奇特、生物种类丰富而被专家誉为英国的"雨林"。[1]

我有幸与地球上最优美的几条白垩河流为邻，我们的农家小屋离伊钦河（Itchen）的源头不过几英里远。那条河由于飞钓体验不俗，令全世界的钓友慕名而来。此外，我们家还能俯瞰伊钦河那位"养在深闺人未识"的姐妹河——米恩河（Meon）。平日里，米恩河从我们的小屋旁缓缓流过，但有时在大雨过后也会奔涌如注。

白垩河流的淙淙清水透出一股典型的英国气息。青翠柔缓的河岸在宁静祥和的原野上斗折蛇行，让人不禁想起英国乡村的绿树芳草，想起板球场，还有漫长夏日里的奶茶和发出清脆声响的瓷器。在这些乡村美景滋养下的生活，一直是人们歌颂的主题。例如，西蒙·库珀（Simon Cooper）在优美的散文《白垩河流的生命》（*Life of a Chalkstream*）中，如此描述"他的"白垩河流："一条清澈迅疾的小河，水中有巨大的水毛茛摇曳生姿，岸上长满莎草，水边装点着灯芯草、水田芥和野薄荷等半水生植物。它们为各种昆虫提供了'完美的家园'，支撑起一张纷繁复杂的生命之网。"[2]

我也对这些充满魔力的水体极为着迷。爱犬公爵和我经常沿着附近的白垩河流长途散步。它喜欢在浅水区奔跑着溅起水花，或开怀畅饮，或咬水作乐，把自己呛个半死，然后再把所有事情再来一遍，就像狗常做的那样。我们总是期待着发现惊喜，比如野生鳟鱼藏身在桥边，一只白鹭纹丝不动地盯着流水，或者翠鸟艳丽的身影一闪而过。

全世界真正意义上的白垩河流不过200余条，而英国就占了160条。英国的这些小河全都分布在从东北向西南斜贯国土的钙质岩地带。它们发源于千千万万个地下泉，潺潺地流过鹅卵石铺成的河床，然后蜿蜒流过河谷，注入海洋。白垩河流通常又浅又清，由碱水经过白垩净化和过滤而成，而且无论冬夏，常年保持恒温。这些都是蜉蝣、鳟鱼和水䶄等野生动物繁衍生息的理想条件。

水䶄曾经是我生活中寻常可见的元素。在河边漫步，不时就会听到"扑通"一声。只要听见那声音，就知道又有可爱的棕色毛球跳进水里游开了。在未经训练的人眼里，水䶄看起来和大鼠有些相像（《柳林风声》里"耗子"的原型就是水䶄），但实际上它们跟那些遭到"人人喊打"的近亲相去甚远。比起尖鼻秃尾的大鼠，水䶄的体形更小，而且尾巴有毛，鼻子短钝，耳朵几乎完全隐藏在皮毛里。另一方面，水獭不会传播疾病，生活的地方也不是城市的下水道或排水管道。实际上，它们如鱼得水的生境必须是原生态、无污染的河流和河岸，可这样的环境已经越来越难寻觅了。

20 世纪 70 年代，在我孩提时代，我的家乡贝德福德郡的沟渠和河流边水獭十分繁盛。不过，更多时候是未见其形，先闻其声——听见水里"扑通"一声，看见一串气泡浮上来，就知道它们刚刚遁入了水下的某个地方。有时我还会看见它们坐在岸边，用爪子把圆圆的小脸梳洗干净后，沿着河岸跑开。我要是大气不出地坐在原地，偶尔还能瞥见它们在水岸相接处的地洞里进进出出。

那时候水獭寻常可见，如今却沦为英国濒危程度最严重的生物之一。二十多年来，我在蒂奇菲尔德动物保护区（Titchfield Haven）等南部沿海地带的河岸和芦苇地间度过了无数个日子，这些地方本应随处可见到水獭，竟然没有看到一只水獭。

我听那些住在米恩河边的邻居说，他们的猫上次从河边叼回水獭已经是 1982 年的事了。我母亲最近一次在英格兰看见水獭也是在 90 年代，地点是彼得·斯科特爵士（Sir Peter Scott）生前在格洛斯特郡建立的瘦桥野生动物保护区——那里是野鸭、大雁和天鹅的乐园。现在我虽然住在英格兰白垩河流最丰富的区域，却连一根水獭的胡须都没见过。

水獭已经成为英国数量减少最快的野生哺乳动物，种群减少的幅度令人瞠目结舌。据估计，铁器时代水獭的数量为 67 亿左右。[3]然而在过去 40 余年里，英国水獭的数量竟然减少了 90%，与东非黑犀牛消失的速度不相上下。[4] 2008 年，汉普郡米恩河流域的水獭被认为已经灭绝。白垩河流栖息地日益减少，河岸边的净土悉数被毁，无疑加速了它们的消亡。然而，压倒水䶄的最后一根稻草，却来自海外的闯入者美洲水鼬。

如今在英国河道巡游的美洲水鼬，最初是在 20 世纪 20 年代作为养殖的皮毛兽从美洲引进的。50 年代水鼬养殖业达到顶峰之时，英国境内至少有 400 个养殖场把这些天生好动的漫游者囚禁于窄小的笼中。美洲水鼬野外繁殖现象最早于 1956 年得到证实。截至 1967 年 12 月，野生美洲水鼬利用水獭消失后留下的生态真空，占领了英格兰、威尔士半数以上的郡和苏格兰低地区的不少地方。如今，它们的身影遍及英格兰和苏格兰主岛部分的每一个郡，而且正在向苏格兰为数众多的离岛扩张——这对岛上具有国际影响的海鸟群落是个实实在在的威胁。[5]

更糟的是，美洲水鼬还是见缝插针、百无一失的猎食者，它们胃口奇好，尤其偏爱水䶄。野生生物基金会的达伦·坦斯利（Darren Tansley）说："水鼬对水䶄等野生动物具有毁灭性影响。它们是效率惊人的猎食者。一只雌水鼬沿河道建立领地后，大部分遭到猎食的物种就会被消灭干净。水鼬几乎逮着什么吃什么，而且什么都能逮，包括地面筑巢的鸟、小型哺乳动物，还有水里的蛙和虾。"

水䶄躲避猎食者的方式有三种：潜入水下，躲进茂密的植被，或者钻入地洞。可惜这三招对水鼬统统无效，因为无论在水里，还是在地上地下，它们都照追不误。可以说，水鼬进驻水䶄栖息地之日，就是水䶄退场之时。

一种观点认为，英国的野生美洲水鼬源自动物维权者从皮毛动物养殖场大规模放生的养殖水鼬。不过，用猎物和野生动物保护基金会

死亡区域

（Game and Wildlife Conservation Trust）的话来说，这是一个"广为流传的现代误会"。实际上，在水鼬养殖业成为众矢之的以前，水鼬逃走或被养殖场主主动放生的情况已经存在了好几十年。[6]

毛皮动物养殖场里的水鼬一般被关在层架式小笼中。这样的生活对一种在野生环境下活动范围极大的动物来说无疑是非常拘束的。受困于这种陌生环境，许多水鼬憋得在笼子里来回踱步，甚至因为压抑而自残。最终，英国政府在劝说之下认同了水鼬养殖业有违人道，并基于动物福利，于 2000 年取缔了养殖水鼬获取鼬皮的做法。

这场生物入侵的源头虽然根除了，问题却依旧没有解决。美洲水鼬在英国的大范围扩散让自然保护工作者们面临艰难的选择：要么放任水鼬称霸，严重危害本土野生动物，要么打响一场显然备受争议的除鼬大战。

2003 年，自然保护工作者终于制定了规模空前的水鼬捕杀计划。英国各地开展了一系列捕杀之后，水䶄的数量显著回升。不过，就在人们以为水䶄有望得救的时候，专家却警告，彻底消灭美洲水鼬可能需要 100 年时间。[7]

部分人士——比如动物救助组织（Animal Aid）——反对捕杀行动，称水鼬不过是英国本土哺乳动物数量减少的替罪羊。[8]之前人们认为它们是水獭数量骤减的罪魁祸首，但现在证据表明，杀虫剂和猎人的加害才是该物种生存压力的根源。禁止狩猎后，更为清澈的河流中已经出现水獭数量回升的迹象。在水獭生存状况不错的地方，水鼬的数量都出现了惊人的下降，足见水獭有能力跟它们竞争。[9]

更何况，水鼬即便难逃罪责，也不是这出戏里唯一的"反派"。

实际上，正是在集约农业的冲击下，水䶄赖以为生的大量河岸生境被毁，它们在入侵者面前才变得更加脆弱。

20世纪70年代，前保守党议员理查德·博迪爵士（Sir Richard Body）目睹了泰晤士河的支流潘河（River Pang）上发生的一系列事件，后来他在《云中务农》（*Farming in the Clouds*）一书中对此作了记述：起初是包括柳树在内的树木被砍，然后是挖泥船对河道改直加深，使蜿蜒曲折的白垩河流变得更像运河。数百万英镑的公费就这样被用于调低地下水位和改造土地，以便种植小麦、大麦和油菜等农作物。拜其所赐，如今这些作物已经在英格兰白垩河流两岸占据主导地位。身为甜菜种植户的博迪感到，纳税人的钱被大把撒向耕种庄稼的农民，与此同时让放牧的动物遭了殃。

"只有保持较高的水位，在整个夏天干燥的月份草才长得好。"他写道，"有些野花已经绝迹了，其余的数量锐减。至于鸟类，沙锥、凤头麦鸡和翠鸟都看不到了，绿头鸭和水鸡也少了许多。没有河岸上的植被掩护，水獭和水䶄（肯尼斯·格雷厄姆笔下的'耗子'）的栖息地也一并消失了。"

昔日种类丰富的植物一直为放牧的动物提供着营养和美味。而随着这些植物的消失，博迪开始注意到一个现象：家养的牛的肉质似乎大不如前了。[10] 他的这些担忧得到了格雷厄姆·罗伯茨（Graham Roberts）的呼应。罗伯茨曾在汉普郡和怀特岛野生生物基金会负责"野生动物水资源"项目，如今已经退休。他向我解释，河流改直和疏浚以及耕地过度排水会严重影响水䶄："欧洲大陆的水䶄更多时候生活在陆地上。而英国自由排水、土壤肥沃的河漫滩长期受到集约农业的

　　　　　　　　　　　　　　　死亡区域

支配，使水䶄的活动范围更多时候只能限制在农场近水处的河岸边缘。肯特郡梅德韦（Medway）地区的部分地段就是一个典型例子。那里的集约化农田一直延伸到河边。由于河岸边缘已经被夷为平地，所以一旦涨水，河岸就会崩塌。河岸的坍塌流失不仅摧毁了水䶄的家园，也淤塞了河流。"

英国环境部的保罗·史密斯深有同感，他把集约农业列为水䶄主要的威胁来源："水䶄的栖息地因为大量的防洪和排水作业而损失惨重。"[11]

白垩河流天然富含营养物质，因而对野生动物益处良多。可惜这种生态系统十分脆弱，极易失衡。污染会导致水草和水藻疯长，令有花植物窒息而死，把整个河床笼罩在一张难看的绿毯之下，耗尽水里所有的氧气。河床的卵石上附有一层黏糊糊的棕毛，就是明确无误的污染标志。这往往是由化肥里的磷和硝酸盐导致的。自1950年以来，汉普郡的埃文河（River Avon）中硝酸盐（主要来自农业）的含量已经翻了一倍，磷含量也增加了两倍。[12]

河流附近的集约化农田就是一大污染源。英格兰的白垩河流周围将近一半的陆地都是耕地，比其他流域的耕地更多。[13] 20世纪70年代以来，英国出现了转向玉米种植的热潮，导致玉米种植面积从1400公顷暴涨到了16万公顷，其中很大一部分被用来为动物饲料和生物燃料提供原料。

种植玉米对河流的污染尤其严重。由于玉米是一种高大的作物，植株间距很大，相应地导致更多土壤暴露在外，所以在玉米的整个生长季节更易发生土地侵蚀和养分流失。另一方面，玉米还是一种"磨人"的作物，需要投入相对较多的杀虫剂和化肥。降水量大的时候，雨水会从致密的农田表面流过，冲走部分化学物质，导致河流污染，也更易发生洪涝灾害。[14]

庄稼管理方式的变化也对河流产生了影响。农民一直在开垦未曾耕作过的土地，而且从过去的春播向秋播转变。这种做法会让土壤在冬季雨季期间裸露在外，更易受到侵蚀和径流的影响。

《土壤利用与管理》（*Soil Use and Management*）期刊上的一篇科研论文发现，英格兰西南部地表径流的危害已经达到了临界点。究其原因，正是这种大范围内耕作方式的变化。调查涉及的所有农田里，在 38% 的地方，水不是渗入地下，而是从致密的土壤表面流走了。[15]不仅如此，很多田里的土壤、化肥和杀虫剂也会随着径流冲走。在英格兰西南部四分之三的玉米田里，土壤结构已经退化到了催生洪涝的地步。[16]这篇论文发表六周后，英格兰西南部的萨默塞特平原（Somerset Levels）便遭受了毁灭性的水灾。

这对野生动物以及受灾的人来说都是不幸的消息：水鼩因农业污染导致水藻泛滥而沦为受害者；[17]为鱼类提供食物、支撑起整个河流生态系统的无脊椎动物（比如蜉蝣），也受到污染的影响；冲刷入河的土壤有可能淤塞脆弱的河床，夺走鱼和其他动物不可或缺的繁殖栖息地。专家们担心，水鼩在现有的许多栖息地上，很可能也无法生存下去。[18]

总之，"耗子"的前景不容乐观。

水鼩归来

米恩河的源头在我们的农家小屋附近，入海口则在汉普郡的蒂奇菲尔德动物保护区那边，刚好越过港口的沼泽地带。

　　我常常伫立于那座燧石桥上，桥的下方就是英国水位最高的白垩河流的源头。站在那里，可以看见泉水从一片东倒西歪的萌生林下面源源不断地涌起，然后缓缓地开始一段穿越低地和沿海平原、长达20英里的旅行。我在打量这白垩色的空洞时，经常会听见阵阵好似笛声的鸣叫。那声音来自藏匿其间的绿翅鸭——一种小巧的野鸭，体色灰红相杂，头上有精美的翠绿色条纹。河水波光粼粼，周边散落着许多小树枝，黄绿色的叽喳柳莺爱在那里找虫子吃。稍远的地方，有时还能瞥见褐鳟的身影。

　　白垩河流并不仅仅给野生动物和飞钓者带来好处，它们还是家庭用水的一大来源。英格兰东南部三分之二以上的家庭用水都来自地下的白垩蓄水层。一个普通四口之家每年的总用水量相当于60米长的河水。然而，随着用水需求日益增大，这些美丽的小河已经出现不堪重负的迹象。

　　白垩河流汇集了从蓄水量巨大（足以让任何人造水库相形见绌[19]）的石灰质丘陵涌出的地下泉，所以能帮助维持家庭给水。这些地下泉哪怕在最干燥的夏天也能源源不断地供应纯净水，但它们正被推向潜能的极限。英格兰三分之一的白垩河流都面临过度开发利用的危险，米恩河将近四分之三的水量都被汲走，令人不得不为其长期存续担忧。

　　2004年，英国环境部的一份报告指出，英格兰的白垩河流处于"脆弱"状态。这份文件警告称白垩河流有"永久受损"的风险，并列举了取水、城市发展、污水排放和农业等各方面造成的巨大压力。报告表示，如果没有认真细致的管理，这些活动将会威胁到众多野生动物和人类共同依赖的白垩河流资源。人们还发现，三分之一的河流已经恶化到了评级为"差"的地步。[20]

而这份振聋发聩的警告也未能带来实质性的改善。10年后的2014年，世界自然基金会英国办公室发现英格兰的白垩河流"状况令人震惊"。按照该组织的评级，只有不到四分之一的白垩河流状况为"好"，约三分之一为"差"或"坏"。该组织还称，对白垩河流来说作用堪比发动机室的白垩蓄水层状况也很差，磷和硝酸盐含量的激增已经对饮用水构成了实质性威胁。

同样，世界自然基金会英国办公室也警告，如果不对水资源管理方式做出大刀阔斧的改革，英格兰宝贵的白垩河流将前景惨淡。因此，他们呼吁减少取水，减少污染，同时修复生境，改进河流管理。[21]

查尔斯·兰奇利－威尔逊（Charles Rangeley-Wilson）是一位积极投身白垩河流保护的自然保护工作者，他在世界自然基金会英国办公室的报告发布会上说："形成英格兰绵延起伏的白垩丘陵需要数百万年之久，而形成从这些丘陵之中涌出的白垩河流又要数万年时间。历经多少个世纪，这些缓缓流淌的小河才在生物景观的作用下逐渐充实。然而，我们在短短数十年间便把这些独一无二的河流逼到了濒临消失的地步。对英国来说，这就像亚马孙雨林的大火一样，灭火是我们不可推卸的责任。"[22]

令人振奋的是，越来越多的人开始对修复白垩河流表示关注。如今，水獭已经呈现出回归之势，考察涉及的三分之二的白垩河流都有水獭出没的记录——相比20世纪80年代，这一成果已经是巨大的飞跃，那时候只有5%的白垩河流中可以看见水獭。与此同时，种种旨在帮助水䶄生存下去的重大举措也在实施之中。水䶄正被重新引入英国各地的白垩河流，其中便包括 5 年前已经宣布水䶄局部性灭绝的米恩河。蒂奇菲尔德野生动物保护区是我最喜欢的地方之一，在当地水䶄一度被认为已经绝迹。2013 年夏季，那里迎来了数百只放生的水䶄。[23] 南唐斯国家公园的管理员伊莱娜·惠特克－斯拉克（Elaina Whittaker-Slark）表示，这是一项雄心勃勃的计划。她说："我们希望水䶄今后能在南唐斯国家公园的腹地扎根，然后发展到米恩河的其他支流，乃至整个流域。"尽管此次再引入的地点远在 20 英里之外，但我在自家附近再度见到"耗子"的愿景却越来越有希望了。两年后，更上游的地方又放生了 190 只水䶄，那里离我家不过 10 英里远。

水䶄要在米恩河流域蓬勃发展，进而扩张到我们这么远的地方来，部分也要靠我的邻人们。例如乔治·阿特金森（George Atkinson），他不仅是本地板球队的正式队员、不可或缺的全能选手，在野生动物保护方面也很有声望。

阿特金森在绵延起伏的南唐斯地区拥有一座面积 500 公顷的农场，同时经营牛羊和庄稼。他坚信农民有能力帮助农村恢复包括水䶄在内的各种野生动物。在米恩河流经农场的地方，他用围栏把河岸圈了起来，让那里的植被不受干扰地生长，以便为日后到来的水䶄提供屏障。他说："在我们的湿草甸里，水䶄、沙锥和仓鸮是三大优先保护对象。"

看来，"耗子"若是能回到上游这么远的地方，很可能会受到热烈欢迎。不过，那也需要更多像阿特金森这样的农民才能实现。

第八章　游隼

乡间的毒种

13 世纪《大宪章》问世的时代，英法两国战事频仍，英格兰的君主正处于腹背受敌的窘境：一边是英吉利海峡对岸的外敌，另一边则是国内背信弃义的诸侯。在忤逆国王的势力中，有一个叫德马里斯科（de Marisco）的家族尤其臭名昭著，他们的老巢位于布里斯托尔湾（Bristol Channel）的伦迪（Lundy）小岛之上。

1216 年，亨利三世加冕为王。此公以热衷于宗教仪式[1]和慈善事业而著称。他的一项著名事迹，就是每天为 500 个贫民支付饭钱。[2]除此之外，他还对鹰猎情有独钟。鹰猎是当时流行的消遣，由于大受欢迎，一时间鹰的身价变得比同等重量的黄金还贵。[3]

国王的爱鸟游隼是一种令人生畏、御风而行的猎手，而最名贵的游隼就产自伦迪岛。当时该岛虽然名义上归国王所有，实际上却是威廉·德马里斯科（William de Marisco）的天下。此人和国王势同水火，是个为了生存不择手段的狠角色。他在犯下谋杀罪和叛国罪跑路后，一直用铁腕掌控着伦迪岛。另一方面，由于某个同姓族人跟亨利一世

　　　　　　　　　　　　　　　　　死亡区域

搞出来一个私生子，他也和王位沾上了边，所以不怕把事情闹大。[4]

终于，在德马里斯科派人行刺的阴谋败露后，亨利三世受够了。他决心以牙还牙，顺便把那座小岛和上面价值连城的游隼夺回来。于是，他命令诺福克的威廉·巴多尔夫（William Bardolf）男爵把德马里斯科抓回伦敦。巴多尔夫带上两名骑士和十二个侍从，乘船向伦迪岛进发了。当时德马里斯科已经成了令人闻风丧胆的法外之徒，他恐吓过路船只，以伦迪岛为据点，到处打家劫舍。他知道这些人要找上门来，所以早就做好准备，要给不速之客一个下马威。

巴多尔夫登陆的地方位于伦迪岛的海湾，这是岛上固若金汤的悬崖壁垒间仅有的一处弱点。天气晴好时，任何接近的船只还未曾构成威胁，就会被岛上的人发现。因此巴多尔夫选择在伦迪岛大雾弥漫时出发，希望能暗度陈仓。可惜事与愿违，他们还是被发现了——昏暗之中，一个孤独的守望者看到了巴多尔夫和他的部下。只要警报一响，这场奇袭的结局很可能就是巴多尔夫一行葬身于乱石之下。奇的是，警报竟然没响。原来那个放哨的人是被挟持到岛上的，早就巴不得倒戈了。

借着阴冷的雾气，巴多尔夫及其部下神不知鬼不觉地上了岸，然后沿着狭窄曲折的小道登上峭壁。他们的运气简直好得难以置信：尽管困难重重，危机四伏，他们却摸上了一片荒无人烟、杂草丛生的高地。然后他们直奔那片名为"公牛乐园（Bulls Paradise）"的设防区域。德马里斯科的住所就位于这里，那是一座由 7 英尺厚的花岗岩城墙围起来的要塞。[5] 正在用餐的德马里斯科浑然不知自己的重重防线已经失效，所以和 16 名手下措手不及，被抓起来押回伦敦接受审判。

1242 年 7 月 25 日，仍在坚称自己无罪的威廉·德马里斯科被人从伦敦塔押出来，以"挂拉分"（绞刑、拖尸和车裂）的酷刑处死。[6]就这样，亨利三世除掉了不共戴天的敌人。

夺回小岛后，国王也重新控制了岛上的游隼巢。那里出产的游隼素有鹰猎界极品之名。正因为此，亨利三世甚至会把它们作为特殊赠礼送给那些他想嘉奖或感谢的人。1274 年皇家陪审团评估伦迪岛时列举了该岛的诸般特质，其中一项便是"备受尊崇的游隼产地"。[7]伦迪岛是这些英姿飒爽的猎鹰在英国最早为人所知的筑巢地。

游隼肌肉发达，翅膀呈弯刀状，飞起来如同一把镰刀划破长空。它们的背面呈灰色，正面为白色，兼有精致的斑纹，脸上有招牌式的"黑面罩"和"八字须"。游隼喜欢长久地站在高处俯瞰自己的领地，视力比我们人类敏锐 8 倍。[8]亨利三世之所以对游隼着迷，很可能是因为它们的力量和速度。捕食的游隼收起翅膀俯冲发动突袭，可以把毫无防备的鸽子直接撞晕。伦迪岛作为顶尖猎鹰产地的美名一直延续到了 20 世纪。例如，驯鹰人吉尔伯特·布莱恩上校（Colonel Gilbert Blaine）就曾在 1937 年表示，出自该岛的游隼长期以来都被他的同仁视为猎鹰中的佼佼者。[9]

今日的伦迪岛虽已受到充分的保护，免去了偷蛋贼、驯鹰人和猎枪的滋扰，但仍旧是首屈一指的观隼胜地。我在大多数年份都会去那里看看它们，有时还会在亨利三世除掉德马里斯科后新建的城堡（讽刺的是，城堡的名字竟然叫"德马里斯科城堡"）里留宿。那座花岗岩堡垒是岛上现存的最古老的建筑物，由于风景绝美，如今由英国地标基金会（Landmark Trust）管理，被改造成了独一无二的自助式旅馆。

死亡区域

德马里斯科城堡耸立于数百英尺高的悬崖之上，视角绝佳，正好观察游隼这种地球上移动速度最快的动物。（猎豹是陆地上速度最快的动物，速度最高可达每小时 75 英里。游隼的飞行速度大约为每小时 200 英里，可以轻松打破这一纪录。）鲜有其他景象能比这些用深色羽冠和棱角分明的灰翼划破长空的壮丽猛禽更令人难忘。它们像喷气式飞机一样急速俯冲时，甚至可以承受 6G 的力——地球引力的 6 倍。[10]

伦迪岛的游隼在历史上也并不总是一帆风顺。第二次世界大战期间，它们因为对信鸽构成威胁，一度沦为全民公敌。当时有成千上万的英国鸽友自发贡献出自己的鸽子，给英国陆军、皇家空军、国土防卫军和警察充当信使，以支援作战。为了给那些从前方携函归来的信鸽开辟安全通道，人们对沿海地区的猛禽展开了扑杀。[11]

即便如此，伦迪岛闻名遐迩的游隼也没有一只死于非命，这或许归功于当地人的暗中保护。1950 年针对猛禽的格杀令解除后，伦迪岛再度被宣布为游隼繁殖地。然而，在战争期间躲过政府的子弹后，它们却迎来了更加致命的威胁：有毒农药。

到了 60 年代，农药已经开始破坏鸟类种群了。随着欧亚鸫之类的鸣禽食用沾染杀虫剂的蠕虫后大量死亡，残留的有机氯杀虫剂逐渐在食物链顶端的隼和鹰等大型鸟类体内累积。这些化学物质会干扰鸟类的生殖功能，导致产下的蛋外壳异常薄弱，以至于会被孵蛋的成鸟压碎。[12] 游隼的数量因此暴减。

1963 年 6 月，人们在伦迪岛的游隼巢中发现了一只死亡的成年雄性游隼。它的肝脏受到了各种致命化学品的污染，其中有 DDE（二氯乙烯，又称滴滴伊），有狄氏剂，有七氯，还有 BHC（林丹）。

可见，农业进入化学新时代，屠刀已经挥向了成鸟。60年代后期，伦迪岛上的游隼同英国很多其他地区的同类一样，彻底消失了。[13] 好在自 1975 年起，它们又开始返回岛上繁衍，英国各地的游隼数量都有所回升。早期集约型农业滥用化学品的现象似乎得到了遏制。为害最甚的化学品 DDT（滴滴涕，又叫二二三）也已在世界范围内退出农用领域。

遗憾的是，游隼以及其他鸟类现在又面临着来自田间地头的新威胁。尽管摧毁鸟蛋的化学品已经遭禁或受限，农村地区的工业化进程却依旧在高歌猛进。昔日随处可见的云雀等农田鸟类虽然在伦迪岛兴盛如故，在全国范围内却数量剧减。

对鸟类和其他野生动物来说，乡村已经变成了危险地带。随着化学除草剂把提供种子的有花植物连根去除，化学杀虫剂把昆虫赶尽杀绝，鸟类失去了食物来源。与此同时，浩瀚而平坦的单作田又侵占了野生动物的栖息地。尽管主要的危害源自工业化单作田里使用的农药及其造成的种子和昆虫匮乏，但还有一个新的致命威胁摆在它们面前，那就是被农药浸染的作物种子。

当我听说伦迪岛上家麻雀种群的覆灭时，才头一次了解到工业化农业这个鲜为人知的一面。1996 年和 1997 年之交的冬天，岛上的家麻雀因为食用掺过老鼠药的谷物而走向了消亡。当时农民们使用一种名叫"鼠得克（difenacoum）"的新型老鼠药，这种物质对鸟类和哺乳动物都有很强的毒性。在此之前，当地的家麻雀尽管也津津有味地食用涂有华法林（warfarin）的谷物诱饵，却并未出现任何不良反应，因为它们对该物质具有很高的耐受性。然而，新一代的老鼠药被证明是致命的。家麻雀遭受了灭顶之灾，最后只能从英伦主岛重新引进。

一直以来，伦迪岛上与世隔绝的家麻雀种群都是长期研究的演化学课题，而食物中毒打断了这项研究。2000 年春，谢菲尔德大学的研究员南希·奥肯登（Nancy Ockendon）将从约克郡逮到的 49 只成年麻雀运到伦迪岛上。虽然有一部分飞回了英国主岛，但半数以上的新来者还是落地生根了，演化学研究也因此得以继续。[14]

为了避免掺在谷物上的老鼠药殃及鸟类，人们已经做出了努力。如果在办公楼或火车站四处找找，你常常会发现一些怪模怪样的塑料盒，盒子的前端都有一个只能让小型哺乳动物进入的开口。大鼠和小鼠被这些盒子里的谷物吸引进去后，就会因为摄入致命的毒药而倒毙。

尽管如此，老鼠药仍在继续污染野生动物栖息地，猫头鹰和其他捕食啮齿动物的物种经常受到杀鼠剂的不利影响。就连游隼体内也有老鼠药的痕迹——哪怕游隼吃的是鸟类，而不是耗子。

伦迪岛的麻雀毒杀事件诚然是一场可怕的事故，但关于有毒谷物的故事还不止于此。我在震惊于那次事件之余，特地调查了有毒种子是否也在其他地方兴风作浪，结果惊恐地发现，这些东西如今在农村地区仍十分常见。

人们在播种之时就给种子涂了一层农药，充当早期防护。种子难免洒落在外，故而有可能被麻雀等喜欢长时间觅食的食籽鸟发现。例如，吡虫啉（Imidacloprid）是一种常用的新烟碱类杀虫剂，麻雀只需吃下一颗半用这种农药包衣的甜菜种子，就足以中毒身亡。[15]

往奇怪的黑色陷阱里下药是一回事，在农村的大片地区撒播涂有农药的谷物，进而危害鸟类种群则是另一回事了。理论上，机械化播种将这类种子深播到地下，可以确保不会被鸟类啄食。但研究表明，大约 1% 左右的包衣种子在播种之后仍可被觅食的动物吃掉。每播种 1 公顷土地，其中有毒的种子便足以杀死 100 只灰山鹑（灰山鹑现在既是稀有鸟类，又是颇受追捧的狩猎对象。而毒杀它们只需少量涂有新烟碱类农药的种子，比如 5 颗玉米种子、6 颗甜菜种子或 32 颗欧洲油菜种子）。[16]

2013 年美国鸟类保护协会发布的一份报告指出，即便在粮食生产商遵守种植规范的地方，鸟类仍然可以轻易获取包衣种子。"种子从来没有被土壤完全覆盖，所以很容易被觅食的鸟类发现，"报告称，"使用现有的机械播种，洒落在外的情况可谓家常便饭。另一方面，许多物种都有能力把埋进地里的种子刨出来食用。"[17]

在美国，红翅黑鹂只需十分钟即可吃掉数量足以致命的包衣水稻种子。[18]在加拿大平原地区 850 万公顷的农田里，几乎所有的油菜种子都用过新烟碱类农药包衣：该地区将近一半的农田都施用过杀虫剂。[19]1984 年，萨斯喀彻温省（Saskatchewan）的某个农民为了防控跳甲，在蓖麻田里使用了克百威（carbofuran）颗粒剂。后来他发现地里竟然密密麻麻地躺着好几千只铁爪鹀（一种小型食籽鹀）的尸体。这些北极候鸟数万只群起而动，在迁徙过程中很容易受农场使用的农药影响，因为它们对新近播种的田地情有独钟，而且喜欢啄地找食。[20]

毒杀一只鸣禽并不需要很多包衣种子，即使低剂量的农药也会对鸟类生殖功能造成慢性影响，降低其繁殖能力。加拿大科学家在研究农药的总体影响时发现，有 16 种"草地"（农田）鸟类在田间试验中死亡。白尾鹞、穴小鸮和短耳鸮等猛禽均在受灾物种之列，因为它们捕食的食谷鸟类和小型哺乳动物可能都吃过用农药处理的种子。除此之外，猛禽轻易便可捕食的百灵、鸦和鹨等其他鸟类同样是受害者。[21]这一切都让人不得不为游隼捏把汗。毕竟，一只游隼一天能吃下好几只小型鸟类，而病鸟或中毒后极度虚弱的鸟更容易被猎取。

　　杀虫剂发挥作用的方式有两种，一是扰乱关键生理过程，如植物的光合作用；二是破坏主要脏器，如毛毛虫的肠道。有机磷酸酯和氨基甲酸酯是目前使用最多的杀虫剂，它们被描述为"胆碱酯酶抑制剂"，是因为它们通过干扰一种对神经传导至关重要的酶来实现杀虫功效。对那些关心环境的人来说，问题在于特定化学品影响的物种范围，换句话说，就是这些化学品是否准确命中目标。而答案是并不太准确。杀虫剂实际上无法"识别"目标害虫，而是被"设定为"通过影响生理过程或器官来发挥作用。很不幸，任何具有该生理过程或器官的生物体都可能受到影响。因此，除了那些被我们列为害虫的物种，杀虫剂也完全可以灭杀我们想要保存的物种。[22]

　　2015年，一个国际科学家小组在报告中把新烟碱类化合物指为造成"欧洲各地昆虫灾难性锐减"以及食虫鸟类随之减少的罪魁祸首。[23] 他们援引欧盟相关的法规，指出杀虫剂只能用来治理危害达到一定程度的已知病虫害。据此，他们质疑欧洲以广谱农药处理种子的例行预防措施是否合法。[24]

　　美国科学家、农药专家卡洛琳·考克斯（Caroline Cox）在《农药改革期刊》（*Journal of Pesticide Reform*）中撰文警告，杀虫剂"会继续杀死鸟类，削减它们的食物来源，扰乱它们的正常行为"。[25]

按照人们的想象（假如他们关心过这个问题的话），农药基本都是喷洒到庄稼上，短期内起到虫害防治作用的东西。殊不知，有些农药其实生来就是让植物吸收的。正因为如此，有时农作物中对野生动物有毒的部分并不只是表面，而是整个植株。设计这些"内吸性农药"的初衷就是让其扩散到整个植株，因此受影响的作物在整个生命周期内对任何易感物种都是危险的。新烟碱类和许多其他种子处理剂的作用都建立在这一原理的基础上。

新烟碱类及其相关的杀虫剂占全球杀虫剂市场三分之一的份额。[26]英国90%的新烟碱类杀虫剂被用于在播种前为种子包衣。除此之外，它们还有其他用途：用来诱杀蚂蚁和蟑螂等生物、以颗粒形式撒在牧场上、喷洒在植物的叶子上。[27]研究还发现，种子包衣剂中的大部分活性成分都没有被作物吸收。除了一小部分在播种过程中以粉尘形式损失掉，其余90%以上进入土壤，在较长时间内持续污染土地。[28]

内吸性农药不仅无法从植物表面冲刷掉，甚至有可能污染我们货架上的食物。我们在英国吃的水果和蔬菜将近一半含有农药残留物，而且通常不止一种。面包和面粉是重灾区。可以说，除了有机作物幸免于难，食品中的农药污染几乎无处不在。[29]

食品中大多数农药残留物的含量都在公认的"安全"水平线以下，但用于设定这些水平的测试并没有准确地考虑到低含量暴露的长期影响，也无法预测我们在几年或几十年的每一天通过食物接触到的与时俱进的农药大杂烩有何影响。这些农药在动物脂肪、土壤和水中长期累积，以至于早在几十年前就已禁用的杀虫剂——例如 DDT 和狄氏剂——仍然在鱼类及其他海产品、动物肝脏、汉堡、牛奶和块根作物中阴魂不散。[30]

　　用考克斯的话来说："无论是单纯保护鸟类，还是念在它们能像矿工的金丝雀 [①] 一样在我们自身或生态系统的健康受到威胁时发出警报，这些影响都值得我们去关注和行动。" [31]

秀色可餐

　　从英伦主岛那边看，伦迪岛仿佛是被人从达特穆尔削出来扔到海里的一条 3 英里长的小块。该岛于 1969 年被英国国民信托组织收购，现在归英国地标基金会管理。岛上有 1 座教堂、1 家商店、1 间酒吧和 1000 英亩杂草丛生的花岗岩荒原。游客可以在岛上的历史建筑里留宿，这里有各种类型的历史建筑，包括一座灯塔、一座偏远的航海瞭望台，以及高踞海湾登陆区上方的德马里斯科城堡。英国地标基金会特意保留了这种特殊住宿环境应有的历史感，所以下榻之处没有电视机，没有收音机，没有电话，也没有无线局域网，供电也会在午夜和早上 6 点之间中断。

　　伦迪岛恰好是我在英国最喜欢的地方。我和内人海伦已经在这里住过十几次了。地标基金会旗下共有 23 处历史遗迹，我们俩慢慢地走了一遍，尽量不走回头路。我们最近住的地方叫"城堡小屋"，它是亨利三世建造的德马里斯科城堡的一部分。这处非同寻常的地产俯瞰着悬崖和海湾登陆区，景色美得无与伦比，无疑是个花一两周时间休养放松的好去处。

---

① 金丝雀对瓦斯等有毒气体非常敏感，在有毒气体还未达到危及人类的浓度时便会昏迷，所以过去常被矿工用笼子带到井下作预警之用。

只要身在伦迪岛，我都会起得跟百灵一样早，然后出去寻鸟。我的目的地是小岛东侧，那里有灌木丛和候鸟长途劳顿后的歇脚地。我会徒步一两个钟头，看看陆地和海面上哪里有鸟的踪迹，然后回来享用粥和吐司，喝上几杯茶。吃饱喝足后，海伦和我会带着相机出门，把建筑、马、绵羊、山羊、花、日落，乃至其他一切让我们着迷的东西统统拍下来。伦迪岛属于那种非常特别的地方，如果你偏要问"伦迪岛有什么好玩的"，那它很可能不适合你。野外徒步和野生动物就是这里的全部消遣。

晚上（很多时候包括午餐时间），我还有一个雷打不动的去处，那就是岛上农村生活的中心——马里斯科酒馆。伦迪岛在漫长的历史中积累了不少沉船，所以酒馆里有各种各样的航海旗、救生圈和人工制品做装饰。这里是游客和少数当地人欢聚一堂消磨夜间时光的地方，你可以在此就着啤酒、威士忌和葡萄酒——后两种是我的最爱——享用当地的农产品。

我曾为闭关写作之故来过伦迪岛，而这处让人心无旁骛、全力以赴的世外桃源也着实是创作的绝佳去处。尽管如此，我们来这里大多还是为了度假。

2015 年 5 月我去伦迪岛偷闲时，专门安排了一次同贝琪·麦克唐纳（Beccy MacDonald）的会面。身为海洋生物学家的她过去两年一直担任伦迪岛的管理员。会面的地点自然是马里斯科酒馆，我去的时候她正在那里啜饮着咖啡。

麦克唐纳告诉我，伦迪岛的游隼生存状况良好，种群远远大于理论上应有的规模。之前她刚刚在岛上的海燕群落架设完一系列实况摄像头。此举可以让足不出户的海燕观察者们在自家卧室里舒舒服服地实时欣赏海燕的情况，乃至监测它们在巢穴周围的日常行为。同皇家鸟类保护学会旗下的"后院观鸟"和英国蝴蝶保护基金会的"观蝶总动员"一样，这个项目也属于"平民科研"范畴，对今日的科研人员来说，可谓不可多得的资源。

作为英格兰唯一的海洋自然保护区，伦迪岛周边的海域支撑着一个生气勃勃的海豹群落。岛上的悬崖为海雀、海鸦、刀嘴海雀和大西洋鹱等各种海鸟提供了得天独厚的繁殖区。东侧的悬崖则被星星点点的花朵渲染成了亮黄色，那些花属于全世界只有该岛才有的物种——伦迪岛卷心菜。

麦克唐纳将伦迪岛描述为一个自然保护示范区：既是运行中的农场，又是野生动物的避难所。马里斯科酒馆的菜单便是岛上物产的证明，上面有伦迪岛羊肉、伦迪岛鹿肉、用伦迪岛自产猪肉制成的香肠，以及用石南荒原上散养的稀有牲畜索艾羊做成的特色菜。与此同时，岛上的土产邮购业务也做得风生水起。

这座农场兼顾自然保护和农业生产。为了防止牲畜染病并保持土地健康，农场经理凯文·韦尔奇（Kevin Welch）特别注意让他的羊经常移动。他的羊是在岛上出生和养大的，没有其产品推介中批判的"现代集约生产方式带来的压力"。伦迪岛的牲畜直接吃草，既不需要从数英里外运来谷物，也不会沾染这些作物附带的化学物质。用蓍草、野豌豆、苜蓿和三叶草等传统草本植物或禾本植物饲养牲畜，不仅丰富了它们的伙食，提升了它们的生活质量，还增进了肉的口感。

由于伦迪岛将动物福利列为重中之重，麦克唐纳注意到一个现象：一些原本吃素的人在岛上竟然准备吃肉了，因为他们知道出产这些肉的动物得到了悉心照料。她说："这些人看过动物在岛上的生活后，欣慰地发现它们过得不错，所以乐意享用它们的肉。我认为这是对我们养殖方式真正意义上的肯定。"

徜徉于伦迪岛的羊群之中，看着燕子在其间穿梭疾飞，游隼在头顶追风逐日，总能给我一种万事万物在理想的粮食生产系统中相得益彰的感觉。关注环境——与自然合作，而非与自然对抗——有助于保障环境的安全和可持续发展，进而改善动物福利，生产美味的食物。

"这的确展示了自然和农业相辅相成的模式，让人看到二者并不一定水火不容，"麦克唐纳赞同地说，"关爱自然实际上意味着长期收益，我想很多农民都明白这一点。"

农民并不是唯一看到这层联系的人：食品制造巨头们也渐渐明白过来。那天晚上，我和海伦照常坐在马里斯科酒馆里用餐。待热腾腾、香喷喷的饭菜端上来后，我伸手去取亨氏蛋黄酱，欣慰地发现它是由散养鸡蛋制成的。

仅从这个例子即可看出，可持续农业生产的食品质量更优，由此掀起的追捧热潮正在影响制造商和消费者的选择——尽管悄无声息，但人们的偏好确实在改变。几年前，几乎所有大型的蛋黄酱生产商都用笼养鸡蛋做原料，大多数超市的货架上也摆着一盒盒笼养鸡蛋。后来世界农场动物福利协会发起了一场运动，说服大公司重新考虑其货架上的食物和产品的生产原料。在动物福利协会和英国皇家防止虐待动物协会（RSPCA）等其他组织的共同努力下，大型超市已经开始

死亡区域

弃用笼养鸡蛋，转而专门选用产自非笼养母鸡的鸡蛋。

几乎与此同时，世界农场动物福利协会还与联合利华合作，在全欧洲范围内将旗舰品牌好乐门（Hellmann）旗下的蛋黄酱和调味品的原料换成了以散养方式生产的鸡蛋。这场运动的成功如同一场大捷。这样的转变可能意味着每年将有几十万甚至几百万母鸡不再被囚禁于笼中，而是生活在自由放养的环境里。从那以后，规模和知名度各异的其他品牌也开始转型，其中不乏特易购（Tesco）、莫里森（Morrisons）和阿斯达（ASDA）等超市的自有品牌。改革之迅速可谓坂上走丸。

此后，世界农场动物福利协会继续致力于说服食品公司提供更好的产品。我们与欧洲、美国、南非和中国的700多家公司合作，每年为7.5亿只鸡、猪和牛创造更好的生活，同时让农村和消费者从中受益。

每次来到伦迪岛，我都会看见人们对岛上集粮食生产、休闲娱乐和野生动物为一体的鲜活的乡村场景表示赞赏。这与英国其他地方受所谓"可持续集约化"推动的农业形成了鲜明对比。我们会不会正在花言巧语的哄骗下接受这样一种局面，即真正的农村只能在公园或保护区才能看到？有句话说得好：岛屿就是微缩的世界。那么，与其让单调无趣、死气沉沉的农村随处可见，何不让伦迪岛这样的小世界遍地开花呢？

实现这一点，不仅仅需要些许想象力，更需要政府、食品公司和购买食品的每一个人共同努力。尽管行之不易，可那样的未来将是多么诱人，它对众生而言都比现在美好得多。我望向外面，恰好看见一只游隼在风中翱翔。对我而言，这一切是值得去争取的。

生之乐趣

为了观察伦迪岛的游隼，我曾在险峻的悬崖边攀爬，在波涛起伏的海上泛舟颠簸，还曾在湿漉漉的岩石上蹲守好几个钟头。不过，最让我难忘的却是一个瞬间。

那是五月下旬的一个清晨，天气阴冷，刮着东北风。我身穿厚实的羊毛大衣，头戴毛茸茸的羊毛帽子，随身带着相机和双筒望远镜，从马里斯科酒馆旁下榻的小屋里走出来，然后沿着平时常走的观鸟路线信步寻鸟：先在灌木丛里搜寻小型候鸟的身影，接着经过可以看见鸭子和古怪的西方秧鸡的沼泽区，最后朝向植被丰富、通往大海的米尔科姆谷（Millcombe Valley）原路返回。

我沿着马场走过板球场，一直走到米尔科姆谷顶部的栅栏前。当我走过大门时，一对翅膀"嗖"地一下贴着我的脸掠过。我吓得往后一跳，连忙去抓望远镜。

一个棱角分明的黑影骤然蹿升，翻身转向。待它顶风悬浮在空中时，我才看清那是一只雄性游隼。此时它一动不动，收尾扭头，把翅膀弯成了回旋镖状。我满怀敬畏地看着这只鸟调整身姿做出游隼近乎传奇的俯冲攻击：合上翅膀，像子弹似的一头扎下来。天啊，它可真快！我试图让它保持在望远镜的视野中，却怎么也跟不上，实在太快了。

刹那间，它已经风驰电掣般掠过河谷，再度高翔于天际，然后在另一个急俯冲后，贴着绿草如茵的山坡骤然攀升。接着，它得意洋洋地升到高空，侧着身子微微振翅，一溜烟飞过了田野。转眼的工夫，它就丢下目瞪口呆的我，不见了踪影。

　　　　　　　　　　　　　　　　死亡区域

我刚刚看到的是一只嬉戏的成年游隼。对它来说，御风而行似乎就是地地道道的生之乐趣。它的视野里既没有倒霉的鸽子或海雀之类的猎物，也没有什么东西在撵它，可见它在风中一再俯冲纯粹是为了好玩。

在我看来，这就是环境和动物福利的交点。

动物福利和生气勃勃的农村一样，是一种积极愉快的状态，是一个让动物以合乎天性的方式表达自我与行事的自由环境。的确，免于疾病、伤残和压力是福利必不可少的成分，应当体现在任何一座合格的农场上。但仅仅没有看得见摸得着的痛苦是不够的，真正应该凸显的是动物们按天性行事的广度：自由吃草，刨地觅食，或者——对游隼而言——能够单纯为了娱乐而收紧翅膀，全速俯冲。

伦迪岛上那只令人欢欣鼓舞的游隼让我再度认识到，享受生之乐趣才是真正重要之事。我想，让农场动物也享受到这一点，应该不算过分吧？

第九章　熊蜂

工业化农场的蜂鸣

一座庞大的核电站矗立在欧洲最令人瞩目的鹅卵石滩上，投下锯齿状的阴影。这片开阔的鹅卵石滩面积达 21 平方英里，矮小的滨草丛散布在大片黄沙之中。尽管有人称其为英国唯一的沙漠，然而空气中的咸腥味不断提醒着人们，大海就在不远处。

岸边的海浪拍打着沙滩，成千上万的鹅卵石被波浪裹挟着起伏、撞击、破碎。海鸟在上方盘旋飞舞，搏击着风浪。除了几栋渔民和海岸警卫队的小木屋，这片土地孤独而又荒凉。

这就是肯特郡的邓杰内斯，英吉利海峡边的一处海角。荒凉的地貌不仅吸引了电视节目组前来寻找与世隔绝的摄影场景，也吸引了不少徒步者和游客。在一个半世纪以前，这还是一处军事训练基地。附近开展过不止一次核试验，定期升起的红旗警告市民在实弹演习期间请勿靠近。无论如何，这里看起来都不太可能上演什么惊人的野生动物故事。然而实际上，这里确实是一处闻名已久的野生动物栖息地。

现在，这里又开展了一项精彩的试验：一种早在 2000 年就被官方宣布已在英国灭绝的熊蜂首次被重新引入。1988 年，熊蜂在英国最后一次现身，就是在邓杰内斯的英国皇家鸟类保护学会自然保护区附近。

短毛熊蜂重新引入项目始于 2009 年，项目试图在熊蜂种群生长状况仍然良好的新西兰地区捕获蜂后，带到英国释放到野外。然而项目失败了：基因分析发现，熊蜂种群内出现了高水平的近亲繁殖。但项目团队没有被困难吓倒，来自高校、熊蜂保护机构、半官方机构和慈善团体等不同组织的团队成员转而将目光对准瑞典，那里有更加强健的短毛熊蜂种群，气候也更加接近英国。

在瑞典，项目团队成功捕获第一批熊蜂并检测其有无疫病携带。随后，在 2012 年春天，团队捕获了 89 只蜂后，并在伦敦大学进行了为期 2 周的隔离检疫。其中，共有 51 只健康状况良好的个体最终在皇家鸟类保护学会自然保护区被放归野外。从那时起，团队每年春天都到瑞典捕获更多熊蜂放归英国。有迹象显示，这些熊蜂逐渐适应了英国的环境，这着实令人振奋。农民、小农场主等当地土地所有者也加入了这一项目，在他们的帮助下，邓杰内斯和罗姆尼湿地等地区建立了面积达 850 公顷的熊蜂宜居地，那里花草繁盛，一片生机勃勃的景象。

一百年前，短毛熊蜂在英国南部和东部地区还十分常见，但到 20 世纪下半叶，它们的数量却急剧下降。随着农业集约化发展，熊蜂赖以为生的野花和草场被清除，熊蜂随之而去。到 20 世纪 80 年代末期，最后的熊蜂种群也从它们曾经的栖息地消失了。后来，最后一只熊蜂溺死在抓捕甲虫的陷阱里，英国本土熊蜂的存在至此终结。[1]

虽然小小的熊蜂很好抓，但重新引入绝非易事。尽管项目主导科学家尼基·加曼斯（Nikki Gammans）博士拥有将稀有的蚂蚁重新引入已绝迹地区的经验，但相比之下重新引入熊蜂棘手得多。

首先，熊蜂们一释放就会径直飞向远方。蜂后可以飞行数英里，半个小时就能飞到七八英里之外，几天后就不知所终。而想追踪这些小虫是非常困难的。团队花费几个月的时间精心计划和悉心照料来保障放归熊蜂的健康，结果大部分熊蜂就这么消失无踪了。

2012 年后的每个春天，加曼斯都会开着她的露营车到瑞典，持许可证捕获 100 只短毛熊蜂带回英国。在志愿者团队的帮助下，她用网子捕获熊蜂并迅速放入冰箱里。低温可以让熊蜂进入睡眠，易于保存。随后她将熊蜂带回家，放在瓶子里，用棉签蘸蜂蜜水饲养。经过一段时间的隔离检疫，熊蜂们已经准备好回归野外了。它们一开始出来时迷迷糊糊的，志愿者们甚至可以轻抚它们黄黑相间的背部。

项目进展并非一帆风顺：加曼斯早年释放的蜂后再也没有出现过。不过她确信有一些个体仍生活在野外。她说道："那些活下来的蜂后顽强又活跃，它们能够应付艰难的生活。"

2015 年，好消息传来：连续 4 天，人们在邓杰内斯皇家鸟类保护学会自然保护区发现了 3 只短毛熊蜂工蜂。[2]

世界上共有 2 万多种蜂类，其中蜜蜂最受关注。现在英国有 3 种熊蜂已经灭绝，更多的物种濒临灭绝，在许多地区失去了踪迹。80 年前，几乎每个英国家庭的后院里都能找到十几种熊蜂。而现在，能找到六七种就算不错了。并且，这种情况不只出现在英国：已经有 4 种熊蜂在全欧洲范围内消失。最近几十年，北美的野生蜂类种群数量也急剧下降。

我找到了最初提出将熊蜂重新引入邓杰内斯地区的科学家——英国萨塞克斯大学的生物学教授戴维·古尔森（Dave Goulson），询问他为何蜂类面临如此窘境。古尔森是蜂类保护的权威专家，长期从事野蜂研究工作。在农作物和野花的授粉上，野蜂起到比蜜蜂重要得多的作用。"诚然，蜜蜂在全球数量最多、分布最广。然而，授粉大部分是由无人照看的野生蜂类完成的。它们自生自灭，悄悄地为千百万农作物授粉，却从未得到我们的任何感谢。"古尔森解释说。

许多野蜂正身陷困境。人工饲养的蜜蜂一定程度上弥补了损失的野蜂。之前一次旅行中，我在美国加利福尼亚州就目睹了这种情形。由于野蜂几乎消失殆尽，每年有3000辆卡车运载着4000万蜜蜂来到加利福尼亚，给中央谷地大片的扁桃果园进行授粉。人们将这些蜂房在扁桃林中放置6周，让蜜蜂们完成授粉工作，随后匆匆召回蜜蜂，赶往下一个生态失衡的州。养蜂人则时刻在担心他们的蜜蜂可能被附近喷洒的杀虫剂误伤。

然而，并不是所有的农作物都能享受到工业化养殖蜜蜂的帮助。同时，野蜂种群数量依然在持续下降。

古尔森认为，英国野蜂的困境至少部分归咎于一个人——阿道夫·希特勒。"二战"的炮火为英国遍布鲜花的草场敲响了丧钟。为了实现自给自足，英国高喊着著名的"为了胜利而掘土"的口号，开垦了数百万公顷肥沃的草原、丘陵，种上速生牧草集中放牧。"我们曾经有那么多草原，现在几乎都没了，这对蜜蜂来说是一次灾难。再加上现在集约化农业大量使用除草剂，除了农作物，地里很难长出别的植物来。"古尔森告诉我。

在今天的英国，如果你沿着篱笆墙走一走，很难见到什么花朵。农田边长满了欧芹、荨麻和酸模。这些粗笨的植物看起来就像是能够扛住化学毒药的样子。但问题是土壤中氮元素的流失引起了古尔森所说的生物多样性的"巨大损失"，也许这才是让蜂类数量下降的长期影响因素。

受到马铃薯种植带来的巨大商业利益驱动，人们在 20 世纪 80 年代末开始工业化养蜂。在 1988 年以前，马铃薯种植者要拿着纤细的振动棒手动给马铃薯授粉。每一朵花都得用小棒尖端扫过，才能结出马铃薯。这个过程需要投入大量劳动力，尤其是在那些面积达几百英亩、开着上百万朵花的商业马铃薯农场。³ 听闻熊蜂可以更有效地完成授粉，比利时和荷兰的研究人员开发了熊蜂的养殖方法。一个新的市场展开了。

今天，养蜂场广布欧洲、北美和亚洲，生产出成箱成箱的欧洲熊蜂。只有澳大利亚由于国家对引进外来物种的严格限制，种植者还没享受到养蜂业的福利。

这有好的一面。从环境的角度来讲，人们将熊蜂投入马铃薯种植业后，为了避免对熊蜂的伤害，杀虫剂的使用减少了。但同时，工业化养殖的熊蜂虽然能够廉价替代人工劳动力，却也带来了另一个严重的威胁：疾病。

"这些养殖场的熊蜂养殖密度非常高；在欧洲，饲主们从野外蜜蜂巢中采集花粉喂养熊蜂，其中常常带有蜜蜂病菌。他们随后又将这些熊蜂装船运往全世界。如果你想要在全世界传播蜂类疾病，没有比这更好的方法了。"古尔森坦率地说。

1998 年，在智利政府的全力支持下，养殖的欧洲熊蜂进入智利。这一欧洲物种携带着两种智利本地原本没有的蜂类疾病，散布在南美全境。本土蜂类由于对这些疾病基本没有抵抗力，正在逐渐消失。

古尔森是少数能够安全访问某一处养蜂场的观察员。出于对负面宣传的担忧，管理员先让他签署了一份保密协议。古尔森在关于蜂类潜在威胁的畅销书《蜂狂世界》（*A Sting in the Tale*）里如是描述规模庞大的养蜂产业："经营规模令人震惊。想象一下足球场大小的巨型白色厂房，目光所及之处尽是一排排高高堆放的蜂巢，身着白大褂的饲养员们在温热湿黏的空气中汗流浃背。"

随着养蜂业逐步工业化，食品生产也愈发复杂。消费者可能以为自己食用的番茄酱来自本地种植的番茄。其实这些番茄更可能种在西班牙，由斯洛伐克的养蜂场饲养的土耳其蜂授粉，在荷兰的工厂里做成番茄酱，再运到英国出售。

英国人很喜欢蜂类。这种昆虫大概是他们愿意最先拯救的濒危物种。实际上，民意调查显示，很多英国人觉着这比气候变化还迫切。[4]我们食用的作物中有三分之一靠蜂类传粉。然而在过去 25 年间，英国蜂类的数量已经减半。[5]雷丁大学（University of Reading）的研究人员认为，英国的蜂类数量已经不到作物授粉所需数量的四分之一，全欧洲也只有三分之二。

"如果野蜂种群崩溃，没有什么能替代它们的作用。"雷丁大学的汤姆·布雷兹（Tom Breeze）博士告诉《农民周刊》（*Farmers Weekly*）杂志。[6]

为了更多地了解蜂类在食品产业中的作用，我询问了雷丁大学生物多样性和生态系统服务专业的教授西蒙·波茨（Simon Potts）。波茨从事蜜蜂等传粉昆虫研究已经有25年了，过去15年主要研究它们对社会的贡献。他估算了传粉昆虫为我们提供的价值，认为只传粉一项，每年价值就高达6.9亿英镑，而就全球范围而言，每年的价值估计约2300亿英镑。

野生传粉昆虫的作用是不可能直接取代的。有人认为，对农民来说最简单的办法是转而种植不需要昆虫传粉的农作物。例如，从种植虫媒作物油菜转向风媒作物小麦。然而，因此抛弃大量优良的虫媒授粉的蔬果，实在令人绝望。

波茨说："许多虫媒作物富含维生素和矿物质，这些都是我们完全无法从风媒作物中获得的营养物质。所以，从健康饮食的角度来说，让农民抛弃虫媒作物是不可取的。"无论如何，这种方式都会影响大量人口的生计问题。因为当今许多经济作物——咖啡、可可、价值极高的浆果和树果——都要依赖授粉昆虫。"所以转向风媒传粉作物是不可行的。"

另一个可能的选择是培育不需传粉的作物。不少人都尝试过，但鲜有人成功。"如果这可行的话，恐怕早就实现了。"波茨说道，"据我所知，许多育种人员都尝试过培育不需传粉的作物，但问题是这需要在产量和质量上付出巨大的代价。所以在育种技术上，我们还没有办法支持舍弃传粉昆虫的观点。"

其他可能的解决方法还包括人工授粉，以及在作物周围安装大量风扇吹送花粉。但是人工授粉只在中国等劳动力廉价的国家可行，那里可以用少量薪水雇用大量工人，给每一朵花人工授粉。但在多数发

死亡区域

达国家这种操作成本太高。

波茨计算出雇用数千名工人授粉的成本。他认为，在英国，即使按照最低的薪水标准支付工人，每年仅人工授粉一项就要花费18亿英镑——这是传粉者所创造价值的2倍多。

"所以这是完全没有意义的。"他说，"我们无法支付这项费用，而且无论如何这都是不值得的。" 迄今为止，传粉昆虫在技术上无可替代。"唯一的选择是保护我们现有的。实际上这也是唯一可行的方法。"

说到蜂类种群数量下降的罪魁祸首，科学证据让答案显而易见：杀虫剂[7]。系统性杀虫剂专家团队（Task Force on Systemic Pesticides，国际自然保护联盟IUCN下属全球独立科学家团队）开展的一项研究表明，系统性杀虫剂是引起蜂类数量下降的重要因素。[8] 该研究发现新烟碱类杀虫剂对蜂类构成严重威胁。相关结论发表在《环境科学与污染研究》（*Environment Science and Pollution Research*）杂志上。新烟碱类是神经毒素，中毒结果包括急性致命和慢性伤害，长期低剂量暴露也能对生物造成损伤。

研究分析了全球应用最广泛的新烟碱类杀虫剂，其每年的销售额为26.3亿美元，占全球杀虫剂市场销售额的40%。价值研究得出结论，杀虫剂的应用对蝴蝶、鸟类和蚯蚓等多种野生动物造成"明显伤害"，并在蜂类数量下降中扮演"关键角色"。[9]

据古尔森所说，多数科学家都认为有明确证据显示新烟碱类不仅伤害蜂类，还污染了整个生态系统："溪流、池塘、绿篱、土壤，新烟碱类杀虫剂已经散布到农田的每一个角落。即使停止使用，这种杀虫剂依然会在环境中存留数年。鉴于新烟碱类杀虫剂对昆虫有致命毒性，我们希望了解它们到底存在于哪些环境中。我们经过对土壤、野花花粉等多种样本的分析后发现，几乎所有结果都呈阳性，即所有相应环境中都存在新烟碱类杀虫剂。这种情况实在让人忧心。"

如果你在英国任何适宜耕种的土地里走一走，大约所有能看到的蔬菜都被新烟碱类杀虫剂沾染过。几乎所有昆虫和许多其他野生动物类群都对这种杀虫剂很敏感，其中包括蜂类、蝴蝶、瓢虫、蚯蚓和鸟类等。

遇到蒂姆·梅（Tim May）后，我才完全了解集约化农场中化学品的使用情况。三十多岁的梅居住在英国汉普郡。他的家庭长期务农，到他已经是第四代了。他所经营的 2500 英亩农场也曾用于集约化农业生产。最近，他开始由依赖化学品的集约化作物种植转向牲畜培育和循环放牧。

他向我描述了那些曾经使用过的化学制剂："我们从仓库中取出种子后，通常先给种子包裹一层杀菌剂，再加上杀虫剂，然后是萌发前除草剂，还可能有秋季除草剂和其他杀虫剂。"这一过程中无疑涉及大量的化学品，以及大笔开支，用他的话说，是"巨额成本"（rough-load of expense）。

他解释说，典型集约化小麦种植大约会用到 9 种化学品，包括两三种氮肥、磷肥和钾肥，这些都会增加成本，并对野生动物，包括蜂类，造成难以估量的伤害。

他在还没有完全摒弃化学制剂、从事有机产业时，就已经大量减少了化学制剂的使用。他发现减少使用化学制剂后，农场的生物多样性提高了。再加上放牧牲畜的草场，这片土地吸引了更多野生动物。

巨大的变化引起了汉普郡野生动物基金会的关注，他们开始对这片土地开展监测，观察这种变化对鸟类和蜂类的影响。在这一变化过程中，梅了解到不少关于农场环境破碎化的情况。现在，他也支持古尔森的观点，认为现代农业所使用的化学制品已经远超出粮食生产所必需的。

蜂类成了农村现状的象征。幸运的是，虽然蜂类数量在下降，但多数庭院中依然常见到它们的身影。实际上，庭院时常起到庇护所的作用。根据最近在英国开展的研究，城市中蜂类的种类和数量都多于农村。当大片农田里种满了单一作物时，庭院和花园里则全年盛开各种花朵，为昆虫提供了良好的生存环境。

蜂类可以被视为生态系统状况的指示生物。它们的状况揭露了人类为了追求单一作物的高产而大量使用化学制剂、不顾土地上其他生命的高风险行为。如果世界上没有了蜂类，那么我们就再也吃不到番茄、辣椒、甜瓜、蓝莓、树莓、青豆和黄瓜等数不清的可口蔬果。就算一罐焗豆①，也是用蜂类传粉结出的豆子浸在同样依靠蜂类传粉长成的植物酱汁里面制作而成的。

在蜂类局部绝迹的地区重新引入这一物种的宏伟计划会是解决方案吗？短毛熊蜂项目在邓杰内斯取得的成功确实鼓舞人心。

"我们在过去两年中已经见到了工蜂，这说明一些蜂后成功营巢繁殖了，虽然我们还不知道这些巢是否足以顺利地产生新的蜂后。基本计划是一直这么做下去，直到经费用完，或是肯特郡的蜂类重新繁荣起来。"古尔森告诉我。

---

① baked beans，亦称烘豆、烤豆子或茄汁豆，是欧洲传统食物。

更重要的是，邓杰内斯和罗姆尼湿地保护蜂类的土地管理方式，也造福了猛禽、鸣禽、小型哺乳动物和蝴蝶等其他物种。英国一些稀有的熊蜂已经开始恢复了：英国庭院中曾经常见的两种熊蜂[①]在消失20多年后，又回到了邓杰内斯。[10]

即使重新引入短毛熊蜂并未奏效，这个项目也取得了其他成果。古尔森很高兴地说："这能有效地改善野生动物栖息地。如果能够在全英国推行并且不用纠结重新引入项目本身是否成功，那将会多么美妙啊！"

但是关于大自然整体的重要性，蜂类又能告诉我们什么呢？

古尔森的答案是："蜂类是个简单的例子，很容易解释为什么它们对我们很重要。相对而言，其他生物多样性没有表现出如此明显的联系，但这种联系也是存在的。如果没有生物多样性，人类就无法生存。"

换句话讲，当面临生存问题时，人类和野生动物生死与共。

[①] 英文名为 shrill carder 和 ruderal bumblebee，拉丁名分别为 *Bombus sylvarum* 和 *B.ruderatus*，暂无中文译名。

第十章　替罪羊

身披狼皮的农场主

数百人聚集在美国黄石国家公园的海登山谷。还有更多人手持相机和望远镜，站在俯瞰山谷的山坡上远远眺望。孩子们在周围跑来跑去，玩得不亦乐乎。大人们则边聊天边大嚼三明治，时不时冲对方喊出方向。真是其乐融融的聚会。

夕阳斜照时，人群中的一声呼喊引发了骚动：有人看到了什么东西。它绕过长满荒草的河谷，在树丛中潜行——那是一匹狼。虽然我本是来看野牛的，但也不禁被"观狼"的兴奋感染。这可是黄石公园旅游季的一大特色。看到人们纷纷聚过来希望一睹这种稀有的动物，我的心也提到了嗓子眼。这种一年为黄石公园带来400万游客的生物，无疑是这场演出的明星。

狼的命运经历了多么戏剧化的转折啊。一百年以前，政府开展了"猛兽控制"项目，将黄石公园附近的这种迷人生物驱逐干净。经过长达几十年的争论后，灰狼于1995年被重新引入了黄石公园。现在它们的数量已经过百。如果你想要观赏行踪隐秘的灰狼，黄石公园是全世界最好的地方。灰狼每年能为公园带来 3500 万美元的收入。[1]

生态系统退化或遭到毁坏的故事屡见不鲜。在黄石公园，生物学家抓住这罕见的机会记录下了生态系统恢复过程：重新引入已经灭绝的重要物种后的情况。狼是天生的杀手。但黄石公园的故事显示，它们也会带来新生命。

把狼作为顶级捕食者——位于食物链顶端的物种——重引入黄石公园，有助于平衡马鹿种群数量，减少对山杨、柳树和三角叶杨等植被的过度采食。灰狼还控制了郊狼的数量，让处于食物链下层的物种能够繁盛起来。河狸回来了，野兔和鼠类的数量也增加了。这反过来又提高了鹰、鼬、狐狸和獾等食肉动物的存活率。这一行动还改变了黄石公园河流的水文特征。树木和植被的恢复减少了水土流失，稳定了河岸，让更多生命回到了这片土地。[2]

艾德·班斯（Ed Bangs）是美国鱼类和野生动物局狼群恢复项目的协调员，他着实被狼群回归引发的爆炸性的生物复苏震惊了。"我管它叫'万物的盛宴'。甲虫、貂熊、猞猁等都受益于狼群。事实证明，印第安人的谚语'渡鸦跟在狼群后'是没错的——狼群意味着食物，渡鸦随之而来。"[3]

现在共有约 1600 只狼分布在美国蒙大拿州、爱达荷州和怀俄明州的广大地区，然而狼群重新引入也伴随着巨大争议。当保护学者们欢呼时，猎人们却在为狼群捕杀猎物而烦恼，农场主则担心牲畜的安危。《牛肉》（Beef）杂志的标题概括了许多农场主的情绪："西部农场主正对抗狼群重临带来的诅咒"。杂志斥责狼群的回归，写道："狼群获准留居荒野捕食麋鹿，但很显然它们并没读过实施细则。"

死亡区域

接着又批评狼群造成了一系列的牲畜猎杀事件。[4]

生活在公园内的狼能够受到保护，但保护区以外就是一个完全不同的世界了。2014—2015 年冬天的"捕狼行动（wolf harvest）"中，相邻的蒙大拿州和爱达荷州有超过 400 匹狼落入陷阱或遭到枪杀。[5]

野生动物局的资深诱捕者、狼类专家卡特·尼迈耶（Carter Neimeyer）认为，媒体应该为煽动起反对狼群的激进情绪承担部分责任。他说："媒体必须为这种偏激认识感到愧疚。因为不论是猎狼、套狼还是定期清除行为有问题的狼，都不应该再是新闻了。猎杀郊狼、美洲狮或棕熊的时候，没人会搞什么宣传。狼也不是大规模杀伤性武器。"

尼迈耶感觉人们"几乎希望狼能成为问题"，并指出舆论对狼群回归落基山还存在广泛的反对意见。

除了公众长期以来的反对情绪，还有一个原因可能让狼群成为牲畜死亡事件中的替罪羊：按照现有赔偿制度，若牲畜遭到野生动物袭击，农场主就会受到补偿。尼迈耶不相信灰狼猎杀的牲畜数量有声称的那样多。凭借他在落基山脉为政府工作多年的经验，他认为有证据表明农场主所报告的牲畜受袭事件比实际发生的多得多。

"一旦媒体放出某地出现狼群的消息之后，几乎所有的牲畜损失都会被认定是狼群导致的，因此人们就会假想狼群造成了一大堆问题。"他告诉《生态学家》（Ecologist）杂志，"但是除了狼之外，还有疾病、繁殖等许多原因可能导致牲畜死亡。"[6]

实际上，死于恶劣天气、健康不良或难产等原因的牲畜远比被狼杀害的多。尼迈耶估计，在死亡的牲畜中，死于狼群攻击的不到 1%。

"我认为，可以说只占目前全部死亡率的 0.25%。"

最近的一项研究发现，农场主们对狼发动斗争竟然是保护牲畜的错误方式。华盛顿州立大学的研究人员分析了 25 年间爱达荷州、怀俄明州和蒙大拿州的狼群限制行动对牲畜受袭状况的影响。结果令人吃惊：猎狼让牲畜更容易受到袭击，而不是获得保护。实际上，每减少一只食肉动物，农场主会奇怪地发现牲畜受袭率反而升高了 4%—6%。所以，在农场主猎杀个别狼之前，狼群对牲畜的实际影响是非常小的。农场主这种做法只能让问题恶化，但好在程度尚不严重。

当听说狼群在某地频繁犯案时，农场主们就可能会不再克制猎狼行为，那么结果就比较严重了。研究发现如果杀掉 20 匹狼，受袭牲畜的数量可能会翻倍。[7] 何以如此呢？

这个发现类似于两位科学家罗柏·维尔古斯（Rob Wielgus）和凯利·皮伯斯（Kaylie Peebles）早期的一项研究结果。当时他们发现灭杀美洲狮可能适得其反。猎杀单只动物会破坏动物群体的自然结构，导致年轻、自制力差的个体袭击更多的牲畜。

维尔古斯并没有预料到在狼群中会发现同样的结果。

他说："一开始我并不知道结果会是正面的还是负面的，那就分析看看吧。对于结果显示的重大影响，我也很惊讶。"

维尔古斯认为，如果狼群中居于主导地位的头狼被杀，可能会引起它的后代出现失控繁殖。为了照顾缺乏行动能力的幼狼，几对同时繁殖的灰狼夫妇就会被限制在同一片区域，不能再自由地追逐野鹿。它们只能将目光转向不那么可口却更好抓到的目标：牲畜。

然而，维尔古斯进一步强调，与其他因素相比，狼对牲畜造成的

　　　　　　　　　　　　　　　　　　　　死亡区域

损失比例仍然是很小的。据他估计，因狼致死的牲畜数量可能只占牲畜死亡总数的 0.1%—0.6%。用他的话说，与其他食肉动物和疾病、意外以及繁殖危险相比，狼是非常次要的威胁。[8]

根据维尔古斯的观点，采用不致命的方式，比如养护卫犬等，是对付"问题"灰狼的最好方式。其他的控制方法包括骑马牧牛、挂信号旗和信号灯，以及让牲畜远离易受攻击的区域等更简单的规避措施。

蒙大拿州波兹曼市的农场主贝姬·韦德（Becky Weed）也赞同这一观点。她凶猛的护卫犬麦克斯（Max）是对付灰狼的主力。她告诉《生态学家》杂志，麦克斯"棒极了，是看护农场的干将"。

她说："我们也会管理草场，不让羊随便乱跑。所以这实际上是个警惕性和适应性问题。而且灰狼捕杀已经不是蒙大拿畜牧饲养面临的最大问题了。"[9]

在麦克斯的帮助下，贝姬农场出产的羊毛可以贴上"食肉动物友好"的标签，向国内外出售。贝姬"与狼共存"的理念也被越来越多的农场主接受。这些农场主逐渐认识到应该尽力寻找更好的方式解决问题，而不是简单地拿起枪杆子。蒙大拿州许多关注自然荒野未来的土地所有者联合开展了一项名为"黑脚族挑战（Blackfoot Challenge）"的社区项目。该项目保存并改良了大约 9 万英亩的土地。他们希望借此鼓励农场主与野生食肉动物共存。

项目成员特雷西·曼利（Tracey Manley）告诉《生态学家》杂志："如果狼伤害了你的牲畜，你光是骂'该死的狼'或者被狼气疯，都不能解决任何问题，你还是要面临牲畜的损失。所以为什么不试着在畜群周围筑上围栏或电网呢？那样就绝对不至于沦落到一边喊着'杀光它们！'一边拿脑袋撞墙的境地。"[10]

曾几何时，灰狼自由地漫步在美国本土的48个州。而这些年来，人们有计划地将从前兴盛的灰狼从所有的环境中清除。目前，根据濒危物种立法，在灰狼重引入项目和政府保护的干预之下，狼群的部分恢复成为可能。现在，它们生活在"大天空之乡"蒙大拿州、怀俄明州和爱达荷州的少数斑块状生境中，有时也会进入邻近其他州。

这与最初的情景大相径庭。两个世纪的枪杀、毒杀和陷阱付出了沉重的代价，灰狼种群恢复还需要很长的时间。据生物多样性中心估计，灰狼现在的分布区不足历史分布面积的十分之一。[11] 然而这些仅有的复兴种群也面临着威胁。2011年，灰狼被从美国联邦保护物种名单中除名，再次成为狩猎运动和政府控制的对象。据悉，2014年仅蒙大拿州就向民间签发了20 000份猎狼许可。[12]

狼在社会上也引起了很大的分歧。许多人庆祝它们的回归，视之为生态系统修复的成功范例。正如我那天下午在黄石公园所见，对于这些无需担心自家牲畜安危的人来说，仅仅远远看一眼就能让他们高兴许久。另一些人则对狼群回归表示愤怒，觉得这是那些高高在上不知民间疾苦的决策者强加于他们的威胁。不过在激烈的争论中，人们常常忽视的一点是，狼群吸引来的游客也会购买当地的牛羊肉产品，这无疑促进了当地经济。

狼总是让我想到平衡的自然世界。它们是野性的化身：成群奔走，感官敏锐，渴望生存。它们同样完美地阐释了一种风险——如果我们不用心维护，周围大部分自然环境都将沦为传说。许多人都是听着"大灰狼"的故事长大的。狼在过去确实名声不佳，而有一些人再次自私

死亡区域

地将这种陈词滥调宣扬开来，这实在很遗憾。短期的自我利益是否会超越为子孙后代留下绿水青山的长远利益呢？我忍不住想：未来的人类是否只能在想象中感受今日这些美妙的生灵？

不论我们对狼是热爱还是畏惧，它都有力地代表了食物与其生产方式的脱节。狼的故事还暗示了，现代社会需要学会与野生动物共存，不能再破坏生境或屠杀动物。狼经常成为牲畜死亡事件中的替罪羊。农场主很善于发现非正常水平的牲畜死亡。对农场主来说，相比从自身的畜牧工作中找原因，让嗜血的灰狼来为牲畜异常死亡背负罪责实在太容易了。

致命鸭与养殖场

头戴面具、身穿防护服的工作人员在棚屋之间忙碌地穿梭。身着荧光夹克的警察目光如炬，严肃地注视着一切。乍一看，这跟动物好像扯不上什么关系：这地方多半是个废弃的工厂。然而这实际上是一处集约化养鸭场。哪怕在最风光的时候，这里也不是什么让人愉悦的环境，当下处于生化危机之中就更不是了。新的疾病暴发警报出现后，英国环境、食品和农业事务部的官员已经控制了这个地方。这里被围得像犯罪现场，6000只不幸的鸟儿被带去屠宰。

约克郡这处原本安静的角落，由于暴发了英国6年来首例高致病性禽流感，现在已经被全面封锁。

在英国议会所在地威斯敏斯特，英国农业部长轻飘飘地向大家保证，此次禽流感暴发对人类的健康风险极小。然而鉴于先前的暴发中已经出现了致命的病毒类型，谁都不能心存侥幸。附近的家禽养殖户极度担忧自身的生计。生物安全成为人人谈论的问题，大家都在相互提醒：把家禽关在门里，疾病关在门外。

媒体很快推测出了灾祸的源头：头号嫌疑犯就是野鸟。毕竟，此时正好是 11 月，也就是每年大量迁徙鸟类从欧洲大陆抵达英国的时间前后——至少逻辑上看来是如此。英国独立电视台（ITV）的头条新闻坚定地表示："野鸟可能是禽流感暴发的幕后元凶。"

一位记者在乡间小路上尽职尽责地巡察，气喘吁吁地报告在附近发现了散养鸡鸭："我们现在距离暴发禽流感的养殖场只有 100 码 ① 左右。瞧，这个小农场的篱笆墙里养着母鸡，那个院子里火鸡和鹅在乱跑。可想而知，野鸟无处不在。"[13]

在他眼中，这俨然成了悬疑电影里的场景，完全不像正常的乡村生活。

同时，荷兰的赫肯多普（Hekendorp）地区也报告暴发了一次小型禽流感。[14] 政府因此宰杀了当地大量鸟类，并禁止销售任何可能染病的家禽。据推测，这次流感起源于一处层架式蛋禽养殖场。为了控制这次流感，共有大约 15 万只鸟死于非命。[15]

尽管证据不足，野鸟传播禽流感的说法依然迅速传扬开来。实际上，禽流感发生于完全室内养殖的工业化养殖场。在英国广播公司播出的访谈中，世界动物卫生组织（World Animal Health Organization）官员伯纳德·瓦莱特（Bernard Vallat）表示，养殖场的饲料可能受迁徙野鸟污染，"如果饲料未得到妥善安置而被野鸟取

---

① 1 码 =0.9144 米。

　　　　　　　　　　　　　　　　死亡区域

食，就足以对饲料造成污染，并进一步将疾病传染给食用了饲料的家禽"。[16] 然而鉴于养殖户通常会紧闭饲料仓库和养殖场的门窗，这种说法似乎站不住脚。

无论原因如何，英国和荷兰的禽流感疫情形势严峻。不单是这两个地方，全球范围内都暴发了一波新型禽流感 H5N8 引起的疫情。该疫情最初在 2014 年出现于韩国，同年 4 月扩散到日本。到年底，疫情已经出现于欧洲，袭击了德国、意大利、荷兰和英国的养殖场。第二年，中国台湾省的养殖场也未能幸免。

同时，另一种禽流感毒株 H5N2 出现于加拿大的工业化养殖场。全球大量养殖场笼罩在无形的致命威胁之下。包括欧盟在内的诸多主体仍将矛头对准野鸟。在一次官方发言中，他们声称："最近发生在德国、荷兰和英国的三次禽流感疫情都出现在有野鸟出没的潮湿地区，三次疫情之间又没有其他流行病学联系，由此可见迁徙野鸟很可能是病毒来源。"[17]

然而野鸟是病毒携带者的确切证据依然不足。

在荷兰，他们能找到的最好证据不过是在疫情暴发的时间前后出现了被病毒污染的野鸭粪便，但地点距离受感染农场 50 公里以上。即使最优秀的控方律师也难以证明两者之间存在联系。在日本，直到疾病最初暴发 6 个月之后，科学家才发现感染高致病性禽流感的天鹅粪便。中国和俄罗斯发现了两只感染禽流感的野鸭，但这两国并未报告家禽发生禽流感疫情。

当新手评论员在电视和报纸等媒体头条对禽流感来源大肆宣传之时，确凿的证据反而无处可寻。这是典型的哗众取宠超越理性分析的案例。在家禽暴发禽流感之前，全球野鸟监测都没有发现任何高致病性禽流感的迹象。实际上，随着时间流逝，有确切的证据显示病毒首先来源于家禽，然后传染给了野鸟。

野鸟已经不是头一次为禽流感暴发充当替罪羊了。2007年，伯纳德·马修斯火鸡饲养场（Bernard Matthews）发生了H5H1疫情。英国政府和家禽养殖业很快都将野鸟斥为元凶。然而当时监测英国野鸟并未发现任何证据。英国环境、食品和农村事务部随后承认，野鸟传播病毒的"可能性极低"。[18]

虽然禽流感暴发的原因尚未完全确定，英国食品标准局却总结，问题可能源于从伯纳德·马修斯火鸡饲养场匈牙利分部进口的受感染肉类。当时，匈牙利部分地区恰好发生了同一种毒株引起的疫情。[19]而伯纳德·马修斯火鸡饲养场设在英国和匈牙利的部门之间存在频繁且大量的火鸡肉运输。在禽流感发生之前一个月，有36批次共计256吨火鸡肉从匈牙利运抵该公司英国火鸡养殖场附近的加工厂。[20]根据当时的新闻报道，常规贸易过程甚至更加复杂：英国公司将孵化的火鸡仔运至匈牙利进行饲养和宰杀，随后将火鸡肉运回英国分离出鸡胸肉，其余部分再运回匈牙利加工成香肠。[21]这种典型的、超复杂的商业模式无疑让大企业获利丰厚，然而幸福的消费者们却对此一无所知。

在过去十年中，多数高致病性禽流感暴发都发生在高密度家禽养殖场所。经营者们喜欢夸耀这种残忍养殖方式的"生物安全性"。禽类终生饲养在室内，免于风吹日晒等自然因素的影响，也远离可能携带疾病的野鸟威胁。但是在寻找禽流感来源的过程中，我们可以发现野鸟已经不是真正的问题所在。兽医科学家对泰国禽流感暴发的分析发现，大型商业集约化养殖场发生疫情的可能性比小型养殖场和散养场地高出4倍。[22]另一项研究发现，致命禽流感更可能沿着运输路径而不是迁徙路径传播。并且，重度禽流感暴发的增加与农村野鸟数量的下降在时间上并不吻合。按理说，如果野鸟是禽流感的来源，当养殖场附近野鸟数量更多时应该更有可能传播禽流感。然而近几十年来，英国乃至全欧洲大陆农田中的鸟类数量都在持续下降。为什么致命禽流感的暴发会在野鸟数量下降的时候增加呢？答案似乎就藏在工业化养殖场中。在2014年底，联合国禽流感问题调查小组表示，禽流感暴发"最可能与密集性禽类养殖及相关的贸易和市场体系有关"。[23]

正常情况下，禽流感是一种可以感染任何鸟类的普通疾病，不论是家禽还是野鸟。鸟类感染禽流感与我们人类患上感冒或者流感的过程一样。自然状态下鸟类并不会生活在拥挤的室内，而在养殖场中它们别无选择。所以，在自然界中病毒的行为通常类似寄生虫，它们会避免致死性太高导致赖以生存的宿主过快死亡。家禽养殖业改变了这种状态，让病毒可以变得非常致命，因为附近总是有另一个宿主可以感染。借助场房内湿热污浊的环境，病毒可以在密集的禽类中迅速传播开来。

病毒在传播过程中还可能发生变异，有时候还会结合受感染群体中存在的其他病毒基因。没有了自然条件对毒性的限制，病毒可以产生非常致命的变异。2007年禽流感暴发期间，联合国粮农组织指出："多数科学证据显示，室内养殖场为高致命性流感病毒的入侵、传播和变异提供了理想的环境。"

联合国表示，一旦新型致命病毒毒株出现，它会经由活禽运输、禽肉、不洁笼舍或污浊的蛋类包装箱等途径，首先在养殖业中迅速传播开来。[24] 关于病毒的起源地，联合国粮农组织声明："本次禽流感暴发的起源可以追踪到东亚和东南亚地区，那里大约有 60 亿只家禽。"

显然，预防此类疾病任重道远，找野鸟当替罪羊无异于缘木求鱼。毕竟，我们又不是不知道真凶是谁。

无辜遭恨是鹰隼

那个在我少年时期带我开始观鸟的人正坐在他家的客厅里，周围环绕着成堆的黑胶唱片，墙上摆满娱乐圈的纪念品。房间好似阿拉伯神话中阿拉丁的山洞，装饰着五颜六色的出国旅行收获：木质面具，动物和部落图腾的雕像，甚至还有整套的架子鼓和吉他在诉说着主人曾经的娱乐生涯。窗外，麻雀和大山雀等鸟儿一边在喂鸟器上啄食，一边偷看着我们。

这里是电视名人、博物名流比尔·奥迪（Bill Oddie）位于汉普斯敦的家，周围绿树成荫，叠翠掩映。比尔·奥迪最初出名是作为 20 世纪 70 年代著名的超现实喜剧组合"超级三人行（The Goodies）"的成员，但现在更多人称他为"瘦削的自然教父"（一份杂志曾经如此描述）。这位 74 岁的观鸟人标志性的装束就是他的大胡子、眼镜和阔腿裤。他热情地向我介绍他一直以来在乡村坚守野生动物的故事，身体随之摇摆，仿佛回到了电视节目的录制现场。

鸟类数量在英国乃至全球的急剧下降让他夜不能寐。虽然赤鸢等稀有鸟类的状况还算不错，但正如我们所见，常见鸟类的数量在英国全境显著减少。

他失落地告诉我："这已经不只是让人担心了。我常常想起青年时代，那时我住在伯明翰市，常骑车到郊区，那里是一大片农田。我把车停在路边，按照时节不同，可以看到红雀、黄鹂和麻雀等一大群鸟类。春天，在少有遮挡的开阔地，到处都能看到凤头麦鸡。另一个季节也能看到同样的情景，大群凤头麦鸡后面跟着大群的云雀和金斑鸻。"

时光一去不返。他说："已经很久没有见过那些场景了。"

我们讨论到有人将农田中鸟类数量的下降归咎于雀鹰、鸢等猛禽。比尔不赞成这种说法。他说："我认为这些都是无稽之谈，真的。自然自有其平衡。事实一次又一次证实，将猎物全都吃掉对捕食者没有好处。"

长久以来，猛禽经常被当作替罪羊。在维多利亚时代，猎人因为被它们抢走一两只猎物而心情不爽，把它们当作坏蛋。鹰、雕甚至鸮都遭到了嫌弃。实际上，维多利亚时期的英国人甚至与所有喙部带钩的东西为敌。在被猎场看守者、土地所有者、狩猎游憩者和掏鸟蛋的人迫害了两个世纪之后，英国的猛禽数量严重下降。到 20 世纪初，已经有 5 种繁殖鸟类（breeding bird）灭绝，包括鹗、蜂鹰[①]和白尾海雕。[25]

仓鸮也备受迫害，遭到抓捕或射杀。它们与灰林鸮、臭鼬和雀鹰一起被吊死在猎人的绞架上。[26] 人为捕杀和杀虫剂的使用对猛禽造成

---

① 此外还有若干种鸟，包括在英国地区可能有分布的鹃头蜂鹰（*Pernis apivorus*）。

了严重的影响。到 20 世纪 70 年代中期，我开始观鸟的时候，花了好几年才看到第一只鹞和仓鸮，更不用说雕了。

那个 12 月的下午，我们一直聊到天色昏暗。比尔回忆起他在北诺福克第一次看到仓鸮的情景，那是在特克威尔附近的一条滨海路上。正是我第一次看到仓鸮的地点。

至少鸮——或者说鸮的形象——还是颇为流行的。2015 年，衣服、文具、靠垫、水杯盖、餐具和陶器的装饰图案上，到处都可以见到它们。如果这种流行能让人注意到它们的窘境，那也不错。其他猛禽，例如雀鹰等，就没那么受人同情了。这些生活在林地上、以小鸟为食的小型猛禽，长期以来也受人虐待。历史上，它们曾被当作害鸟。[27]在 19 世纪一场持续一百多年的运动中，人们热情高涨地捕捉雀鹰——以及任何不幸长得像它们的东西——并用毒药将它们处死。

两次世界大战期间，猎场看守员纷纷被征召入伍，这给猛禽带来了短暂的喘息时间。雀鹰的数量在此时达到了 1800 年以来的最高峰。随后英国迎来了战后农业集约化时代，有机氯农药被大量使用；猎场看守努力百年的目标在短短几年内被化学制剂实现。雀鹰纷纷中毒死去，以致绝迹。

小时候，我非常渴望能见到这种黄眼睛的猛禽，但许多年都没能实现。从事观鸟几年以后，在随英国皇家鸟类保护学会本地团队教练前往埃塞克斯阿伯顿水库时，我终于第一次看到了雀鹰。直到现在，我闭上眼睛依然能够回忆起那只鸟。那天是 1981 年 2 月初，天气阴冷，有风，我走在英国第四大水库边，惊叹于遍地的水鸟。此时，一只大型雌性棕色雀鹰如一团魅影从树上飞过。那一刻，我的喜悦难以言表。

雀鹰现在已经受法律保护，加之危险杀虫剂已经停止使用，它们的数量有所回升。然而数量恢复是一把双刃剑，让它们再次成为农田鸟类数量下降的替罪羊。

我曾就这一问题与英国农民联盟（National Farmer Union，NFU）的副主席盖伊·史密斯（Guy Smith）激烈争论过。2014年，在我的著作《坏农业》出版后不久，我们同时受邀参加著名的"干草文学节"（Hay Literary Festival），与现场观众讨论农业的未来。讨论的主题是我们是否应该开展集约化农业，因此野生动物减少的问题难以回避。我指出，许多农田中曾经常见的鸟类数量都下降到了历史最低点，证据将原因指向集约化农业生产，连政府都已经承认。

然而，与以往的 NFU 代表一样，史密斯没有让步。他坚持认为，麻雀和其他小型农田鸟类的消失是雀鹰导致的。为了说明猛禽总是要将猎物杀光，他甚至嘲讽说："如果它们不吃肉，干脆改名叫'菜鹰'好了！"我和观众们一起笑了。但我心里明白，这是食品和农业行业的既得利益者（这次是 NFU）再一次尝试掩盖农田鸟类种群衰退的真正原因：工业化农业。

比尔·奥迪也赞同这种观点。在我们谈话的那个下午，他告诉我："毫无疑问，农田质量已经严重恶化，无法为小型鸟类提供足够的食物。连锁效应就是野花少了，昆虫也少了，等等等等。杀虫剂一定起到了重要作用，我们对此的了解还严重不足。"

随着农田对野生动物愈发不友好，许多鸟类开始到城市郊区避难，[28] 尤其是在冬季。据英国鸟类学基金会的蒂姆·哈里森（Tim Harrison）博士说，这是因为"农业活动的改变，使冬末农田中鸟类的食物减少，导致'青黄不接'。芦鹀、朱顶雀、红腹灰雀和黄鹀等鸟类越发频繁地出现在居民庭院里"。[29]

许多小型鸟类聚集在城镇，难免吸引一两只雀鹰前来寻找易于捕捉的猎物。这让爱鸟人士感到心痛。他们本想撒下鸟粮吸引漂亮的小鸟来吃，却眼看着雀鹰出现，整个场景变成大屠杀，这可一点都不好玩。我自己就曾经听到一只幼年椋鸟在我家前院被捕杀时发出刺耳的尖叫。但对于雀鹰来说，你我的花园就是欢乐的猎场——这就是大自然。

战后最伟大的生态学家之一戴维·拉克（David Lack）曾研究过雀鹰对鸣禽种群的影响。他注意到，当 19 世纪末到 20 世纪初期猎场看守员的猎杀导致雀鹰数量大幅下降的时候，并没有证据显示鸣禽数量激增。他据此得出结论，小鸟的数量更可能受到食物的限制。他认为，事实上，通过减少冬季的食物竞争，雀鹰可能还有助于增加鸣禽的总体数量。这虽然看起来有点复杂，但从某种意义上讲，雀鹰其实对麻雀有所帮助。

夏末，麻雀等小鸟的数量都达到了一年中的高峰，而它们很快就要面临食物匮乏的寒冬。当捕食者吃掉其中一些，尤其是那些瘦弱或不够谨慎的个体时，剩余的个体将更容易熬过冬天。食物资源非常有限，减少对食物的竞争将有助于避免出现大范围的饥荒。这样将会有更多小鸟存活下来，远超过被雀鹰吃掉的数量。

拉克的观点包含一种理论，即平衡的生态系统中捕食者数量受到猎物数量的控制，而不是后者受前者的控制。如果反过来的话，整个食物网——大鱼吃小鱼，小鱼吃虾米——都将很快崩溃。

这一观点得到了 1949 年到 1979 年对 13 种鸟的长期监测数据的

支持。这 13 种鸟都是雀鹰的食物。在 50 年代到 60 年代期间雀鹰因杀虫剂而绝迹的时候，并没有任何一种鸟的数量达到峰值。[30]

最近，1967 年至 2005 年开展的有史以来规模最大的类似调研发现，没有证据显示鸣禽种群数量的大规模下降与雀鹰和鸢的数量增加相关。根据这一研究，影响农田鸟类数量的主要原因是"农业变化"，包括由此造成的营巢地丧失和食物缺乏等。[31] 该研究再次强调了这一观点：猛禽数量由其猎物数量控制，它们不必将猎物赶尽杀绝。

所有这些都指出了农田鸟类数量下降的真正原因：农田自身质量下降。这一点已铁证如山。不过，说服政策制定者和既得利益者又是另一回事。

天黑之后，比尔与我依然在客厅里促膝长谈，试图搞清如何让大家承认事实——在我们看来如此明了的事实。食物生产方式正在缓慢但确切地破坏乡村环境，一步步毁掉珍贵的野花、葱郁的树林和绵延的树篱这些英式美景。为了饲养牲畜，古老的栖息地让步给集约化农作物生产。鸟类、昆虫和哺乳动物正在消失。在一般人看来，英国的田野可能依然葱绿愉悦，正如百年前威廉·布莱克①写出《耶路撒冷》时所看到的一样。然而，布莱克心中的那片田野，野生动植物赖以为生的家园，正在一点一点走向死亡。一场安静而暗黑的变革正在加速进行。这些古老的自然遗产还能再保存多久呢？

---

① William Blake（1757—1827），英国诗人、画家。

第十一章　美洲豹

茫茫豆田如草原

一提到美洲豹，我脑海里就会浮现出它们跨过广阔的草地、穿越茂密的热带雨林的矫健身姿。所以，当我一心想着去看美洲豹，结果却看到了巴西农业中心的豆田时，我的内心是崩溃的——我肯定走错了地方！

我乘飞机从圣保罗来到巴西中西部的戈亚尼亚（Goiania），租了一辆四驱雪佛兰，在起伏不平的牧场上一路前行。当经过戈亚斯州（State of Goias）来到邻近的马托格索罗州（Mato Grosso）后，牧场终于变成了一望无际的庄稼地，沉闷得令人昏昏欲睡。

沿着平缓的高速路向西开车几个小时，掠过路边的磨坊和茫茫豆田时，天空偶尔会隐约出现一排钢铁高塔。如果不是每隔几百米围栏上就会有标着"最新作物试验"的广告牌，谁也不会注意到路边的那些作物。

有一次，几只亮蓝色的鹦鹉从马路中间飞过，如慢动作一般懒散地扑扇着翅膀，身后拖着长长的尾羽。这是我第一次见到这种颜色的金刚鹦鹉，在此地的森林和草原，金刚鹦鹉的数量正在下降。[1] 它们的出现，给这段漫长枯燥的旅程增添了一丝趣味。

乏味的单作豆田似乎永无尽头。正当我几近绝望之时，一片桉树林突然出现，这正是我一直寻找的目标。一天多来的颠簸终于结束，我放下心来，将车停到路边，拉开竹篱笆和安全门。最终，我抵达了"豹人"的牧场。

很快，我就发现来得不是时候。我远道来拜访的人——终生热爱大型猫科动物的巴西生物学家莱安德罗·西尔韦拉（Leandro Silveira）——看起来不得空。很明显，他正忙着。他刚在衣服上擦完手，米色的 T 恤上沾满了泥巴。尽管他并不算失礼，但气氛确实有些尴尬。

他微笑着伸出手，试图用客气掩盖心烦意乱。

"给我半个小时时间，我一会就回来。"他急匆匆地说，随后驾驶着他的皮卡车迅速消失了。而我只能坐在他家的开放式粮仓里，呷着他留给我的咖啡。壶里的咖啡已经加过糖，大概是为了掩盖当地咖啡的苦涩味。虽然有点喝不习惯，但我还是挺喜欢的。为了从旅途的疲惫中恢复，我又倒了一些来喝。

他抱着一团粉色毛巾回来，像一位骄傲的父亲。掀开毛巾，里面露出一颗黑色的小脑袋——那是一只新生的小美洲豹。它那么小，就像一只半大的小猫似的。我轻轻地摸摸它的头。它还是湿湿的，闪亮的黑眼睛眯起来又睁开[①]。它几乎全身黑色，只有耳朵和嘴巴上有些

---

① 猫科动物刚出生时眼睛并不能睁开，要等 1 周到 10 天后才睁开。

许紫色。当我满怀敬畏地看着它的时候，它打了个呵欠，眼神迷离，仿佛正在与困意作斗争。它好像既想睡觉，又想探索这个刚刚发现的新世界。

"有点意外，我都不知道它妈妈怀孕了！"西尔韦拉说。显然，就在刚才我抵达的时候，一只黑色美洲豹——他之前收养的一个"孤儿"——给了他一个巨大的惊喜，难怪他一副匆忙的样子。

我也激动万分："哎哟，天哪。我敢肯定在你看来我们来得太不凑巧了，但在我看来时间再好不过了！"

他被我逗笑了。

我们此行将穿越巴西，调查在农业大肆扩张的情形下，巴西的野生动物状况如何。在这史无前例的行程中，西尔韦拉的农场是第一站。不断蔓延的大豆——工业化农业的燃料——无情地吞噬着热带雨林，摧毁了曾经丰富多彩的景观。野生动物的生境被破坏，宝贵的自然所剩无几。

我曾期望西尔韦拉能够抵抗机器和化学品带来的苦难，全面反对新型单作农业。事实说明，我此行充满意外。

巴西是世界上生物多样性最丰富的地方，[2]也是全球大型跨国农业巨头的活动、区域经济利益与濒危野生动物救助行动之间发生尖锐冲突的前沿阵地。这里以亚马孙雨林闻名于世，乡野辽阔，地形变化极大，从宽广的潘塔纳尔沼泽地，直到长期以来覆盖着中西部大部分地区的塞拉多热带草原。

从陆地面积来说，巴西是世界第五大国家，人口超过2亿。如今巴西是世界第三大农业出口国、第四大猪肉出口国，在禽肉和牛肉出口方面，也是毫无疑问的第一大国。[3]

不幸的是，在家猪和家禽养殖上，巴西都是工业化养殖方面的巨人。巴西几乎所有的猪都采用工业化体系养殖，而繁殖母猪则被关在无法转身的妊娠定位栏里，几个月不能转身。估计95%的蛋鸡都养在多层立式鸡笼中。[4]

这个国家还拥有大量美丽的野生动植物，其中最受瞩目的当属美洲豹——世界第三大猫科动物（排在老虎和狮子之后）。目前，大约有15 000只美洲豹生活在野外——但这还能持续多久呢？[5] 历史上，美洲豹的分布区从美国大峡谷（Grand Canyon）跨越亚马孙一直延伸到阿根廷。现在，它们的分布范围已经十分有限，主要在亚马孙地区。[6] 巴西拥有世界一半以上的美洲豹种群，也掌握着这个美丽物种的命运。

这个国家正在迅速发展，而其农业的扩张方式与我所见的其他多数国家都有所不同。当谈及砍伐森林时，多数人会联想到采伐木材，或者清理树木，将更多土地用于建造住宅、种植庄稼供人类食用。而实际上，真正驱使人们砍伐森林的是种植豆类和玉米（多数用作动物饲料），生产糖类（大部分供人群消费）和牛肉。大片雨林和草原被开垦用作以上产业。

栖息地被夷为平地，美洲豹也被迫背井离乡。美洲豹被养殖户视为牲畜大敌，一旦出现在开阔地带就常常遭到射杀，而它们可能只是途经此地。"我们这里的美洲豹都是来自野外的孤儿。母豹因为与牧场主发生冲突而被射杀，留下孤零零的幼豹。"西尔韦拉告诉我。关于那天的新生儿，他解释说："繁殖美洲豹并不是我们的目标。一直有很多美洲豹孤儿被送到这里来，我们没有必要让它们繁育。"显然，手里的豹子已经够他忙的了。

西尔韦拉现年 45 岁，人称巴西美洲豹生物学"教父"，[7]显然是探讨美洲豹未来的最佳人选。他有着绿色的眼睛，剃着板寸，看起来仪表堂堂。他与妻子安娜（Anna）一起在塞拉多草原研究美洲豹及其他食肉动物已经有 20 多年，2002 年成立了美洲豹保护基金会。基金会的使命是在美洲豹的整个自然分布区内促进对美洲豹及其自然猎物和生境的保护，以及"美洲豹与人类的和平共处"。[8]

我马上就会发现，实现"和平共处"同基金会化解野生动物与大型农业冲突的目标是相辅相成的。

安顿好了小豹子，西尔韦拉终于放松下来。我们坐在谷仓木柱上挂着的彩色吊床边攀谈起来。一个旧的木质梳妆台上摆满了装饰品：中式茶具、小型牛奶搅拌器、老式缝纫机。在宴会长条桌旁边，我看见一块诱人的石烤比萨。显然，这是他招待美洲豹拥趸们的地方。

西尔韦拉让他 9 岁的儿子开着那辆白色三菱四驱车在院子里玩，自己则带我去参观他的办公室。大概 40 张美洲豹毛皮像旧地毯一样堆在一张单独的桌子上。一些毛皮是银白色的，一些是深黄色的，还有一些是棕色的，都散发着淡淡的霉味儿。我抚摸一张布满斑点的金色皮毛，感觉十分精细，就像短毛狗光滑的毛皮。这都是政府在亚马孙地区没收来的皮毛。

西尔韦拉分析了这些皮毛的 DNA 和年龄特征，发现多数来自尚未完全长成的幼年美洲豹。它们尚未达到繁殖年龄就被猎杀了。他指出："这是畜牧区的美洲豹经常面临的情况，很不幸。"他拿起一张皮子告诉我："这张来自一只 6 个月大的幼崽，它很可能与它的母亲一起被射杀了。"

他认为，与养殖户的激烈冲突对美洲豹的威胁要超过农作物的扩张。美洲豹曾经是古代玛雅、阿兹特克和印加等文明的崇拜对象，现在却被心疼牲畜损失的养殖户视为害兽。

美洲豹是机会主义的捕食者，以环境中最丰富的猎物为食，并不介意物种。它用独特的方式猎杀大型猎物。狮子、老虎和豹一般通过咬住喉咙或脖子杀死猎物，而美洲豹则是通过咬穿两耳之间的头骨来杀死猎物。[9]

在巴西一些地区，美洲豹主要以西猯（peccary，类似野猪）、水豚和山貘等大型动物为食。其他地区的美洲豹会吃龟和凯门鳄等爬行动物。在邻近农场的地区，牲畜也会进入它们的食谱，尤其是当难以遇到鹿和西猯等野生猎物的时候。

根据西尔韦拉的说法，受害养殖户因美洲豹平均损失了 1%—4% 的牲畜。他认为，通过改进管理措施，这些损失是可以避免的。

环顾他的办公室，我不禁注意到一支长筒枪。

"嘿，这是给不速之客准备的吗？"我开玩笑道。

"那是一支麻醉标枪。"他回答。他用这把枪来麻醉美洲豹，然后给它们戴上 GPS 定位项圈，这是给它们佩戴标识的多种方式之一。

西尔韦拉的牧场就在艾玛斯国家公园（Emas National Park）旁边。这座国家公园是联合国教科文组织认定的世界遗产，拥有 13 万公顷的草原和零星的树木：曾经雄伟的巴西塞拉多草原的残余。这里是世界上最大的、生物多样性最丰富的热带草原，跨越巴西中西部广大地区，但目前只有不到 10% 的面积仍维持着原始的自然状态。[10]

西尔韦拉利用红外相机监测国家公园及周边农场的美洲豹活动。他放置了 500 多个设备，记录任何移动的物体，不论是大型豚鼠似的水豚，还是美洲狮或美洲豹。我们一起坐着他的皮卡车出发，他将向我展示整个工作过程。我想象他的工作地点是丛林或者草原，结果他带我来到了一片甘蔗地。看我一脸困惑，他似乎毫不在意，甚至有点乐在其中。

"人们开始在甘蔗地里见到美洲豹了。"他告诉我，语气听起来比我想象中轻松。32 号红外相机固定在一个围栏柱上，监视着整齐青翠的甘蔗。这种作物并没有听起来那么具有异域风情。甘蔗粗壮的深红茎干上抽出长长的绿色甘蔗叶，10 英尺高，为动物提供了很好的掩护。西尔韦拉的相机带有温度传感器和移动传感器，能够监测物体的移动，电池足够每天 24 小时连续使用一个月。

随后，他给我展示了一些收集到的材料。他的相机揭示出甘蔗地里丰富的生物多样性：犰狳、貘、吼猴、美洲狮和白唇西猯。然后就是我们等候的目标：一只带着幼崽的雌性美洲豹——对西尔韦拉来说，这就是繁殖中的美洲豹会利用甘蔗地的证据。

由此可见西尔韦拉热切支持一个观点，即只要农田与自然生境混合交错，美洲豹就可以与集约化农业共存。这一观点也被称为"基质保护（matrix conservation）"或"农村生物地理学"。[11]

"农场越大，对美洲豹可能越好。"西尔韦拉告诉我，"确实，看到一大片大豆田会给人很强的视觉冲击，第一印象并不好。你会问自己，其他东西在哪里，森林在哪里，动物在哪里呢？但你要记得，当你看到这样大片的豆田时，你还可以问：'保留地在哪里呢？'"

西尔韦拉所说的"保留地"，是指巴西的土地所有者有法律义务保留部分土地的自然状态。这条规定于 1965 年出台，当时巴西最初的《森林法》规定，应当将一部分乡野土地永久保留为森林（法定保护区），并禁止破坏陡坡以及河流、溪流沿岸等敏感区域（永久保护区）的植被。[12]

但这项法律实际执行起来困难重重。从 21 世纪早期开始，全世界对牛肉和作为动物饲料的大豆的需求量不断上升，巴西亚马孙地区每年砍伐的森林面积增长到了 2 万平方公里。这引起了全球的愤慨，政府也积极开展更多工作确保法律能够实施。[13] 2012 年，该法律得到更新。西尔韦拉希望新的法律条款能够促使农民对保护美洲豹产生兴趣，并做出不平凡的举动。

他向我解释，如今塞拉多的地主必须有 20% 的土地保留自然状态。在塞拉多与亚马孙交界的"法定亚马孙（Legal Amazon）"区域，比例要求提高到 35%。在亚马孙地区内部，则有五分之四的土地必须预留出来保持生物多样性。

"农场越大，同样是 20%、35% 或 80% 的比例，保留下来的区域面积就越大，这片土地上破碎化的情况也就越少。"他重申了他的观点，即美洲豹可以在大型种植农场中栖息。他相信，美洲豹可以适应环境变化而生存下来，如果管理适当，美洲豹与大型农业可以共存。他的观点是，不过于依赖机械和人工（一年中大部分时间受到相对较少的干扰）的单作农业，可以为大型猫科动物提供合理的生存环境。

他更多地谈到他开展的美洲豹监测，以及这些大猫现在如何穿越田野。我看得出来，在这片已经被广阔的大豆、玉米和甘蔗田主宰的大地上，他不得不学会在这种环境下生活。但是我禁不住想，如果他无法再观测美洲豹，如果艾玛斯国家公园不在他家门口，又将会是怎样的情况。

西尔韦拉为了向我说明为什么他持有这种观点，带我参观了这片区域。国家公园的大门距离他的农场只有一英里左右，门前装饰着美洲鸵等塞拉多草原上具有代表性的野生动物的巨大雕像。这座公园不仅是美洲狮、豹猫、南美貘等多种动物的家园，还分布有一小群美洲豹，数量大约有 10 到 20 头。[14]

艾玛斯国家公园建于 1961 年，是巴西中部少数几片尚未被机械化农业侵蚀的大面积自然栖息地之一。在 20 世纪 70 年代，它被自然科学家称为"巴西的塞伦盖蒂"。

"如果这个国家公园没有在大豆到来之前建立，这片区域恐怕早已消失。从政治角度来说，没有人会愿意建立这个国家公园，这里肥沃的土地非常适合农业。"西尔韦拉解释说。

艾玛斯就是塞拉多原始的样子。当天早些时候，我步行穿过点缀着虬曲老树和低矮灌丛的齐腰高草，脚步惊起成群昆虫。一只黑色的大蜜蜂嗡嗡飞过。空气清新。路的另一边是一大片整齐的农田。视野中除了空旷的蓝天和裸露的红土，别无他物。没有篱笆，没有界线，只有一株作物连着另一株作物。我已经在高速公路上见识过这种单作农田，但西尔韦拉一定要再带我去看一下我很可能察觉不到的细节。

在未经训练的人看来，视野里只有望不到头的农作物。但沿着河谷的景色有所不同，这正是西尔韦拉要说的。这片农场上的自然保留地位于一个树林环绕的小山谷，从路上是无法看到的。其间也穿插着农田：一经指出，我就看到了森林、草原和混种的不同作物。几只大型美洲鸵穿越田野时所经过的，正是小鹿们回家的那条路。我惊喜地认出了 7 只红腿叫鹤（red-legged seriema），这种鸟有着细瘦的大长腿和伸长的脖子。河谷两边茂密的森林夹道而生，形成了一条沿河的走廊。西尔韦拉在那里放置了很多相机。

我们将车开上一处土坡。大地是我从未见过的鲜红色。十几只羽毛蓬乱的黑色红头美洲鹫懒散地游荡着，等待某个同伴找到什么能吃的东西。

我们并没有走出去多远，大概 3 英里，四周的景色已经完全不同了。我的视线穿越阿拉瓜亚河上游盆地，这片盆地将戈亚斯州与马托格罗索州分开。我看到一片桉树、大豆、甘蔗和玉米地相连，小块蔬菜田错落地散布在未经开发的土地之间。这些未经开发的区域被称为"避难廊道"，是为大自然保留的。

"对我来说，这是一份巨大的奖励。"西尔韦拉说，"这让我非常自豪。美洲豹在这些树林中繁衍。这是大规模农业与大尺度保护的共存。"

在大型作物农田中，不会有牲畜与美洲豹的冲突。"这里没有噪声，没有人类。我在这里捕捉到一只母豹和它的两只小崽，给它们戴上了无线电项圈。"他热情满满地说。我开始领会到他的意思。

他告诉我："五年以前，我们与这里的农场主进行了协商。他是阿拉瓜亚泉（Araguaia Spring）的所有者。我们向他介绍了连接阿拉瓜亚盆地和艾玛斯国家公园的重要性之后，他将 700 公顷的豆田拿出来做保护区。这个案例很好地说明了，如果你需要，农场主可以有效地支持环境保护。"这个农场主的邻居也在考虑做出类似的决定。

西尔韦拉的梦想是，通过为巴西全国的栖息地建立廊道，尽可能将更多美洲豹种群连接起来。美洲豹会利用河谷等自然廊道在不同区域之间活动，通过这种方式避免种群发生近交衰退——近交衰退会威胁物种生存。如果它们的种群无法交流，西尔韦拉担心一些种群会产生基因隔离，并在 50 年内灭绝。

现在，科学家们认识到了"基因联系"的重要性，也意识到美洲豹的生存有赖于不同种群间的交配繁殖。这个物种的分布曾经非常广泛。来自英国、德国和西班牙的化石证据显示，直到中更新世，欧洲都有美洲豹生存。专家发现，致命隐性基因的表达会削弱孤立的种群。一旦不同种群间的廊道被切断，即使在较大的分布区，孤立种群的灭绝风险也会大大增加。[15]

这就是西尔韦拉宏大计划背后的思想：阿拉瓜亚河生物多样性廊道，旨在沿河谷建立一条廊道，从巴西中部的艾玛斯国家公园起，穿越亚马孙三角洲，直达巴西北部。为了实现这一目标，他需要在长达 200 万米的廊道沿线，一路召集"美洲豹友好型"的农民和农场主。他非常清楚这是一场漫长的战役，但他审慎乐观。"农民不是问题，而是答案的一部分。"当我们的车子陷在连夜下雨形成的泥坑里时，他正说道，"这将是终生的战役。我们还需要很多'美洲豹友好型'的农场。"

我们开车经过保护区，沿着阿拉瓜亚河上游的堤岸前进时，他给

　　　　　　　　　　　　　　　　　　　　死亡区域

我指出黄绿相间的豆田边的泥土上有山貘的脚印和西猫站立的痕迹。我们看到几个人正在将大袋肥料倒进拖拉机，那些肥料看起来就像白色和绿色的浴盐。旁边有几台轮子高达 10 英尺的联合收割机。

一只漂亮的黄蓝色金刚鹦鹉突兀地出现在刚刚收割的豆田里，它正在啄一根残余的豆秆。西尔韦拉认为这是野生动物适应环境变化的表现。而在我看来，对于一只生活在丛林和草原中的鸟来说，这是极度的绝望。

3 个小时的车程中，沿着廊道和不同利用形式混合成马赛克状的土地，我们共路过了 4 家不同的农场。

西尔韦拉看起来很满意。"这是理想的美洲豹友好型农场。这里有捕食者，有猎物，也遵守了法律。"他说，"如果你看到一大片农田，其中应该有 20% 的自然保留地。我们追踪到了美洲豹走过这片土地的证据。"

然而说单作农业（大豆、玉米和甘蔗）取代从前富饶的草原和丛林在一定程度上对野生动物有利，我还是不能苟同。毕竟，豆田每年要扩张数十万公顷，而美洲豹不论种群数量还是分布区都在逐渐缩小。这不合情理。

我进一步询问他"大型农业"与野生动物生境之间相互影响的问题。

"砍伐森林，赶走猎物，以及种植大豆和玉米，都会对这些大猫造成直接影响。"西尔韦拉指出，"你悄无声息地扫灭了这个物种，却对此毫不知情。巴西一些地方的美洲豹情况尚可，但在另一些地区它们已经濒临灭绝。"

他认为，这些廊道是美洲豹的生命线，让它们可以存活到未来土地利用政策可能变得有利之时。他知道，时间越来越紧迫。但是现在他采取实用主义路线，利用现有的规则获得农民的支持，而不是与之为敌。基本策略是用农民们的方式来把事情做到最好。

"美洲豹还将面临更大的灭绝危机，它们可能在一些地区消失。这就是为什么我们要考虑建立大型廊道，我们总要为美洲豹未来回归自然做好准备。"他告诉我。

我问他，在农业前沿阵地愈发深入森林的情况下，美洲豹的未来将会如何。"我是个悲观的人。"他坦率地回答。

他对美洲豹的热情以及他为保护美洲豹做出的贡献都是无可置疑的。阿拉瓜亚河廊道项目对于维持这一物种的遗传完整性至关重要。我觉得，西尔韦拉开始意识到，在一个农业迅速扩张的国家，他需要农民们的善意与合作，而且需要很多农民，才能实现建立廊道的梦想。

我可以看到他这种方法的优势，也衷心希望他进展顺利。美洲豹需要所有可能的帮助。然而，本能告诉我，单作农业的扩张带来的更多的是问题，而不是解决问题的方法。

不论你如何看待，正如我刚发现的，巴西中西部农田的迅速扩张使农业和畜牧业的前线越发向森林推进，与美洲豹发生正面冲突。

失去地球之肺

库亚巴（Cuiabá）位于南美洲的正中心，是巴西马托格罗索州的首府城市。该城市建立于 1719 年，曾经是非常热闹的淘金地，而现在已成为巴西主要产业农业的贸易枢纽。我龟缩进一架仅有11座的塞斯纳飞机里，前往巴西东北部的圣费利克斯阿拉瓜亚（São Felix do Araguaia）——当地人称为"大地尽头"。我准备去拜访巴西众多原住民部落中的一个，了解国家农业变革对他们的影响。

飞机到达10 000英尺（3000米）的巡航高度后趋于平稳。从飞机上可以俯瞰巴西乡野的美景。当云气散去时，地面露出大片的棕色土地，刚刚开垦的农田一直延伸到视野的尽头。边缘的粉色线条将土地分割成大块，那是收割机收获作物的泥路，这些作物多数是转基因大豆之类。一驾黄色的飞机正在低空飞行，后面拖着一行雾气，很可能是在喷洒杀虫剂。

我透过望远镜凝视着，心中难以置信：绵延不绝的田地上，居然没有一排篱笆，没有一行树木。在我前去拜访西尔韦拉的路上曾经随处可见的牲畜，居然一头都没有见到。牲畜也给农田让路了。一些田地里的作物种成高低起伏状，一些呈纵横交错状，还有一些就是简单的直线形。

我想起西尔韦拉曾告诉我去"寻找保留地"，但是我所看到的树林就像一片作物海洋中的孤岛。地里种的全都是同一种作物：大豆。

在我所居住的英格兰地区，联合收割机很少见。而在巴西中部的马托格罗索，大片的农田十分适宜使用联合收割机。6辆联合收割机并排前进，就像特技飞行编队。从飞机上向下看，好几组正在工作的联合收割机有条不紊地穿过农田。卡车在路边等候装载收获的大豆运往饲料加工厂。

这种我从未见过的大场面，几乎超出我的承受能力。一片低空云彩飘来，给了我一丝喘息的机会，恰如一场万分紧张的剧场演出到了中场休息时间。终于，森林沿着宽阔蜿蜒的河流出现，景色回归正常。我可以看到一些白点，那是牲畜，更远处是宽阔的森林和草原。随着我们向亚马孙前进，农业被暂时甩在身后。

旅程在继续，我跟身边的一位旅客攀谈，才知道他是孔夫雷萨——马托格罗索一座4万人的小城市——的市长加斯帕·多明戈·拉扎里（Gaspar Domingos Lazzari）。他穿着蓝色商务衬衫，戴着金链子。他骄傲地告诉我，他的父母是孔夫雷萨的第一批居民，而他是第一任市长。

这次谈话让我重新认识了这里庞大的农业规模。他告诉我，这里有两个大型农场，最大的面积有120万公顷，另一个饲养有11万头牲畜（英国最大的养殖场自称拥有3000多头牲畜）。[16]

"我们脚下基本都是大豆田，"他说，"这里的森林砍伐始于30多年前，最近十年间更为密集。"四分之三的农田种植了大豆，剩余的种植玉米和大米。

这都发生在亚马孙边缘——草原与森林的过渡区。我目力所及之处尽是巧克力色的斑块，上面有棕褐色的条纹，那是联合收割机收获成熟大豆后留下的豆茬。

拉扎里指向一条亮橙色的土路，路从农田通向原住民居住的保留地。为这些古老部落保留的区域已经被农业团团围住。紧邻保留地，6辆联合收割机排成一列，正在一片豆田里收割，而旁边的田里另外5辆正在繁忙地工作。但是"田地"一词完全不能描述此地的规模，因为这里就是一片连绵的农田，而那些供机器进出的土路几乎难以察觉。

死亡区域

拉扎里告诉我，马托格罗索州的农田几乎扩张到了极限，吞下了所有可以利用的土地。飞机抵达孔夫雷萨后，他为我指出他的农场。他为此地的情形骄傲，为他对此所做的贡献骄傲。但这种掠夺式发展也令他担忧。他承认："我很担心这个。因为亚马孙就在这里，那可是'地球之肺'。亚马孙保留得越多，对大家就越好。"

　　他在孔夫雷萨下了飞机，我们依依不舍地握手道别。他高兴地说："你这次飞行可找了个好向导，还是免费的！"我坐在机场，思绪万千。刚刚见到的单作农业垄断的规模和严酷程度是我前所未见的。而且，正如南美其他地方，尤其是阿根廷，这里种植的全都是大豆。

　　巴西在大豆种植上是仅次于美国的第二大国，也是世界第一大豆出口国。[17] 在这个年产值 73 亿美元的行业中，仅马托格罗索州的大豆产量就占世界的十分之一，相当于巴西大豆出口量[18]的三分之一。在巴西，大豆种植面积每年持续扩张数十万公顷，很大程度上已经进入了目前在砍伐林地之后建立的牧场。

　　马托格罗索的大豆种植面积在 2011 年至 2016 年间增长了三分之一。[19] 业内人士建议，通过将牧场开垦为耕地，种植面积可以再次翻番。[20] 但是将牧场开垦为豆田并不意味着可以终止砍伐森林。研究人员发现，在马托格罗索的牧场被开垦为耕地后，人们继续砍伐更北边的森林并将土地用于放牧牲畜。所以新牧场成为砍伐森林的直接原因，大豆种植则是背后的主要原因。[21]

　　最近，牲畜养殖户发现，将牧场卖给大豆种植户可以获利不菲，而他们自己则可以搬到地价更便宜的地方——通常是森林。21 世纪早期，全球大豆产业爆炸式发展期间，亚马孙地区的地价急速上涨。在马托格罗索部分地区，地价甚至提高了 10 倍。土地热潮让牲畜养殖户为了经济利益而出卖土地，然后在更北边的地区购买土地，扩展牧场。通过砍伐森林新获得的（违法的）土地，价格相对较低。[22]

美国科学家将这种与畜牧和大豆相关的森林砍伐过程称为"土地利用级联"。他们的计算显示，减少大豆种植的扩张可以保护更大面积的雨林。根据他们的研究，在亚马孙地区，2003 年至 2008 年期间大豆种植向旧牧场的扩张减少 10%，就可以使亚马孙地区遭到砍伐的森林减少 40%。[23] 这反映了地价升值的巨大幅度，以及牲畜养殖户出售牧场给大豆种植户之后可以在亚马孙地区购买（并清理）的土地面积之大。

飞越马托格罗索州的旅程让我深切地认识到了这一地区森林砍伐的严重程度。我看到森林的边缘，也看到了大豆对平原的绝对主宰。关于景观改变的程度，我想起世界自然基金会在美国的副主席埃里克·迪内尔斯坦（Eric Dinerstein）所写的：

> 很少有生物学家不厌其烦地关注大豆或棕榈油的价格变动。这可以说是失察，因为这些商品——以及牛肉、玉米、糖和咖啡——的市场价格在未来十年内，对濒危物种的影响程度可能要超越其他导致生境丧失的因素。目前，在集约化农业对世界最珍贵的生态系统的改变和破坏上，没有什么地方比巴西和东南亚更明显。[24]

迪内尔斯坦进一步解释，全球热带雨林每年排放的近 70% 的温室气体都来自这两个正在将森林转变成农田的地方——印度尼西亚苏门答腊和巴西马托格罗索州的亚马孙雨林边缘。

从理论上讲，大豆可谓是奇迹作物。大豆含有人体所需的所有关键氨基酸，[25] 是少数完美的植物蛋白质来源之一。然而只有少数大豆直接被人类食用，绝大部分被用作牲畜饲料。大部分（85%）大豆被压榨成花生油和豆粕。油脂只占大豆的五分之一，多制成植物油，少部分加工成香皂或生物柴油。大豆的五分之四被压制成豆粕，流入集约化养殖的猪、鸡、牛等禽畜的饲料槽里。

当集约化养殖场的支持者声称将动物塞进难以呼吸的笼舍里可以节省空间的时候，他们忘记了这整个行业的运转完全依赖于其他地方的大量"空间"。你把动物关在室内，从外面拿食物来喂养，情况就会是这样。食物必须在其他地方生长——通常是在出口大部分大豆的巴西。欧盟每年进口大约 3500 万吨大豆，其中一半来自巴西。南美约 1300 万公顷的土地——相当于德国的国土面积——用于为欧盟种植大豆，所产出的大豆绝大多数用作欧洲工业化养殖的牲畜饲料。[26]

用大豆喂养牲畜意味着从土地上收割大豆，在将其转化成肉的过程中浪费大量能量和蛋白质。为了动物饲料行业这种新兴贸易的利益而使整个大地沦为耕地，这种做法似乎十分值得怀疑，尤其是在将这片土地用于种植人类可直接食用的食物更加高效的情况下。

这次飞往圣费利克斯的旅程让我大开眼界。我对于饲料产业侵占亚马孙地区的情况完全没有心理准备。我一直以为美国拥有地球上最大、工业化程度最高的农业。现在我知道了，这里的大豆产业完全可以与美国匹敌。

在有"大地尽头"之称的圣费利克斯下飞机之时，我禁不住想，全世界有多少工业化养殖场是由巴西砍伐森林后获得的土地供应的，有多少人吃着便宜的肉类时会想到，这些廉价的鸡块和猪排是通过倒下的雨林到达餐盘里的呢？

勇士的斗争

我站在废弃的机场跑道边，目睹着一场惊人的奇观。24个几乎裸体的部落男子，身上画着黑色和红色彩绘，颈部系着棉白色的绳结，聚在坚实的土地上，正要开始一场比赛。勇士们分成两队。一场称为"Wai Uhi Uwede"的激烈竞赛马上就要开始。

40摄氏度高温之下，激烈的争斗掀起团团尘土，呐喊声震天。沙万提原住民马拉沃森德（Marãiwatsédé）部落是来自巴西中西部丛林的狩猎采集者。他们正准备开始比赛将70千克重的树干搬回4英里外的营地。队员们轮流抬起树干背在背上，蹒跚前行直到力竭，再换另一人继续。这些选手年龄不明，身材瘦削，黑发浓密（前面留着厚重的刘海，后面很长）。在这之前，他们已经进行了一整天的比赛，参加了各种不同的项目。参赛勇士们应该已经很累了，但从他们脸上却很难看出疲劳的神色。

我的巴西司机产生了一点误会——他大概以为自己开的是一辆官方的赛车，拉着我的摄影师加速离开，却没带上我。也就是说，我被留在飞奔喊叫的勇士们中间。我得追上他，除此以外别无他法。我用尽全身力气向车跑去，一度非常接近了。可是司机没有认出我，再次加速开走，留下我满身臭汗，垂头丧气。

我很快被高温打败——不单是我，部落里来的观战者们后背也沁出闪亮的汗水，他们跳上身边经过的任何能够抓住的慢车。

仿佛过了一辈子那么久，司机终于发现我没在车上，将车速慢下来接上我。舒舒服服坐在车里观看比赛只是昙花一现的享受。比赛还没结束，我们的日本三菱四驱车——一个庞大的机动怪兽——就开进了一个更大的坑里，扎扎实实地陷了进去。

因此，在一位修女和一位年长而强壮的马拉沃森德部落成员陪伴下，我有幸冒着高温徒步完成此行"最美好"的 2 英里。当蹒跚抵达村庄时，我已经累瘫并脱水，脸涨得通红。抵达之时，恰逢得胜队伍的队员们围成一圈，握紧手低下头，兴奋地诵唱着他们的胜利之歌。当晚，他们将吃独特的玉米蛋糕进行庆祝。

"这是为文化长存而战的新一代。"一位部落成员通过翻译告诉我。我很快意识到，这种勇士仪式不只是用来观赏的：沙万提人为了争取对祖传土地的权利，正在进行一场长期的斗争。他们决定保护并传承自己独特的文化遗产。

他们生活在巴西中部地区的马托格罗索州，自古以狩猎和采集为生。那里的高地草原上点缀着狭长的河岸森林，他们分成不同的部落，居住在草原上马蹄形的村庄里，种植玉米、大豆和南瓜。他们有狩猎貘、野猪和鸟类的传统，还会采集根茎、坚果和蜂蜜。

20 世纪 30 年代，当时的巴西政府试图以振兴经济的名义接管这里的土地，但因遭到当地原住民的强烈反对而以失败告终。在那之前，沙万提人相对独立地居住在阿拉瓜亚河附近。这场斗争让他们在巴西出了名，但胜利是短暂的。[27] 1966 年，沙万提的马拉沃森德部落被迫离开他们的故土。这片地区位于马托格罗索东北部，距离圣费利克斯大约 1 小时车程，面积约 165 000 公顷。巴西政府用空军强迫部落迁走，一百多名部落成员在残暴的迁移中病逝。[28]

马拉沃森德部落虽然失败，但并未出局。他们为了夺回土地，开始了长达 50 年的斗争。1992 年，他们将案件呈交里约热内卢举行的联合国地球峰会（UN Earth Summit）。当时，这片土地属于意大利石油公司"阿吉普（AGIP）"。阿吉普公司屈服于国际压力，将土地归还了部落。

但斗争仍未结束。新的争斗在各部落和养牛户与大豆种植户之间展开。大豆种植户一直在利用这片土地，并紧抓住从中获得的商业利益不放。多年来，他们付出了代价：这里已经成为巴西森林退化最严重的地方之一。1998 年，巴西政府发表声明，表示该土地属于原住民。但是相关法律纠纷持续了十多年之久，种植户依然占据着土地。最终，2014 年，联邦政府着手清理剩余的种植户，并让沙万提人回归故里。

沙万提人的困境吸引了许多知名度很高的杰出人士的关注，其中包括出生于加泰罗尼亚的基督教徒、南美著名的人权维护者、圣费利克斯荣休主教多姆·佩德罗·卡萨达里加（Dom Pedro Casaldáliga）。虽然现在他年事已高，不再活跃在运动之中，但他曾鼓励原住民反抗并最终取得胜利，因此深受愤怒的地主们指责。[29] 这位 88 岁的老人因他在这场斗争中的行动而面临许多死亡威胁。据悉，2012 年，由于来自农场主的死亡威胁升级，联邦警察局曾突然将他从圣费利克斯的家中带走，并安置在 1000 公里外的庇护室中。

死亡威胁是真实的。一次，同行的一位神父被误认成多姆主教而被一名愤怒的警察射杀。另一次，一名职业杀手公开承认，有人出钱请他刺杀多姆。根据杀手的供词，他已经策划好了谋杀，但就在掏出手枪的一刹那，多姆突然转身直视着他的脸。"我下不了手。"这位谋杀未遂者说。[30]

与多姆的会面是我在巴西最受触动的时刻。伴着圣费利克斯的倾盆大雨，我踏进了他的家。这栋简单的石头房子里装饰着宗教用品、鸟类和动物的雕塑。他患有帕金森病，身体深陷在椅子里，看起来十分虚弱，讲话时声音在喧闹的雨声中几乎低微难辨。

我握住他的手，听他讲述"大型农业"如何从巴西原住民手中攫取土地，强迫他们背井离乡。他告诉我，当经过十多年的斗争，原住民终于夺回土地并得到应有的权益时，他是多么高兴。我也向他介绍了我的一些相关经历：我的父亲是一名退休牧师，我也在欧洲与机械化农业斗争了十余年。

当他为我祝福时，我很荣幸地觉得自己受到了优待。祝福过后，我浑身轻松。一切都出乎意料，在经历了一番充满意外的旅程之后，我突然间感到发自内心的平静。

第二天，我将拜访沙万提马拉沃森德人的首领。为了准备好面对接下来的行程，我决定在上博阿维斯塔（Alto Boa Vista）过夜。这是马托格罗索州东北部的一个小镇，位于草原与丛林的过渡区。司机告诉我，这间窗户上镶着栏杆、只有基础设施的旅店是镇子里最好的。他还说这里没有违法犯罪行为。我不得不告诉自己，那些栏杆一定是为了消除外地人对安全的疑虑。

当时正值雨季，我很快就明白了为什么当地人把车停得到处都是。下雨之后，土路泥泞不堪。大雨没有停下的意思，我对所乘坐的四驱车的表现很满意；我的衣服不多，每次出门都陷进泥里可不行。

在当地一家小餐馆吃过晚饭之后，我迫不及待地回房间躺下，却失眠了。狗叫、音乐、鸡鸣，仿佛从麦克风中传出，一夜未停。这里也许闭塞，但并不安宁。早上6点，我早就放弃了入睡的努力，迷迷糊糊地起床。当地人开始了繁忙的一天，有人坐上校车去上学，有人骑着摩托车兜风。到处洋溢着愉悦的喧闹。旅店外面，几个人正在冲洗一辆拖拉机。

狭小的浴室里，一只棕色的大虫子趴在地上，看上去死了很久了。此时我发现了更惊人的一幕——浴室光洁的窗户正对着街道。这个时代，朝外开的窗户一般不是坏事。透过玻璃，我可以看到坐在校车上的人，骑车的人聊着天，还有几位正在冲洗拖拉机。但是，当你要洗澡的时候，朝外开的窗户不论多好看，人们都可以透过它把内部风景一览无遗。出于羞涩，再加上水是冰冷的，我想还是算了吧。

我很快下了楼，准备好与司机一起去接那位修女，她会陪伴我们拜访沙万提人的居住点。他们告诉我，沙万提人对外来人十分谨慎。如果由他们认识并信任的人来安排，沙万提人会比较容易接受我去拜访。谢天谢地，那位与他们一起工作的当地修女愿意充当中间人和旅伴。

巴西主教全国委员会（National Council of Brazilian Bishops）的达尔西内亚·多斯·桑托斯（Dulcineia Dos Santos）修女是一位个子娇小、微笑迷人的黑人女性。过去两年间，她一直和沙万提人等当地原住民在一起，帮助改善儿童的营养健康等。当她第一次进入村庄的时候，八成的孩子都营养不良。

"这让我觉得很伤心。"她告诉我，"在那之前我从未见过营养不良的人。他们的眼神里充满悲哀。我深受触动。他们热情地欢迎我，叫我'非洲人'。我很想留下来。"她说着露出发自内心的笑容。令人高兴的是，这一问题已经成为过去。

导致儿童营养不良的一个原因是部落传统规定成年人和老人应该优先获得食物。他们自古以来的传统是，勇士们应该随时准备好去打猎和战斗。但让他们食物匮乏的真正原因是，食物正在从他们世代居住的这片土地上消失。

"由于牲畜养殖户砍伐了整片森林，部落得不到足够的食物。"达尔西内亚修女长叹一声，"但是现在情况开始好转。他们种下了果树，并且正在促进森林再生。"

这是个缓慢的过程。原住民种植玉米、木薯和大米从不用杀虫剂，但附近的大型农场种植大豆、玉米和棉花会使用大量杀虫剂。这些杀虫剂污染了保留地中的河流，导致很多鱼类死亡。[31]

马托格罗索联邦大学（Federal University of Mato Grosso）的毒理学博士旺德雷·匹那提教授（Professor Wanderlei Pignati）在沙万提人居住区开展了化学污染研究，确认了农田与河流污染之间的联系。"在这个地区有许多大豆田和玉米田。杀虫剂流入河流，杀死了小鱼，破坏了食物链。所以沙万提人没有鱼可抓。"他告诉我。

第二天一大早，我返回沙万提人的营地，听到一所大房子里传出吟唱声。在这个简单的圆顶屋子里，我看见系着棉白色领结的年轻勇士跳着舞，还有一位年长者严肃地坐在树荫下等着我。他们的耳垂上插着铅笔粗细的木棒。他们身后是巨大的营地图，上面还画着圆顶的房子、母亲和孩子，以及金刚鹦鹉。

那位长者是马拉沃森德人的首领达米昂·匹拉扎（Damiao Paridzare）。他戴着插了蓝色和白色金刚鹦鹉羽毛的传统头饰，前额上用一种磨碎的丛林植物种子画着红色标记。他目光严厉地看着我，如果这是要吓唬我，他成功了。

谈话需要翻译。为了打破僵局，我决定先跟他讲讲我与多姆·佩德罗主教的会面。听完这段讲述，他笑了。"多姆是我们伟大的伙伴，"他兴奋地说，"他是我们最伟大的朋友，我们和他共同战斗。"

当年沙万提人被迫离开故土时，匹拉扎还是个孩子。

"那是个动荡的时代。我们感觉被骗了。我小时候的梦想就是要靠战斗夺回土地。我们战斗了，我们赢了。"他激动地说，"当我们回到这里时，整片森林都被砍光了。所到之处全是牧场。过去我们能吃的东西都消失了。我们本来不应该买肉吃，我们应该能够靠采集水果和打猎养活自己。"

"但野生动物的栖息地也被破坏了，我们没有可以猎取的动物了。这里只有草。没有鸟，没有猴子，所有东西都消失了。这是一个巨大的问题。因为附近有大豆田，杀虫剂都流进了河里，我们的河流被污染了，再也找不到鱼。"

面临严峻的食物短缺，沙万提人不得不尝试种植粮食。

"你看到这些大豆田了——那里过去都是丛林。因为他们用的杀虫剂，我们不得不呼吸受污染的空气，咽下受污染的食物。"首领说。

我想起昨天见到勇士们为比赛做准备时的情景。当他们预备在跑道尽头证实自己的力量时，我注意到，在他们身后，装满大豆的卡车正源源不断地沿道路开过。很不幸，部落勇士们不屈的精神还不足以阻止巴西大豆种植地的扩张。

天降毒雨

巴西首都以南 260 英里的里奥韦尔德是这个大型农业国家的中心，我去那里拜访了当地一所学校。随着我走近一排排的建筑，孩子们的欢声笑语传入耳中。校园的外墙上印着孩子们大大小小的彩色手印，还写上了名字。校园内，从幼儿到少年，孩子们挤满了教室，正在学习他们的课程。

圣·何塞·杜·彭岛（São Jose Do Pontal）市立农村学校的校长雨果·阿尔维斯·多斯·桑托斯（Hugo Alves Dos Santos）在大门口迎接我。他是一名高大的黑人男子，长相清秀。他穿一件条纹衬衫，斜纹棉布裤——适合燥热天气的轻便装束——面带笑容与我握手。操场上，成群的孩子们玩着足球。一些看起来家境不错的孩子穿的好像是球鞋，还有一些光着脚。一群女孩子正在专心打乒乓球。

我的到来引起一阵兴奋：孩子们没怎么见过外国人。他们围着我，渴望听到我的英国口音。我看到学校图书馆的墙壁上挂着一块纪念匾，感谢世界上最大的一家化学公司慷慨捐助。我想，这太讽刺了——我来这里正是为了了解这所学校在 2013 年 5 月臭名昭著的空中喷洒化学农药事件中受害的情况。

那天一开始一切如常，孩子们课间在外面玩耍（我听说当时一些孩子正在外面吃东西）。周围农田里种着作物，一架小型黄色飞机不知从哪里冒出来，开始喷洒农药。据多斯·桑托斯说，飞机四次从学校上方低空飞过。

"我被喷了一身液体，但当时并没意识到这种液体有害。孩子们也觉得不会有毒，他们还跟在飞机后面跑着玩。"他回忆说。他告诉我，当时他脱下衬衣向飞行员挥动，试图让飞机远离这里。他觉得飞机飞这么低，离学校这么近，一定会有问题。

很快，多斯·桑托斯感到呼吸困难，喉咙剧痛。"我非常难受，觉得自己要死了。"他告诉我。

一位老师发出警报，说一些学生也病倒了，他们呼吸困难，皮肤瘙痒。一些孩子非常难受，开始在操场上脱衣服。恐慌和混乱随之而来，孩子们尖叫着昏倒。伴随着强烈的瘙痒，他们还开始呕吐、头痛和头晕。

"孩子们很绝望，他们不知道该怎么办。"多斯·桑托斯说，"我马上叫了救护车。"

大约 42 名师生进了医院，其中 29 名需住院治疗。病人太多，医院不得不借用附近的学校作为临时病房。[32] 在接下来的数周和数月内，一些孩子返诊次数多达 18 次，还有一些至今仍然承受着相关疾病造成的痛苦。这些都是我在与一些家长谈话时得知的。

事发时，玛利亚·德·法蒂玛（Maria de Fatima）的女儿才 16 岁。她说："我的女儿患上了慢性应激症和激素疾病，至今仍在接受治疗。"事发当日，这个女孩情形十分危急，不得不用飞机送到戈亚尼亚的城市医院治疗。

玛利亚·阿帕雷西达·德·奥利韦拉（Maria Aparecida de Oliveira）接到女儿的电话说有小学生中毒时，她才知道 15 岁的女儿也受到了影响。她回到家，发现女儿和另外三个女孩状态极差，以至于当时她甚至担心她们无法撑到医院。"她们不能呼吸，"她告诉我，"直到今天，我女儿的健康状况也不好。实在是让人很伤心。"

事故导致学校封闭数日进行清理。[33] 马托格罗索联邦大学毒理学博士旺德雷·匹那提教授认为，这不是孤立事件："这不只发生在戈亚斯州，还发生在马托格罗索州、南马托格罗索州。这些地方的许多学校被大豆、玉米和棉花田围绕，所以这种情况其实经常发生。"据匹那提说，仅在里奥韦尔德地区，就有 11 所小学的学生面临受到农田喷洒的化学品伤害的风险。"有时候，学校会在喷洒季停课。养殖户不是用飞机就是用大型拖拉机喷洒杀虫剂，就在离学校非常近的农田里。"

杀虫剂的使用在巴西是受到管制的。空中喷洒应距离学校、住房、牲畜饲养场和自然保护区等 500 米以上。然而，法律经常被无视。

我问匹那提杀虫剂是否可以安全使用。"杀虫剂无法安全使用。"他坦率地回答，并告诉我，杀虫剂可以挥发，扩散到距离喷洒地 3000 米以上的地方。杀虫剂还可以随着降雨渗入地下水，威胁到饮水安全。"杀虫剂还会污染很多作物，例如大豆、玉米和棉花。"他补充道，"如果是对附近的人群而言，根本没有安全的使用办法。"

巴西现在是世界上杀虫剂使用量最大的国家，在 2000 年至 2012 年用量激增 1.6 倍。[34] 巴西每年的农药产品市场价值达到 80 亿美元，现在仍在不断增长。巴西的杀虫剂使用量大约占到全球用量的 20%，[35]

用量的飙升与单作农业的扩张有关。

巴西位于赤道附近，阳光充足，气温稳定，果实全年成熟，为昆虫、真菌和杂草提供了理想的栖息地。生长在小型混合农业中的作物能够更好地抵抗害虫，而大型单作农业更容易受到昆虫危害。因此，农民一概用杀虫剂对付。

为了进一步揭示这一问题，我询问了圣保罗大学的拉瑞莎·米斯·彭巴蒂教授（Professor Larissa Mies Bombardi）。她一直在监测巴西的杀虫剂使用情况。"仅大豆一项就使用了全巴西47%的杀虫剂。"她说，"这是最应该为巴西杀虫剂用量增加负责的作物。"

她告诉我，根据巴西官方数据，每90分钟就有一人因杀虫剂中毒。她认为数据只说明了一小部分情况，因为记录到的只是特定的案例。她指出，研究估计在每一个有记录的案例背后就有50个未被记录的案例，并断言2007年至2014年巴西有1186人因杀虫剂中毒致死。也就是说，"平均每2.5天，巴西就有一人死于杀虫剂中毒。"

这种严峻的死亡率也许与有毒杀虫剂使用管理松懈有关。一份行业杂志报道，在巴西有超过400种化学药品可以用作杀虫剂——其中22种在其他国家是禁止使用的（有些是欧盟禁止使用的，还有一些是美国严禁使用的），[36] 在巴西反而是使用最普遍的杀虫剂。

彭巴蒂说："我们所用的一些杀虫剂在其他地区，包括欧洲，都是不允许使用的。我们国家生产的大米和豆子等粮食越来越少，大家都去种能出口的饲料作物了。同时，杀虫剂的使用越来越多。也就是说，是我们主动选择了这种农业经营方式。"

随着单作农业继续在巴西平原上扩张，显然，受到威胁的不仅仅是美洲豹。

罐头里的牲畜（canned cattle）

在巴西中西部穿行，有一项巨大的产业是不能回避的，那就是畜牧业。不管是连绵不绝的深绿色牧场上，山谷里，山坡上，还是其间的任何一处，一眼望去到处都是牲畜。牲畜的颜色和大小也十分多样，有白色的，黑色的，褐色的，巧克力色的，灰色的，还有几乎所有这些颜色的混合。

草场上时而可见白蚁巢，看起来像巨大的鼹鼠丘。这是巴西草原的典型特征。感谢农业还给我们留下了一些原始的塞拉多草原。[37]

巴西中西部共有 4 个州：联邦特区（包括巴西的首都巴西利亚）、戈亚斯州、南马托格罗索州和马托格罗索州。这四个州的中西部草原是牲畜的王国，为巴西这个农业强国提供了基础产品——牛肉。巴西的牛肉产量仅次于美国。[38] 正如你所期望的，在这个地域广大的国家，2 亿头牲畜多数在草原上放牧。

塞拉多草原上不仅生活着大群的牲畜，长期以来也是巴西仅剩的美洲豹出没的地方。据发布濒危物种红色名录的国际自然保护联盟称，[39] 与牧场主的冲突以及生境退化是美洲豹目前面临的最大威胁。

鉴于目前牲畜数量巨大，[40] 即便最凶猛的猫科动物，我们也很难想象它能够影响到牛群。实际上，牧场主对美洲豹的威胁远远超过美洲豹对他们的威胁。美洲豹虽然受到法律的保护（它们最近被列为"近危"），然而一旦走入牧场就会被枪杀。[41]

在穿越巴西中西部的旅程中，我很高兴看到有这么多牲畜在户外草场上，但是也有不好的迹象显示出了一种新的倾向：家畜肥育场正在兴起。不久之前我刚遇到过一个典型的肥育场，里面散发的臭气远远就能闻到。数百头牲畜被圈在一处肮脏的泥地上，无精打采地站在距离路边不远的地方。它们看起来精神萎靡，一股腐烂的臭泥混着甜腻的玉米味道，让我感觉作呕。

我下车近距离查看这个肥育场，主人看起来倒是没什么意见——他不觉得自己做的事有什么问题。当我朝那些动物走过去时，空气中的气味愈发浓重，而且不只是气味，还有成堆的苍蝇。

除了苍蝇的嗡嗡嗡，这里基本就剩下牛群粗重的呼吸声。有一些牛的鼻子里流出清亮的鼻涕，它们的健康状态可能不太好。阳光猛烈，少数几只幸运的牛挤在一片狭小的遮阳棚下，绝望地寻求阴凉。剩下的只能忍着，一天又一天。我在巴西遇到好几个肥育场，这是其中之一。从空着的围栏的数量来看，这个肥育场应该刚开始买入牲畜。栏位都占满时，这个肥育场大概可以饲养几千头牛。拥有面积广阔的草场却将牛群关在围栏里，这看起来十分可笑。

随后，我与巴西动物福利倡导者、36 岁的卡洛琳娜·伽尔瓦尼（Carolina Galvani）进行了对话。她在国际人道主义协会工作。她家在巴蕾托斯（Barretos）有 100 公顷的牧场，位于圣保罗东北约 400 公里处。她与巴西的公司合作，改善农场动物的福利标准。肥育场主们很排斥她。

"巴西多数牛群是在牧场放养的。"她告诉我，"这是好事，意味着这些牛基本上能够自由活动。但还是有一些不利于动物福利的做法，比如烙印标签、去角、阉割和长距离运输等。"她很担忧地告诉我，一些养殖业人士和环境组织正在推广这种肥育场，作为减少森林砍伐的一种方式。肥育场很流行。仅在马托格罗索州，在 2005 年至 2008 年肥育场中牛群的数量就增长了 5 倍。[42] 在这个州，共有将近 100 万头牛被幽禁在泥泞的围栏中。

伽尔瓦尼反对圈养牲畜可以保护森林的观点。她解释说，这看起来好像可以节省空间，但是却忽视了一个事实，那就是牛群依然需要吃饲料，而饲料要在其他地区种植。"推广肥育场的人大概数学不太好。"她挖苦说。在她看来，我们需要一种更具有可持续性的解决办法，让牲畜更为自由地生活在牧场上，不再依赖单作农业谷物饲料。

对我来说，这是另一种行业托词。推广一种依赖粮食作物的牲畜饲养方法（作物取代了森林，进而消灭了野生动物），可能为投资者带来巨大的商业利益。其他人——包括动物——则需付出代价。

潘塔纳尔的恐慌

我满怀期待地沿着百里跨潘塔纳尔路（Transpantaneira Road）前往世界著名的潘塔纳尔湿地（地球上最大的湿地）。我听过大量关于此地的传闻，久仰它令人激动的野生动物和美景。

湿地跨越巴西马托格罗索州和南马托格罗索州，并延伸至玻利维亚和巴拉圭。想要抵达那里，我需要乘坐数个小时的汽车，在连名字都没有的土路上颠簸，路过大约 120 座桥——多数都是摇摇欲坠、临时搭建的——直到道路尽头。我就这样抵达了目的地：库亚巴河边波尔图·霍夫雷（Porto Jofre）的简陋营地，世界上最好的观赏野生美洲豹的地方。

天还没亮，我就离开了过夜的小镇波科内（Poconé）。升起的太阳如同火球，在潮湿的大地上洒下橙色的阳光。大地反射出微微的光芒。四处生机勃勃。晨曦中，夜鹰在临睡前最后一次伸展翅膀，如幢幢阴影。翠鸟掠过天空寻觅早餐，水雉在荷叶上起舞。秧鹤——形似灰色的大鹭——在浅滩中挑挑拣拣。世界上最大的啮齿类动物水豚，像大豚鼠一样在车边悠闲地漫步。一只凯门鳄（南美的一种鳄鱼）趴在附近，鳄梨果皮似的皮肤在晨光中微微发亮。

美景简直令人目不暇接。我在此停留的时间有限，能够看到如此美景实在让人欣慰。

土地十分潮湿。我开车经过睡莲和芦苇丛，看到高大的树木和淹水的牧场四周围绕着茂盛的植被。大朵黄色和粉色的花摇曳在枝头。雨季让大自然再次统治了这片土地，这正是这里最美的时候。如果在旱季前来，那么大部分地区都将被牲畜占据，而现在地面太湿，无法放牧。一只孤独的白色婆罗门牛（brahminy bull）执着地站在路中间，仿佛是为了提醒我回到现实。

不过路况确实很差。许多桥梁摇摇欲坠，跨越它们简直就是对信仰的考验。路面时而下陷，车子不得不涉水前行。水深随降雨情况而变，难以预测。我们的汽车在坑洼不平的路上挣扎，立下汗马功劳。潘塔纳尔湿地的水位很高，周围的牧场都被淹没了。路越来越难走，但我只有一天时间；明天晚上，我需要返回6小时车程外的库亚巴——多么残酷的日程安排。

汽车两次成功跨越危险的深坑。第三次，我的运气用光了。河水流速很快，一辆平板货车已经因此陷入软烂的淤泥。货车倾斜地陷在泥里，司机急得在周围蹚水转圈，绞尽脑汁。

道路狭窄，我们的车很快也陷进去了。我们别无他法，只能与另一位司机一起站在泥水里，努力考虑怎样才能把车弄出来。

球形的黑色小鱼在我脚边游来游去。是食人鱼吗？我知道潘塔纳尔有食人鱼。我仿佛看到腿上的肉被它们咬掉，一阵恐惧袭来。好在食人鱼并没有真的出现，但一丈之外，一只凯门鳄正在默默看着我们……

漫长又揪心的等待之后，一辆挖掘机路过，奇迹般地把我们挖了出来。

一夜大雨过后，泥土路已经成了野战训练场。我的司机与方向盘展开了不懈的斗争，以免我们滑入滔滔洪水。我当时发誓，如果我有幸再来这里，一定要坐飞机来。

虽然身体多处擦伤，我们还是抵达了道路的尽头：波尔图·霍夫雷。这是一个多么神奇的地方！没有电力，没有固定电话，只有 6 个人，简直与世隔绝。对于渔民、摄影师和前来寻找美洲豹的人来说，这里就是通往地狱之路的尽头。

时不我待，我很快坐上一艘 22 英尺长的驳船，沿着分隔马托格罗索州与南马托格罗索州的库亚巴河前进。船长塞巴斯蒂安告诉我，美洲豹在这个时节并不易见到。雨季到处都是水坑，美洲豹很少冒险来到河边喝水。抱着侥幸的心理，我们依旧前行。

沿河上溯，我们看到许多猴子 [①] 在岸边树上游荡，凯门鳄在水中

---

① macaque 为旧世界猴，在南美洲无自然分布，因不清楚此处到底为何物种，宽泛地译为"猴子"。

划过，巨獭一家在岸边戏水。伴着汽笛声，巨獭吱吱叫着游入水里，很快消失在水面之下。河面宽阔，河水颜色深褐，流动平缓。两岸植被茂密，水边杂生黄色、粉色和红色的花朵。精细的织布鸟巢从纤长的枝条上垂下，其中一个快要没进水里，表明河水最近大幅上涨。

河岸边的倒木上有一些树皮剥落——这是美洲豹存在的信号。但不论身在何处，它们都小心躲藏。塞巴斯蒂安已经尽力了。我们顶着太阳坐船搜索了好几个小时，但连美洲豹的气味都没闻到。

其他游客比较幸运，许多人有幸看到了这里的大猫。多亏了坚持不懈的保护工作，美洲豹从恶棍变成这里的提款机。巴西潘塔纳尔地区95%的土地是私有的。生态旅游为土地所有者和当地社区提供了替代性的收入来源，在保护土地上有很大的潜力。

昂卡伐里（Oncafari）是潘塔纳尔地区推动的一个生态旅游项目，让人们可以近距离接触野生动物。[43] 我询问了该项目的一位协调员罗杰里奥·库尼亚·德·保拉（Rogerio Cunha de Paula）。在不随队外出追踪美洲豹时，他是巴西环境部生物多样性保护研究所下属的国家食肉动物保护研究中心（National Research Center for Carnivore Conservation，简称Cenap）的官方代表。现年43岁的保拉自2002年开始为研究所工作，现在担任该研究所的副所长。

"我们把生态旅游作为增强物种保护意识的重要途径，"他告诉我，"我们开展了项目推动生态旅游，改善美洲豹的形象，将物种与价值联系起来。例如，在潘塔纳尔，许多人之前由于牲畜损失而猎杀美洲豹，现在他们开始参与生态旅游工作了。人们逐渐不再养殖牲畜，因为带领外国人——总体而言是游客——来看美洲豹可以赚更多钱。"

我借机向库尼亚谈起我们穿越塞拉多时的见闻。他告诉我："几乎所有的塞拉多草原都成了农田，这是个大问题。我曾见过广袤美丽的草原——从生态体系和自然平衡上来说价值难以估量的草原——被粗暴地开垦成牧场或农田。我无法想象大面积的单作农业能够给野生动物带来什么好处。"他补充说："尤其是对美洲豹这种需要大面积栖息地的生物。"

　　至少在潘塔纳尔，美洲豹的前景正在好转。"我们正在改变人们对美洲豹的印象，让美洲豹从只会带来危害的动物变成能带来收益的动物。"他说。

　　生态旅游给美洲豹带来了一线生机，至少是在巴西部分地区。这着实鼓舞了我。我不禁想到，在现代社会，是否只有当自然资源变得稀缺时我们才会珍视它。也许越是难以见到的动物，我们才越重视。

　　我们回到波尔图·霍夫雷的旅店时，人们正聚在一起吃晚餐。在主楼周围有几幢小屋，我当晚会住在其中一间小屋里。在雨季里，钓客们经常造访这里。旱季这里则挤满了慕名前来一睹美洲豹的游客。

　　我与一位热情的工作人员交谈，询问美洲豹对当地人的意义是什么。"它对我们很重要。因为它们带来了外国人，而外国游客让我们有钱可赚。"她告诉我。观豹之旅始于10年前，在那之前这里只有垂钓项目。"现在，我们两种生意都做，效果非常好。"她说。

　　在旱季，一天就能看到多达8只美洲豹。它们在河岸上悠闲地饮水，与幼崽玩耍。真希望我也能有幸看到这一幕。

　　我喜欢在波尔图·霍夫雷的日子，感觉好像可以永远这么待下去。但很不幸，第二天一大早我就要再次踏上"地狱之路"（跨潘塔纳尔路），前往库亚巴市，赶乘下一班飞机。

还有希望。虽然此行并未见到美洲豹，我却感到对它们的未来有了更多认识：尽管在巴西一些地区前景堪忧，但在另一些地方前景不错。我非常想知道，有多少人能认识到，森林和草原以及与之共生的野生动物消失的真正原因，是人们要供应生活在另一片大陆上的工厂化饲养的牲畜。苦涩的真相是，英国、欧洲和世界其他地方的廉价肉品，无论是牛肉、猪肉还是鸡肉，都很可能是用砍伐南美森林后种植出来的大豆养出来的。

我在潘塔纳尔度过的唯一一个晚上，旅店老板给了我一本介绍当地美洲豹的小册子。小册子中间的折页是游客在波尔图·霍夫雷拍摄美洲豹的图片。看着这些急切的外国人，我不禁想，他们中有多少人在刚刚抵达时，会先饱餐一顿大豆喂养的廉价牛肉呢？

第十二章　企鹅

海中无鱼

南非的罗本岛（Robben Island），在成为世界遗产地和种族隔离纪念地之前，曾长期作为监狱和军事基地，流放被社会遗弃的人。那是一段漫长而阴暗的历史。著名人士纳尔逊·曼德拉（Nelson Mandela）就曾被监禁在此 18 年。

罗本岛位于开普敦 7 公里之外的大西洋中，对海员们来说是一个很危险的地方。许多船只触上此地暗礁，船身撞击岩石海岸后碎裂，残骸被大海吞噬。17 世纪，一艘荷兰船只在意外中沉没，船上满载的金币原本是荷兰东印度公司员工的工资。这笔现在价值一千万英镑的宝藏很快被海浪吞没，只剩下一小把金币留给寻宝者。

"Robben"在荷兰语中意为"海豹"，但是在 2000 年 6 月 23 日，当一艘运载着 14 万吨铁矿砂从中国前往巴西的巴拿马货船被此地无情的海水吞没时，却有另一个物种面临灭顶之灾。

当时，这艘名叫"宝藏号"的货船船身破了一个大洞，开始沉没。大量燃油泄入海水，给罗本岛和附近达森岛上濒危的南非企鹅的栖息地造成环境灾难。灾难发生的时间对鸟类来说最不凑巧。企鹅当时正值繁殖期，正在忙着给雏鸟捕鱼，却被黏腻的油料困住。

随着油料的扩散，受害的鸟类逐渐出现在沙滩上，从一开始的几只逐渐增多到几百只、几千只。它们一个挨一个站着，全身黢黑，沾满污泥，缩成一团，像一只只可怜的乌鸦。这些都是幸运的，其他的企鹅没能尽快返回海岸，最终因体温过低或溺水而死。南非企鹅曾经是这一地区常见的鸟类，现在却前景堪忧。一百年前，它们的数量大概有 300 万到 400 万。在灾难发生的时候，它们的数量已经下降到了17 万。

这场灾难引发了世界上规模最大的一次野生动物救援行动。随着灾难的消息传播开来，世界各地的企鹅专家纷纷前往南非，组成一支12 000 多人的强大志愿者队伍，争分夺秒地拯救生命。

1.6 万只沾满油污的企鹅被捕捉起来，运送到内陆地区进行治疗，这一过程甚至动用了军用直升机。人们将沾了油污的企鹅集中到开普敦一处巨大的列车维修仓。志愿者在这里给它们喂食，用牙刷和清洁剂帮它们清理油污。在粪便、油污、鱼类和汗水的混合恶臭中，数千只惊恐受伤的企鹅安静地站着，等待着志愿者慢慢清理。[1]

将近 2000 只鸟儿有幸在沾染油污之前获救，但是救援人员又面临新的困境：应该如何安置它们呢？人们发现，最安全的做法是先将它们送到数百英里外的伊丽莎白港（Port Elizabeth），暂时远离致命的污染。随后，这些企鹅将花费数个星期游回繁殖地，给救援队争取宝贵的时间去清理油污。

这项高风险的行动还带来了另一个问题：如何处理数千只被遗弃

的企鹅宝宝？救援队需要将这些小企鹅抚养到能够独立生活。他们共救抚了 2200 多只小企鹅。在两个月里，志愿者们昼夜不停，行动总计花费将近 1600 万美元，[2] 成为世界上规模最大、最成功的野生动物救助行动。

在这次行动中，共计有 38 260 只成年鸟类得到救助。[3] 到 10 月份，最后一只企鹅也成功放归——物种得救了。然而不到十年时间，企鹅的数量就再次大幅下跌，减少了一大半。这让它们再次从 2010 年国际濒危物种红色名录中的"易危"变成"濒危"。[4] 人们在付出了巨大的努力之后，最终遭到了严重打击。

全世界共有 18 种企鹅，其中南非企鹅这个物种在地球上已经存在了 6000 万年，在变换的世界中屹立不倒。而现在它们似乎面临最后的衰落。导致这个物种濒危的原因是多样的，包括生境破坏、气候变化、污染和疾病等。至少在南非，它们还面临一个新的威胁：商业捕鱼。商业捕捞的对象正是企鹅所吃的鱼类，并且不是用作人类的食物，而是为集约化养殖的牲畜提供廉价饲料。

2014 年我代表世界农场动物福利协会游历南非期间，有幸见到了南非企鹅。

南非的农业正在发生变化。在过去 15 年中，工业化养殖取代了放牧养殖，牲畜被关在室内，用谷物和大豆饲料喂养。家禽受到尤其严重的影响，越来越多的肉鸡和蛋鸡被关在拥挤的养殖棚里或囚禁在立式多层养鸡笼里。牛群也不再徜徉在草场上，而是被迫在拥挤的肥育场中度过生命的最后几个月，主要食物是谷粒而不是青草。随着集约化或"工业化"养殖业的腾飞，地方养殖户越来越依赖昂贵的投资，例如化学杀虫剂和动物饲料，而用来制造这些饲料的粮食原本可以成为人类的食物。如今在世界上许多地方，都出现了农场动物与人类争夺食物的现象。

我想知道这种竞争是否已经影响到了海洋野生动物，所以我挤出时间去开普半岛（Cape Peninsula）的博尔德斯海滩（Boulders Beach）一游。最近，有一批南非企鹅在居民住宅区附近定居，那里的沙滩是全世界已知最容易接近企鹅的地方之一。通向沙滩的道路一侧废弃的简陋房屋，是这里尚未出名时的缩影。路的另一侧则是养眼的新建筑，掩藏在多彩的植物后面。桌山（Table Mountain）巨大的身影占据了天空，平坦的山顶夹在锯齿状的魔鬼峰（Devil's Peak）和狮头峰（Lion's Head）之间。一匹栗色马在路中央的分隔带上吃草，而当地人各自为生计忙碌着。我看见一个妇人抓着一只棕色母鸡的翅膀将它举起，吓得不敢上前。司机指着路边的黄色柳条箱告诉我："这里有很多鸡，整日被关在这些箱子里。"听到这些，我转身离开了。我在工作中经常遇到有人残忍地对待动物。我的内心在呐喊，忍不住想当场出手制止。但我明白，改变需要付出很多的时间和精力。而我努力要做的是，改变人们的态度和容许这些事情发生的体制。我不得不眼看着一切发生，并将经过记录下来。这很艰难，但是我知道，就眼下而言我别无他法。

一个半小时之后，我站在了著名旅游景点博尔德斯海滩那掩藏在花岗岩中的入口处。这里的企鹅世界闻名，每年能够吸引 6 万游客。[5]

这些企鹅并不是一直居住在这里。1982 年，一些南非企鹅从它们定居的岛屿来到此地。这里对企鹅来说可能是一个不同寻常的地方。

企鹅通常喜欢远离岸边的小岛，大海能够保护它们免遭天敌捕食，鱼类则提供了丰富的食物。然而，在开普敦这个地方，大陆上的天敌已经减少（我猜想，这本身也是一个故事），附近海湾里也停止了捕鱼，这给处于困境中的南非企鹅创造了一个避难所。[6]

我沿着干净的木栈道步行。栈道的一侧有围栏，保护附近的花园不被企鹅入侵。我之前在野外见过企鹅，但只是通过望远镜远远观看。在这里则情况完全不同，我很快就与三只企鹅面对面相遇。它们冷漠地昂首阔步从沙滩上经过，边走边整理羽毛，黑白色的晚礼服衬得它们十分帅气。距离近得令人难以置信，我能看到它们脸上灰粉色的腮红。其他游客从我身边走过，讨论着家长里短，完全不把关注点放在企鹅身上，仿佛出现这些与众不同的生物并不是什么大事。感觉就像在动物园里。

我来到一片白色的细沙滩上，栈道在这里与大海相接。100多只企鹅在沙滩上懒洋洋地晒太阳。一些企鹅摇摆着路过我们这些游客，引起一片相机快门声。还有一些企鹅在海浪中漂浮嬉戏。它们时而热情地扑扇着不能飞翔的翅膀，样子有点滑稽。我看到其中有几只棕色的幼鸟，感到放心了：新一代企鹅已经从志愿者放置的人工巢箱中孵化出来。南非企鹅需要得到尽可能多的帮助，因为它们的数量下降很快，现在野外只有大约50 000只南非企鹅了。[7]

这一带现在大约有3000只企鹅，它们至少在这里站稳了脚跟。附近的游客中心售卖各种与企鹅有关的东西：毛绒玩具、包包、徽章、胸针。一块展板上列出了南非企鹅（拉丁学名为 *Spheniscus demersus*）所受到的威胁："商业捕鱼造成食物（沙丁鱼、鳀鱼）减少、海洋污染、生境退化、病毒疾病等"。

单调乏味的词组——"食物减少"——概述了我内心巨大的恐惧：这些鸟类正在慢慢因饥饿走向灭绝，被人遗忘。

第二次世界大战之后，南非人成为非洲渔业的开拓者，专门捕捞小型远洋鱼类，并将它们做成鱼粉。而企鹅和其他海鸟也需要靠这些鱼类维持生存。到 2000 年，每年从海中捕捞的鳀鱼、沙丁鱼和红眼鲱鱼多达 40 万吨，多数变成了鱼粉，用于喂养家禽。[8]

这种新的威胁加剧了商业开发对企鹅的卵和生境带来的巨大压力。很久以前，欧洲人发现企鹅筑巢的岛屿上堆积的大量粪便是富有营养的肥料。从那时起，对企鹅的压迫就开始了。

几千年来，岛屿上大量堆积的企鹅粪便干燥成黏土状，企鹅在自己的排泄物中挖掘、筑巢。粪便堆为幼鸟、卵和亲鸟遮阳挡雨，并保护它们免遭捕食者伤害。岛上的企鹅群曾经十分密集，几个世纪下来，粪便积累了 80 英尺厚。[9]

诱惑是不可抵抗的。数十年无节制的开采在 20 世纪 40 年代达到了顶峰，当时海鸟粪被视为"白色黄金"。来自欧洲和美洲的开采船只堵塞了海岛附近的港口和海湾，工人们在岛上挖掘海鸟粪便，直到露出岩石。纳米比亚附近的海岛深受其害：伊查博岛（Ichaboe Island）一度被 400 多艘船团团围住，6000 多人在岛上挖掘"宝藏"。不仅如此，挖掘者还将"产金蛋的鹅"——南非企鹅——也吃掉了。他们挖光了伊查博岛上的海鸟粪之后，又转向其他的企鹅繁殖地，四处破坏。短短几年之间，几个世纪积累的宝藏都挖光了。

毫无限制的资源掠夺一直持续到 1967 年，当地终于出台法律禁止开发海鸟粪便。南非企鹅受到的威胁还包括长达一个世纪的鸟卵采集。这些鸟卵首先被穷人当作廉价的蛋白质来源，随后又成为一种稀缺奢侈食物。[10] 现在，鸟卵和鸟粪的采集都遭到禁止。企鹅的繁殖地受到了保护，油污泄漏也很少出现，企鹅应该是安全了。但它们的数量依然在迅速下降——也许，扼住它们命运的魔爪隐藏在滚滚海浪之下。

数十年来，商业化捕鱼将目标瞄准了非洲南部看似取之不尽的鱼群。此地海水中丰富的渔业资源源于本吉拉海流——世界最强烈的沿岸上升流——带来的冷水。这股冷水上升到海洋表面，带来了丰富的营养物质，能够支持大量的海洋生命。[11]

然而，这个生态系统的维持依赖三种小型远洋鱼类：鳀鱼、沙丁鱼和红眼鲱鱼。这些物种推动整个海洋群落的运行。从吃小型远洋鱼的鳕鱼和黄条鱼，到吃这些鱼的鲨鱼和金枪鱼，到企鹅、海豹、海豚和鲸，它们都依赖这些被渔业圈称为饲料、诱饵、猎物和杂鱼的小鱼为生。

海洋中这些所谓的"杂鱼"——对食物链中的关键物种的蔑称——非常丰富。它们体形娇小却数量巨大，聚集成很大的鱼群，有时候可以吸引数千英里外的捕食者。渔船用围网围住鱼群，像拎手提袋一样将活蹦乱跳的鱼群兜上岸。

现在，这些曾经丰富的资源正在枯竭。众所周知，在1883年，英国科学家托马斯·赫胥黎（Thomas Huxley）声称"所有大型海洋渔业资源都是取之不尽的"，并且"没有什么人类行为会影响鱼类的数量"。[12] 120多年之后，很明显他错了。联合国警告，南非的鳀鱼和沙丁鱼已经遭到过度开发。[13] 渔业资源正在缓慢但确定地走向枯竭。

由于油污漂浮在海面，小型远洋鱼类向海洋更深处游去，"宝藏号"漏油事件貌似对南非的渔业活动影响有限。实际上，漏油事件发生后的 4 年，恰逢南非的渔业捕捞量显著上升，这给处境困难的企鹅又增加了一层压力。根据官方数据，捕捞量再次增加了 0.5 倍，达到61.1 万吨。[14] 联合国质疑非洲捕捞数据的可靠性，所以实际数据可能更高。对于试图从种群灾难中恢复的所剩无几的企鹅种群来说，人们每捞起一网鱼，它们面临的压力就会更大。

非洲鸟类研究所的罗瑞安·皮什格鲁（Lorien Pichegru）博士担心，在 55 年之内，非洲企鹅就会像渡渡鸟一样灭绝。她说："过度捕捞是一个很严重的问题。鱼类种群数量下降，渔民和企鹅都在挣扎求生。情况非常令人担忧。"

她的团队为企鹅配备了跟踪设备，结果发现过度捕捞迫使它们需要为了寻找食物而游得更远，影响到繁殖率。保护主义者正在努力拯救企鹅，皮什格鲁博士参与了许多此类项目。

"我们在岛屿上为它们建造了人工洞穴，保护幼鸟免受致命的热浪或暴风雨的袭击。"她补充说，他们还将饥饿的幼鸟转移到康复中心。尽管做了这些工作，但 2012 年，企鹅的数量还是减少了 1000 对。[15]

保护主义者认为南非企鹅是该国的海洋哨兵，如同"煤矿中的金丝雀"，指示着海洋生态系统的状况。企鹅几乎专吃小型海洋鱼类，它们的数量下降，明确表示鱼群数量不足。[16]

2008 年，南非政府开展了一项实验，突出了企鹅种群与鱼类数量之间的直接联系。实验人员将鱼群轮流限制在南非南海岸线外的两座小岛——圣克罗伊岛（St Croix）和鸟岛（Bird Island）——的周围。研究人员发现，鱼群停留期间，企鹅不必花费过多时间为雏鸟觅食，因而存活率更高。这次实验促使人们决定永久关闭这些岛屿周围的渔场。正是在这个时候，南非深海拖网捕鱼协会（Deep Sea Trawling Industry Association）的秘书约翰·奥古斯丁（Johann Augustyn）表示，该研究对了解全球渔业与脊椎动物捕食者之间的竞争具有重要意义。[17]

鱼粉是农业集约化的工具之一。由于对工业化养殖动物饲料的需求不断增加，扼住南非企鹅命运的手越发收紧了。目前，南非大约有三分之一的谷类作物被作为农场动物饲料，这造成了我们已经见惯的人与动物之间的食物竞争。[18] 现在海洋野生动物也参与到了这场竞争当中。

将小鱼变成牲畜的鱼粉饲料是一个十分浪费的过程。全世界做成鱼粉的小鱼本可以满足数十亿人饮食中对鱼类的需求。或者，换一种方式来讲，把它们留在海洋中会大大减轻鱼类资源的压力。然而现在，相当大比例的南非渔获出口到世界其他地方，用作集约化养殖牲畜的饲料。

全球企鹅协会（Global Penguin Society）主席巴勃罗·加西亚·博柏利格鲁（Pablo Garcia Borboroglu）估计，大规模的机械化渔业导致本格拉生态系统所能供养的企鹅种群数量严重下降，目前只有1920 年的 10% 至 20%。他认为，企鹅等哨兵物种 [①] 的状况与人们赖

[①] 一种或一类能够提前发出危险警报，指示环境危险的物种。

以生存的海洋的状况之间存在显著联系。他说："保护海洋对于海洋和陆地生命以及人类生活质量都至关重要。"[19]

南非企鹅不是唯一一种受到过度捕鱼影响的企鹅。

我对秘鲁向往已久，这是地球上物种最丰富的地区之一。我听说过许多关于海鸟和海鸟岛屿的故事；据说在过去，你在这些岛屿上行走，可以见到飞起的海鸟遮天蔽日。这些岛屿上的鸟类曾经如此丰富，以至于积累的鸟粪可以成为国家的经济支柱。

2012 年我终于有机会来到秘鲁，当时我正在为创作《坏农业》前往南美洲做研究。我们已经探访了阿根廷最严酷的地区，调查了机械化牛肉生产和规模宏大的大豆产业，即将开始第二段行程。旅行紧张且时常让人沮丧，我十分希望秘鲁可以给我一些精神鼓励。当乘飞机抵达利马（Lima）的时候，我在头晕目眩中满怀期待。

我很快启程前往秘鲁中部的海边小镇普库萨纳（Pucusana），这里距离利马大约 1 小时车程。我希望能乘船前往海鸟岛。秘鲁曾经著名的海鸟粪便采集就发生在那里。我沿着太平洋沿岸的阿塔卡马沙漠（Atacama Desert）前行。这里几乎是世界上最干燥的地区，据说从来不下雨。陡峭的山脉直插天空，信号塔沿着沙山排列，让人感觉这里仿佛世界尽头。

当我抵达普库萨纳时，海湾里横七竖八地停着许多人力渔船，空气中弥漫着海鲜和尾气的味道。妇女们在蓝白色的瞭望台下面切割和处理渔获，男人们聊天、喝酒、看报，消磨白天的时光。我沿着下水滑道走去，一只身上有斑点的斯塔福郡斗牛㹴在海滩上翻滚嬉戏。它让我想起我在英格兰喂养的救援犬杜克（Duck），那时候我们刚与它相处了短短几个星期。

我爬上一艘双发动机渔船，与之前约好的司机和当地的观鸟向导会合。当我们出发时，我看到当地的鱼市十分喧闹，一排冷藏车正将鱼运上岸，去做秘鲁首都人民的盘中晚餐。十几只鹈鹕飞过海湾。随着船只进入外海，我开始沉醉在浪花混杂着发动机尾气的味道中。

我们驾船驶出海湾，超过一艘大约 30 米长的机械化围网渔船。它锈迹斑斑的船体上堆着高高的渔网。这还只是一艘渔船。这里有世界上最大的单物种渔业，所要捕捞的就是秘鲁鳀鱼（Peruvian anchoveta）。得益于秘鲁海流——又名洪堡海流——这种小型远洋鱼类大量聚集在这片海域里。在周围温暖的海洋中，这股上涌的低温海水养育了极其丰富的海洋生物。

我看到了两只洪氏环企鹅（Humboldt penguins）。它们是南非企鹅的近亲，不仅外貌和特性与南非企鹅相似，而且面临同样的威胁。它们已经被 IUCN 列为"易危"，看起来也难逃逐渐被人类遗忘的命运。[20] 它们站在一块礁石上，面朝蓝天，脚下是翻滚的海水。我很奇怪这种不能飞的鸟类居然能爬到这么高。

最终，我们抵达了目的地：最名不副实的海鸟粪岛屿之一。虽然我脑中很明白岛屿的真实情形，但心中依然幻想见到成群盘旋的海鸟。尽管我已努力为可能见到的情形做好心理准备，但是看到岛上鸟粪被挖光后近乎裸露的地面，看到著名的鸟群被贪婪的渔业蹂躏，我还是陷入了巨大的失望之中。这座岛屿如一堆巨大的科茨沃尔德石① 般从

---

① 科茨沃尔德位于牛津西边、斯特拉特福以南。当地出产一种黄色石灰岩成分的矿石，名叫"科茨沃尔德石"。

海中升起，寥寥几只海鸟在涨潮线附近徘徊。我的心都碎了。

船夫停下发动机，我们稍停片刻，观望这座岛屿。冷水拍击着船帮。鸟类专家告诉我，自从开始商业化捕捞鳀鱼之后，海鸟的数量骤减90%以上。洪氏环企鹅只是众多受害者之一，它们的数量从100多万只减少到现在不到3万只。[21]

回到海岸，我注意到，峭壁的顶端有个低矮的轮廓，那是一座机械化养鸡场。一只海豚的背鳍划破船边的海面。因此，呈现在我眼前的，就是一幅概括了当前野生动物与牲畜之间的食物竞争的场景。一边是美丽的海豚，几乎触手可及；另一边则是渔业大肆掠夺生物链上至关重要的小型鱼类。而陆地上显然是问题的部分来源：工厂化养殖。

虽然很少有消费者了解事实，但用鱼类饲喂牲畜并不是什么新闻。早在14世纪爱德华三世时期，这一问题就已经得到重视。1376年，一份要求改革的请愿书提交给威斯敏斯特议会。请愿书中提到，在一些地区，渔民捕获了大量的小鱼却不知道如何处理，于是用小鱼喂猪，这种行为"对王国的公有财物和渔业结构造成巨大损失"。

早期的那些担忧与当前的问题不可同日而语。全世界每年从海洋中捕捞超过1.7亿吨小型远洋鱼类，如沙丁鱼、鳀鱼和鲱鱼等——大约相当于900亿条鱼，占全球海洋渔获的五分之一，其中多数被做成鱼粉。

秘鲁是商业性捕鱼规模最大的国家，每年鱼类出口量占全世界的三分之一，其中多数用于饲喂欧洲和中国工业化养殖的牲畜。仅英国每年就进口10万吨鱼粉，其中三分之一来自秘鲁。[22]

我很快发现，旅游业所兜售的马丘比丘的迷人景色是一种错误的印象。在无人看见的方面，秘鲁的法律如同虚设，甚至我们的德国导游都觉得需要随身携带枪支才能保证安全。这个美丽的国度正在失控，包括它的渔业在内。联合国粮农组织指出，由于秘鲁船队持续过度捕捞，秘鲁鳀鱼成了"全世界开发最严重的渔业资源"。[23]

　　这对其他物种也造成了毁灭性打击。随着商业性捕鱼的繁荣，海鸟和其他海洋动物数量持续减少。没有什么能与这只新来的"恶狼"匹敌，它吞下了大量其他生物赖以为生的小鱼。

　　秘鲁鱼粉行业看起来意义不大，尤其是在这个大量婴幼儿营养不良的国家。鳀鱼又不是不能吃——相反，它们富含蛋白质。然而全部渔获量的五分之四被碾碎成鱼粉，运到其他富裕国家饲喂养殖的鲑鱼、鸡和猪。鳀鱼的大部分价值都浪费在从饲料到牲畜肉类的转化过程中了。

　　这个行业的经济价值受到全面质疑。最近的一项研究显示，鳀鱼占了全秘鲁渔获量的五分之四，上缴税额却只占该国渔业税收的三分之一。鳀鱼用作食物比用作饲料的价值高得多。[24] 利马环境可持续研究中心（Centre for Environmental Sustainability in Lima）的帕特丽夏·麦基拉夫（Patricia Majluf，负责相关研究的科学团队的成员之一）告诉《世界渔业》（*World Fishing*）杂志："若秘鲁能将渔业所获用于人类消费，则将获得远多于现在的经济和食品收益。"麦基拉夫女士还参与了 2006 年的一项运动，鼓励秘鲁厨师将鳀鱼列入食谱。[25]

　　然而，大量的鳀鱼依然出口用于饲喂远方的牲畜，这种安排是出于何种考虑呢？

从企鹅到海鹦

我和妻子海伦准备庆祝一个非常重要的生日，因此预定了去加拉帕戈斯群岛进行一场毕生难忘的旅行。我们早就梦想着有一场旅行，2015 年我们都是 55 岁，理由很充分。我们计划了一年多，随着日子的临近而感到越发激动。旅程本身是空前绝后的：两天时间，还可以在安第斯山脉丘陵地带高处的厄瓜多尔首都基多住一晚上。

当我们终于抵达加拉帕戈斯时，我们还要再坐两次长途汽车和两次游船才能抵达旅馆。这些努力是值得的。

加拉帕戈斯群岛位于厄瓜多尔以西 600 英里处，横跨赤道，其名望得益于查尔斯·达尔文。近两个世纪前，查尔斯·达尔文作为随船的博物学家登上了"小猎犬号"。在这次旅行中，达尔文穿过加拉帕戈斯群岛的许多岛屿，注意到动物和植物物种适应每个岛屿独特环境的巧妙方式。他热爱收藏，带回了许多野生动物标本，这些都是他创作科学经典《物种起源》的基础。《物种起源》发表于 1859 年 11 月 24 日，成为演化生物学的基础。

达尔文无法预见，从那时起，地球正在进入一个新的时代。有些人称之为"人类世"：人类活动对自然界影响最大的新时期。世界变化的速度对物种适应力的考验达到了极限。

加拉帕戈斯企鹅就是濒临灭绝的物种之一。加拉帕戈斯企鹅是世界上最小的企鹅，站立也仅有 30 厘米高，目前仅剩大约 1000 对。[26]

旅途中我最期待的那一天到了，我们从加拉帕戈斯中央的圣克鲁斯岛上的旅店出发，开启了一天的寻找企鹅之旅。我们乘坐一艘名为"海狮号"的游艇，前往年轻的火山岛巴托洛梅岛（Bartolome Island），这座岛屿只有20万年的历史。这是一个超现实的地方，景色仿佛月球表面。锯齿状的矿渣堆之上，山峰高耸入云。倾斜的悬崖如同熔化的巧克力落在橙色的海滩上。附近其他的岛屿也形态各异，有的像圆锥形的中国斗笠，有的像曲折的大肠——这都是岩浆流的杰作。

离开舒适的70英尺游船，我们跳上充气小艇，继续前往詹姆斯岛的沙利文湾，接近期望中能够看到企鹅的地方。导游马里奥·多明格斯（Mario Dominguez）告诉我们，这个岛屿是所有小岛中最年轻的，刚形成150年。小岛像刚刚冷却的岩浆，还带着新鲜的纹路，仿佛柔软的淤泥。但当我跪下来仔细观察的时候，坚硬的石头让我的膝盖付出了代价——我不会再犯这种错了。

随后，我们探索了峰顶岩（Pinnacle Rock）周围。这是一整块造型独特的岩石尖塔，很容易让人误认为一个现代艺术品。在这块岩石底部，有两只蓝脚鲣鸟。这是一种可爱的海鸟，脚呈独特的蓝绿色，用于进行求偶展示。附近是一只独居的加拉帕戈斯企鹅。"它们喜欢这里，这里的水是群岛温度最低的。"多明格斯告诉我们。突然，他捂住鼻子发出奇怪的驴子一样的叫声。很明显，叫声吸引了企鹅——一听到叫声，一只白脸蛋的小企鹅就跳出水面，甩甩身体，张开了翅膀。

我们在峰顶岩处下了充气船，到企鹅生活的地方游泳和浮潜。下水之后，我朝着之前看到的两只企鹅游去。它们完全没有注意到我，这在加拉帕戈斯众多野生动物之中实属罕见。最终，它们滑进了水中，在水面愉快地摇摆着身体，有蹼的小脚展开，头朝向下方。不一会，它们从我身边触手可及的地方游过，让我万分激动。

加拉帕戈斯群岛是联合国教科文组织认定的世界遗产地，多项法律保护着岛屿表面的绝大多数区域。加拉帕戈斯海洋保护区保护着岛屿周围的水域，这是世界最大的保护区之一。丰富的海洋生物多样性也吸引了非法捕鱼者的注意。过度捕捞和非法机械化捕鱼严重威胁岛屿美妙的海洋生态系统，耗尽了商业鱼类资源，毁坏了海洋环境，影响了依赖鱼类的当地社区的生计和居民健康。根据世界自然基金会公布的信息，加拉帕戈斯几乎所有具有重要商业价值的滨海物种都面临过度捕捞问题。[27]

再一次，鱼粉产业成为罪魁祸首。[28] 仅 2011 年，厄瓜多尔就生产了 10 万多吨鱼粉，超过了南非。[29] 制造如此大量的鱼粉，需要捕捞重量是这好几倍的小型远洋鱼类，这些鱼类本来应该是濒危的企鹅和其他野生动物的食物。

加拉帕戈斯有 2.5 万名居民，其中近一半居住在圣克鲁斯岛上的阿约拉港镇。加拉帕戈斯是世界上保护力度最大的地区之一，岛上的农业受到严格监管，仅允许使用很少量的重型机械，严禁使用化肥和农药。这一成功的产业催生了公平的贸易和有机蔬果等产品。[30] 岛屿上的农民曾因为引进入侵植物威胁到岛屿上独特的生态系统而备受指责，但随着居民和游客人数的增加，引进植物成为重要的食物来源，不必再从厄瓜多尔大陆地区运送食物过来。[31]

最近几年，加拉帕戈斯另一个物种——鸡的数量也出现爆发式增长。养殖业的兴起给企鹅带来另一个威胁——疾病。地理隔离没有让加拉帕戈斯独立于全球范围内养鸡的进程之外，这里的农民也开始走上同样的"绝路"。2004 年，加拉帕戈斯已经有了 3 座集约化养鸡场，每家饲养 4000 只肉鸡。虽然规模远小于世界其他地方的标准，但每座养鸡场养的鸡都比全世界的加拉帕戈斯企鹅还多。

像其他地方一样，在封闭环境中饲养大量家禽容易发生新城鸡瘟（Newcastle Disease）。新城鸡瘟由一种高度传染性的病毒导致，而且可能传染人类。加拉帕戈斯曾于 1992 年和 2000 年暴发新城鸡瘟，在圣克鲁斯岛分别造成 2000 只和 500 只鸡死亡。[32] 所以疾病暴发难以避免，只是时间早晚的问题。这种病毒也会威胁到濒危的企鹅，它们对于新型病毒几乎毫无免疫力。

群岛上其他稀有物种，例如此地特有的不能飞行的弱翅鸬鹚（*Phalacrocorax harrisi*）和熔岩鸥等，也容易受到疾病暴发的威胁。还有人担心这些岛屿上会暴发毒性更高的新型病毒。这些病毒会在集约化养殖场的鸡群形成的高压效应中酝酿出来，随后迅速扩散，扫灭大量的野鸟和养殖禽类。[33]

来自厄瓜多尔、美国和英国的科学家们研究了加拉帕戈斯的养鸡场。鉴于其中存在"生态和疾病威胁"，科学家们呼吁给集约化养鸡场寻找经济上可行的替代方法。[34] 推广散养方式可能有所帮助，散养鸡类对传染病抵抗力更强。这个研究团队还认为，加拉帕戈斯群岛上的集约化禽类养殖可能"干扰当地生态"，例如造成水源和土壤污染。如果这些理由不够，还有其他担忧，例如这种养鸡场可能成为滋生蚊子的温床。[35] 蚊子可是臭名远扬的疾病传播媒介。

企鹅是南半球特有的，但海鸟所面临的问题不是。在英国、欧洲和美国的海岸上，海鹦、海鸦及其他海鸟正面临与企鹅相似的困扰。

已经灭绝的大海雀是海鹦的近亲，体形较大，水手们称之为"北半球的企鹅"。[36] 曾经，数百万只大海雀栖息在从挪威到纽芬兰、从意大利到佛罗里达之间的广大海域。从某种意义上来讲，它们才是原始的"企鹅"。因为英文中"企鹅"一词的拉丁语词源是"pinguis"，意为"肥胖"，是欧洲水手给大海雀起的绰号。后来，水手们在南半球海洋中发现长相类似的不会飞的鸟，也给了它们同样的名字，尽管这两类鸟属于完全不同的分类单元。

乘船路过的水手们会捕杀不能飞的大海雀作为肉食。随后，与大海雀相关的一整个行业兴起。人们捕捉大海雀，制成食物、鱼饵，将羽毛制成床垫，还用于制造燃料。1800 年，大海雀在北美消失。稀有带来的价值成为压倒骆驼的最后一根稻草——富有的收藏家搜寻它们的卵和皮作为时髦的藏品。到 1844 年，在冰岛附近的埃尔德小岛（Eldey Island）上，猎人杀死了最后一对大海雀。[37]

作为当今的"珍品猎人（rarity-hunter）"——或称为"观察和研究稀有鸟类的人"——我借助双筒望远镜和一份鸟类清单，追踪过许多不寻常的鸟类。正是在一次这样的追逐中，我第一次意识到工业化农业与北极海鹦之间的食物竞争。

那是在 1995 年 5 月下旬，我从英格兰南部前往设得兰群岛，开始一趟寻觅黑眉信天翁的长途旅行。柯勒律治 1798 年所著的《老水手之歌》（*Rime of the Ancient Mariner*）为这种鸟树立了永恒的形象。黑眉信天翁通常出没于马尔维纳斯群岛、南乔治亚岛和智利岛屿。而这只独鸟离开了它在南半球的家，绝望地迷失了方向。这只倒霉的黑眉信天翁奋力越过赤道无风带——这对于一只并不喜欢过多拍打自己细长翅膀的鸟类来说绝非易事——之后终于在苏格兰东北部海岸一处

死亡区域

偏僻的悬崖上停了下来，与一群北鲣鸟成了邻居。

二十多年来，这只信天翁几乎每年夏天都会回到英国最北端的赫尔马内斯（Hermaness）孤独地值守，它似乎已经适应了北半球的生活。冬天时，它徜徉于这里的海上，繁殖季节再回到赫尔马内斯。在观鸟博爱会（Birdwatching Fraternity）上，它被大家亲切地称为"阿尔伯特·罗斯[①]"。

那年，我一听说它回来的消息，就与密友理查德·皮奇（Richard Peach）计划一同前往设得兰群岛。我们从英国南部海岸乘车到阿伯丁（Aberdeen），再从阿伯丁乘坐过夜渡轮前往设得兰群岛。设得兰群岛位于北海北部的凉爽水域，距离苏格兰大陆一百英里。其首都勒威克（Lerwick）距离挪威卑尔根（Bergen）比距离阿伯丁还近。旅途本身就充满欢乐。我们在途中见到许多海鸦和黑海鸠。当地人称它们为"tysties[②]"。

我们一到达设得兰群岛，就爱上了这里地势起伏的景色。人们非常友好，生活简单而传统，仿佛回到了过去。但我知道，这种美好的感觉恐怕只是我一厢情愿的想法——这里气候恶劣，很难说生活轻松。挪威入侵者在一千多年前建造的古怪小屋、渔船和遗物述说着这里的历史。此地面积之大远出乎我的预料：导游休·哈罗普（Hugh Harrop）开车接上我们，沿设得兰群岛一路抵达安斯特岛，路程居然超过100英里。

我们抵达安斯特岛时，正值岛上赫尔马内斯自然保护区的新游客

---

① 黑眉信天翁的英文名称为 Albert Ross。

② 设得兰群岛当地方言。

中心开放。之前的游客中心是一幢简单的木质小屋，名为"观察者小屋"，它在 1991 年的"除夕飓风（Hogmanay Hurricane）"中不幸被吹走。[38] 当时，一对斯堪的纳维亚夫妇正准备在小屋中庆祝新年。尽管接到了暴风雨来临的警告，他们依然决定留下。风暴减弱后，人们在小屋的残骸中发现了那名男子的尸体；几天后，那名女子的遗体被海浪冲到悬崖底部。

电视名人和野生动物爱好者比尔·奥迪受邀参加新游客中心的开幕式。游客中心就建在之前英国设在马克尔·弗拉加（Muckle Flugga）最北边的灯塔站上。虽然我现在跟比尔很熟，但在此之前我们素未谋面。我很高兴有机会跟他认识，他一直是我崇拜的英雄。我唯一担心的是这会耽误我们寻找黑眉信天翁的时间。但事实上，由于我们的导游哈罗普需要担任开幕式的官方摄影师，所以我们并没有多少选择。

马克尔·弗拉加在最热闹的时候也是个荒凉的地方，所以理查德和我理所当然被拉去当与比尔一起来的访客。比尔非常风趣，是个极好的伙伴，一路插科打诨。

拍完照片后，我们马上开始努力寻找黑眉信天翁阿尔伯特。结果，我们从 850 英里外赶来，终于找到了北鲣鸟群，却发现阿尔伯特不在那里！可想而知我们有多么失望。

"我就知道我们应该直接来这儿！"我伤心地说，完全没有隐藏我的失落。难道要花一辈子才能拍到这种鸟吗？

由于没找到阿尔伯特，我情绪低落地靠在悬崖边，凝视着下方尖叫、盘旋的北鲣鸟群。风中拂面，吹来长年积累的干燥海鸟粪熟悉的味道。突然间，我失去了平衡，朝着200英尺高的致命悬崖下倾斜了一下。说时迟那时快，我努力稳住重心，向后倒在草地上。这一惊让我精疲力尽，还懊恼愤懑。气氛很紧张，我们三个都担心此行恐怕会一无所获。

但我们下定决心不放弃，坚持专注地搜寻海面。任何一只鸟飞过都会引起注意，以免万一错过："别动，那是什么？哦，不是，又一只北鲣鸟。"时间流逝，我的耐心也逐渐耗尽。我甚至情不自禁地产生了把我们该死的导游扔下悬崖去给北鲣鸟做伴的可耻念头！终于，导游用毫无波澜的声音告诉我们，目标出现了。

"我看见它了，跟七只暴风鹱一起停在海面上。"他平静地说，仿佛我们只是从附近的小屋里走出来散步，而海面上的景物也是平平无奇。

正如哈罗普所说，它就在那里，随着波浪起起伏伏。也许它喜欢跟灰白色的暴风鹱一起出海。它们是亲戚，在一起能感觉到回家的温暖。

小伙子，终于找到你了！我们松了一口气。它看起来像一只大黑背鸥，周围的一切在它面前都显得娇小。我能看到它白色的头部和黑色的眉纹，后面是信天翁典型的深黄色背部。多么令人难忘的时刻！突然间，它扇动了几下那双狭长的巨翅，腾空而起，优雅地滑翔而过。这幕场景令我们心醉神迷。好事多磨，一切波折都是值得的。

我们的幸运还不止于此。后来的事实表明，这是阿尔伯特的最后一个夏天了。黑眉信天翁的自然寿命长达70年，但它在首次来到设得兰群岛时可能早已成年。也可能它被渔网缠住了，溺水而亡，又或许移居到了别的地方，远离好奇的人类窥探的眼光。没有人知道它究竟去了哪里——总之，它再也没有回到安斯特岛。在接下来的 20 年中，我再也没有见到信天翁，直到这次在加拉帕戈斯群岛见到加岛信天翁（waved albatross）。

我们在设得兰群岛停留的时间很短，但还是看到了蓝喉歌鸲、朱雀、绒鸭和海鹦等其他鸟类，可谓不虚此行。我很喜爱海鹦，在设得兰群岛、法恩群岛（Farne Islands）和布里斯托海峡中最初的"海鹦岛"——伦迪岛上都观察过它们。它们的样子让我想起穿着晚礼服和亮橙色鞋子的小胖绅士，这身装束跟它们喙部明亮的彩色条纹很搭。我喜欢它们在悬崖边的草坡上奔跑的样子。它们在废弃的兔子洞里面进进出出，这无疑是筑巢的好地方。间或，它们从悬崖上跳向大海，展开翅膀乘风飞起。降落对它们来说绝非易事。当你看着它们逐渐降低高度，展开橙色的小脚准备降落返回聚集地时，心里不禁要替它们祈祷平安。

我在英国见过海鹦嘴里叼满银色小鱼沙鳗。这种小鱼对饥饿的海鹦幼鸟来说是最好的食物，不过沙鳗的数量也在下降——集约化养殖同样难辞其咎。

在设得兰群岛上时，我就听说海鹦种群出现周期性繁殖不良（bad breeding seasons）。这是一种尚未引起大众重视的现象，似乎是由于气候变化引起的。当水温上升时，沙鳗等小型远洋鱼类会远离海岸，令鸟类难以捕捉。但沙鳗的减少并非仅由气候变化引起。正如秘鲁的鳀鱼一样，北海的沙鳗也面临过度捕捞。1994 年至 2003 年，人们从海中捕捞了大约 88 万吨沙鳗。显然，这种捕捞规模是不可持续的。随后，沙鳗的捕捞量就下降到了每年 29 万吨。[39]

　　　　　　　　　　　　　　　　　　　　死亡区域

2013 年，英国鸟类学基金会和联合自然保护委员会（Joint Nature Conservation Committee，JNCC）合作开展的研究显示，北海的高强度机械化沙鳗捕捞与海鸟种群数量下降之间具有直接联系。该研究发现，在沙鳗捕捞量大的年份，海鸟繁殖失败的比例也增加了。[40] 我记得在设得兰群岛上一个地方曾观察到，凄凉的繁殖季似乎与大型拖网渔船下海的时间正好吻合。这就很合理了。

过去，人们总是认为污染是海鸟数量下降的原因。现在，人们往往会将矛头指向气候变化——这样没有哪个具体的人遭受指责，也就没有人觉得受到冒犯。然而最近，海洋保护协会竟敢指责捕捞的鱼类占北海渔获量 50% 的沙鳗行业。该组织曾说，沙鳗捕捞业"涉嫌导致海鸟的繁殖成功率下降"。[41]

其他作者更进一步，将过度捕捞和鸟类数量的下降更紧密地联系起来。1987 年出版《海雀》（*Auks*）一书的博物学家罗恩·弗里斯（Ron Freethy）写道："海鹦与丹麦拖网船竞相捕捉沙鳗。"他认为，海鹦长期面临的主要威胁是"人类过度捕鱼造成的食物短缺"。[42] 最近，权威著作《世界鸟类手册》（*Handbook of the Birds of the World*）的作者们重申，以关键的小型远洋鱼类为主要目标的渔业是"影响海鹦等食鱼海雀类未来的最重要因素"。[43]

人们为何从海中捕捞如此大量的沙鳗？答案是为了生产鱼粉和鱼油。大量的鱼粉被用作动物饲料，而且不仅限于养殖三文鱼。[44]

IUCN 红色物种名录已经将欧洲海鹦列为全球"濒危"物种。据估计它们的数量到 2065 年将下降 80%。IUCN 指出，主要的威胁是气候变化，尤其是在"欧洲海鹦的猎物受到不可持续开发，导致其猎物数量减少以及随之而来的繁殖失败"的地区。[45]换句话来说，也就是在过多小鱼被打捞出海的地方。

的确，我们的野生动物面临诸多压力，正在被加速排挤出这个资源持续减少的世界。当然，气候变化将产生巨大的影响（也可能已经产生了）。然而就那些本就在艰难求存的海洋野生动物受到的挤压而言，我们绝不能忽视沙鳗捕捞业以及非洲和南美洲的类似捕捞行业发挥的作用。

有人可能会认为，世界上总有一些地方能让野生动物平静地生活。比如南极？

不幸的是，即使在南极这片世界上最原始的荒野，企鹅也面临威胁。与加拉帕戈斯一样，南极大陆受到严格保护，但它周围的海域则不能从商业捕鱼中幸免。在我们已经多次提到的商业捕鱼行业中，国际捕鱼船队正在捕捞一种体形很小的生物——甲壳纲的磷虾。这是海鸟赖以为生的食物。船队每年捕捞20万吨磷虾，卖给人们制成动物饲料、宠物食品和鱼饵。

磷虾是一种长得像虾的小型动物，生活在浅海中，以浮游生物为食。它们是鸟类、鱼类、鲸类、海豹、软体动物等许多物种的食物。气候变化已经严重影响到它们的数量，融化的海冰扰乱了它们的生命周期，促使其数量急剧下降。[46]

与野生动物吃掉的磷虾数量相比，当前的捕捞量似乎微不足道。但科学家警告说，磷虾捕捞量将会增长。在短短15年内，工业化的捕捞方式可以让海洋生物量减少80%。[47]

另一组企鹅——阿德利企鹅、纹颊企鹅、长眉企鹅和白眉企鹅——

的前景也不甚乐观。

为了满足工业化养殖，人类不顾一切地掠夺全球海洋资源。海鸟远不是这一过程的唯一受害者，人类的食物来源也深受其害。在过去的半个世纪中，世界上大约90%的大型鱼类——我们所吃的那些——被食用或者丢弃，导致海洋资源几近崩溃。[48]

就演化的视角来看，全世界的渔民正面临这样一个事实：无尽的海洋资源正在枯竭。

科学家预测，世界上大部分渔业资源将于2048年耗尽。[49]

鲱鱼、鲲鱼、沙鳗等鱼类是海洋生态系统中食物链的重要组成部分：它们是生态链上介于浮游微生物与鳕鱼和金枪鱼等大型鱼类之间的关键的一环。简单来说，我们所吃的大鱼以吃小型鱼类为生。拖网捕捞小型鱼类会引起海洋生态系统中食物链的断裂，从而造成破坏性影响。

集约化的方式在过去60年中几乎已经完全统治了养殖业，而鱼粉行业只是其中一种工具。集约化养殖对野生动物以及我们人类赖以为生的生态系统真正的影响才刚显现。尽管已经造成了严重的破坏，但亡羊补牢，为时未晚。著名美国海洋学家和海洋生物学家西尔维娅·厄尔（Sylvia Earle）认为，我们还有机会"挽回局面，不过所剩的时间不多"。然而，如果我们不顾一切地继续下去，在我们有生之年资源将所剩无几。

正如厄尔所指出的，如果"一切照旧"，五十年内"将不再有商业捕鱼，因为鱼类都将消失"。[50]

第十三章　海鬣蜥

灭绝时代的演化

带着疲惫、晕船加上思乡情切，年轻的查尔斯·达尔文从甲板下狭窄的舱室中走出来，凝视着前方逐渐靠近的大陆。[1] 这个英国年轻人已经在海上漂泊了 4 年——是原本预计的时间的 2 倍——他已经极度厌倦"小猎犬号"这艘英国海军舰船上的生活。[2] 在加拉帕戈斯群岛上的所见所闻，四处海鸟的尖叫，对此时的达尔文可以说是极大的解脱。坚实的土地将这位年轻的博物学家从海浪的摇摆中暂时解救出来，也让他从枯燥的景象中解脱出来——这里充满神奇的生物等待他去记录。

然而，大家没有欢呼"欧耶，陆地！"。这里的景色——无尽的锯齿状黑色岩石——并不好看，他们很快就会发现很少有生物能喜欢这里严酷的环境。"小猎犬号"距离回家还有一年的航程。在跨越大洋的漫长航行之前，这些火山群岛将是船员们最后的停歇地。达尔文在旅程中已经身心俱疲，船长又令他精神紧张，因而当他蹒跚登陆之时，他并没有什么心情坐下来与其他船员一起享受集体的温暖。相反，

死亡区域

他花了几个星期的时间采集群岛的鸟类、蜥蜴、昆虫和植物标本。[3]

当他捕捉并标记这些标本时，他正在为他将要做出的突破性的科学发现——自然选择的演化理论——奠定基础。但当时，他对此还一无所知。

达尔文和加拉帕戈斯是演化的代名词。这些岛屿是自然界中活的实验室，也是这个气候变暖和全球化的世界中，动物和植物以及人类所面临的挑战的缩影。正如我们将要看到的，达尔文的直系后裔正在为保护我们这个星球的资源而贡献自己的力量。

讽刺的是，他们这位著名的先祖差点没能参加这次发现之旅。达尔文原本计划当一名医生，但后来发现讲座沉闷，手术令人痛苦。所以他开始忽视学业，转而对博物学表现出越来越浓厚的兴趣。当达尔文最终放弃医学学位时，父亲又希望他能成为一名牧师。1831 年，当年轻的达尔文询问父亲他是否可以自筹资金随"小猎犬号"参加沿南美洲海岸线的探险时，父亲的反应十分冷淡。[4]

船长罗伯特·菲茨罗伊（Robert Fitzroy）对此行也不是特别热心。菲茨罗伊是英国皇家海军的科学家兼官员，他一开始要找的是一位体面的伙伴，因为旅程很可能漫长而孤寂。这位海军少将已经见识过大海对人的影响。"小猎犬号"的首次航行中，当时的船长将自己锁在舱内两周之后精神彻底混乱了，整个行程不得不在灾难中结束。菲茨罗伊目睹了这场悲剧，并决心不让自己陷入类似的命运。他想要的是一位懂得博物学的绅士，既能陪他解闷，也能收集动物、植物和地质样本。这一决定终将改变人类看待世界的方式。

达尔文差点与这份工作失之交臂。他参加了面试，但菲茨罗伊没有给他机会。菲茨罗伊对达尔文的其他方面没意见，却独独没看上达尔文的鼻子——鼻头略微浑圆，他觉得这表明此人缺乏决断。竞争对手和面貌并不是达尔文此行唯一的障碍，他还需要支付这次旅行的费用。达尔文唯一的资金来源是他的父亲，而老达尔文仍然坚持认为儿子应该成为一名乡村牧师。达尔文颇费了一番功夫才说服父亲掏钱。[5] 好事多磨，达尔文终于登上"小猎犬号"，加入了史上最著名的海上航行之一。

作为船上的博物学家，他的任务就是在那个科学界对自然界还知之甚少的年代，尽量收集信息。启航之前，他的导师，一位名叫约翰·亨斯洛（John Henslow）的植物学家，鼓励他阅读一本激进的新书——查尔斯·莱伊尔（Charles Lyell）的《地质学原理》。这本书挑战了当时将宇宙起源和地球生命归因于上帝的创造论教条。

莱伊尔的论著在当时引起轰动。他认为世界的山脉、河流和海岸都是不断发展的，处于一种不断变化的状态，其背后动力如今仍在发挥作用。这种观点与当时认为万物永恒不变、一如造物主初创之时的主流观点针锋相对。[6]

达尔文心中充满好奇。离开英格兰不久，他就开始看到世界不断变化的证据。他看着火山在眼前爆发，甚至遇上了地震。土地真的在他脚下移动，他在笔记中写道："世界，一切坚固的象征，如流动的外壳般在我们脚下移动。"[7]

当"小猎犬号"于 1835 年 9 月 15 日到达加拉帕戈斯时，达尔文再一次看着自然界在眼前发生变化。他还注意到了其他事情：每个岛上的动物都有微妙的差异。

尽管现在关于达尔文与加拉帕戈斯的神话已经在全世界流行，但他对加拉帕戈斯群岛的第一印象并不好。他在日记中失望地写道："没有什么比这里更索然无味。"[8]第一次遇到当地的野生动物也没能改变他的印象。他写道："海滩边黑色熔岩上经常出现恶心又笨拙的大型蜥蜴。"在他的描述中，这些生物的外在形态"看起来就像可怕的暗夜鬼魅"。[9]这种诅咒似的描述正是针对加拉帕戈斯最独特和最有趣的物种之一：海鬣蜥。

而两个世纪之后，戴维·爱登堡爵士再次用"暗夜鬼魅"一词来形容他创作的加拉帕戈斯系列影片中具有代表性的物种。在这部据称是"华丽视觉盛宴"的电影片头中，一只海鬣蜥如王者般站在水下岩石上，向观众投来凝视的目光。[10]

我也在加拉帕戈斯看到过海鬣蜥，它们其实挺迷人。游客们试图给海鬣蜥拍照，为了捕捉它们在水中优雅摇摆的完美镜头，像狗仔队一样赤脚沿着海滩追逐。（海鬣蜥在陆地上行动笨拙，但十分擅长水中游泳。）我仔细打量过在小路边和小游船停靠的礁石上晒太阳的海鬣蜥，它们仿佛全然不在意登岸的游客惊讶的目光。它们有时候也固执地趴在公路中间，汽车和自行车不得不绕道而行。

海鬣蜥是地球上唯一能在海洋中游泳的蜥蜴。鬣蜥通常生活在陆地上，在南美洲大陆以及整个加拉帕戈斯群岛都有分布。然而，这种海滨物种已经形成了独特的习性：它们可以在海浪下觅食。

海鬣蜥的祖先来自中美洲陆地的丛林，现在那里横跨河流的大树上或芦苇丛中仍然能看到它们的身影。很久以前，有些个体被迫下海，其中多数被海浪吞噬，但也有一些足够幸运，借助叶子或木头等物体在海上漂浮。它们可以数天不吃不喝，直到命运女神将它们送上加拉帕戈斯群岛年轻（在地质学上）的火山石海岸。[11] 在这片食物匮乏的不毛之地，这些幸存的"鲁宾逊"们只能依赖自己的适应能力存活下去。

达尔文可能觉得海鬣蜥很难看，但无疑并没有觉得它们很无聊。在加拉帕戈斯群岛度过的短暂几周里，达尔文注意到这些生物与他在别处看到的多种陆生鬣蜥之间存在差异。海鬣蜥在海上航行的特征引发了他的好奇。他找到海鬣蜥在海洋中的觅食地点，研究它们的食物。他捕捉并解剖了一些海鬣蜥，发现其肠胃中"大部分是海藻碎屑"。陆地上显然没有海藻，他因此猜测海藻生长在海底，离海岸有一段距离。

达尔文还注意到，海鬣蜥遇到危险时并不会选择跳入水中逃跑。他对此很不解，尤其是考虑到海鬣蜥非常喜欢待在水里，游起泳来"动作优雅又迅速"。他抓了一只海鬣蜥，将这个不幸的生物远远扔进一个深池塘里面，结果这个倒霉的家伙径直朝达尔文游回来。达尔文再次将它捞起来远远扔出去，如此循环多次。他写道："也许这种愚蠢的行为是环境造成的。这种蜥蜴在海岸上并无天敌，而在海中则经常要面对许多鲨鱼的捕杀。"[12]

达尔文还注意到，爬行动物称霸的加拉帕戈斯地区在世界上是独一无二的。岛上几乎完全没有陆地哺乳动物，这就意味着蜥蜴是占据主导地位的食草动物——自恐龙时代以来，这种情况就不多见。[13]

加拉帕戈斯的火山地貌景色多变，物种奇特，这让达尔文思绪飞扬。这位思乡的年轻博物学家在岛上漫步，不停地做着将海鬣蜥扔进大海的实验。逐渐地，他开始对空中所见产生兴趣。

当时，他对自己所见到的鸟类感到疑惑，尤其是对雀类。他在鸟类笔记中写道："（我对）这里几乎所有的雀类都感到莫名的困惑。"他认为这些小雀鸟都是同一类——事实确实如此——但也注意到它们在体形和喙部形态上有所差别。他收集了31只当地雀鸟（我们现在称为"达尔文雀"）以及一些其他鸟类的标本。[14]

它们很好抓：加拉帕戈斯地区的野生动物数量丰富，且不怕人。（至今也是如此。）达尔文用帽子抓住一只鸠鸽；一只嘲鸫落在他的杯沿上，被抓起来时还在喝他杯子里的水；他还用枪管从树上捅下来一只鹰。[15]直到今天，这些著名的雀鸟还会来吃你盘中的食物；巢中巨大的海鸟会直勾勾盯着你看；海狮们很享受在沙滩和纪念长椅上睡觉，而它们在世界其他地区的同类通常会觉得这些地方实在太暴露了。

当"小猎犬号"回到英国的时候，达尔文迅速从无名小卒变成著名博物学家。在岛上待了大约一个月之后，他积累了大量的标本：蜥蜴、鱼、蜗牛、昆虫和数百种植物。然而，与他永远联系在一起的则是鸟类。

一百万到两百万年前，多种达尔文雀的共同祖先跨越一千多公里的大洋来到加拉帕戈斯群岛。很少有物种会来到这个偏远的地区，所以它们抵达群岛之时，并没有遇到太多竞争者。这些雀鸟很快分散到不同的岛屿，最终分成了不同的种群，适应不同的生态位，形态也出现了可辨识的差异。随着时间推进，这些适应导致它们分化成不同的物种，这就是我们今天所知的"达尔文雀"。

然而事实上，并不是达尔文本人辨别出所有的"达尔文雀"。离开加拉帕戈斯群岛一段时日后，他才有了关于演化论的想法，因而跟随"小猎犬号"航行期间采集的标本也需要重新分析。他将采集到的标本送到伦敦动物学会（Zoological Society of London）。那里的馆长是著名鸟类学家约翰·古尔德（John Gould），他发现达尔文所采集的同一类雀鸟实际上包含十多个物种。[16]

随着达尔文开始酝酿他的物种演化论，他也意识到自己曾犯过很多的错误。比如，在"小猎犬号"上时，他并没有记录每只鸟类标本的来源地。他将加拉帕戈斯看作"自成一体的小世界"。如果加拉帕戈斯的不同岛屿上有不同的雀鸟种类，那么它们是否有可能源于同一祖先，该祖先扩散到不同的岛屿，并随着时间的推进，逐步适应不同岛屿的独特环境而发生形态变化？与同类其他种群的隔离是否可能使一个物种演化出若干不同的物种？达尔文开始确信，这三十种雀鸟都是同一个物种演化而来。然而，在不知道物种具体来源于哪个岛屿的情况下，他永远无法证实这一推断。

在深深的失望之中，达尔文联系了船上同样采集了标本的队友。然而，所获取的证据依然不足以证实他的理论。再一次，古尔德伸出了援手。他发现，加拉帕戈斯有三种不同的嘲鸫。幸运的是，这一次，达尔文记录了标本的发现地点，这就有可能说明每个物种都来自不同的岛屿。[17]

达尔文在记录植物的来源地时更加勤奋一些。然而，这一次是著名植物学家约瑟夫·胡克（Joseph Hooker）做出了突破性发现。他分析了达尔文采集的二百多种植物，发现其中半数以上是加拉帕戈斯地区特有的，而且四分之三仅分布于其中的一个岛屿。所有这些物种仿佛都从美洲大陆其他地区的物种演变而来。这正是达尔文所需要的证据，由此可说明不同物种是从共同祖先演变而来的，而非静止不变的。[18]

莱伊尔在地质学方面做出了大胆的突破，表明自然世界一直处于运动之中；现在达尔文也可以在生物学领域做出同样的举动。他的最伟大成就也许在于发现物种演化背后的机制：适者生存。他提出，通过自然选择，特定植物和动物拥有了超越同类的生存优势，更有可能成功繁殖，并将其优势特征传给后代。不同物种正是由此从共同祖先演变而来。

在维多利亚时期，创世论很少受到挑战，因而演化的观点引起极大的争议。达尔文害怕招致公愤，不得不推迟了二十多年才发表他的著作。《物种起源》最终于1859年发表，主要是为了避免别人抢先一步。当时，阿尔弗莱德·华莱士（Alfred Wallace）——一名向动物园和博物馆兜售藏品的收藏者——几乎得出了与达尔文一样的结论，并向达尔文提出了他的想法。这让达尔文面临两难选择：是发表而引发轩然大波，还是眼看着这一伟大的科学发现落入他人之手？他最终选择了前者。

也许正如他所担心的，这位由不情愿的牧师转变成的科学家成了众所周知的"杀死造物主的人"。[19]由此引发的争议成为笼罩他一生的阴影。

在变暖的世界中无处可去

穿过碧绿的海水，我觉得自己仿佛是第一个来到此地的人类。我迅速穿过不远处的红树林潟湖，脚下是暖暖的白色沙滩。眼前出现了令人激动的场景：海龟们正在产卵。我上岛期间恰好能够看到这一幕，实在是幸运。我站在岸边欣赏着轻柔的沙滩，看到海面上有一个薄薄的黑色的东西：一只海鬣蜥。

海伦和我来到位于加拉帕戈斯群岛中央的圣克鲁斯岛的拉斯巴克斯海滩（Las Bachas Beach），享受我们隆重的生日旅行。我们将相机镜头对准它——全世界唯一一种海生鬣蜥——黑色的鳞片和红色的巨口。

厄瓜多尔的火山群岛可能是热带地区最原始的群岛，也是世界上研究演化最好的地方。在1855年达尔文来到此地之前，多数到访者都觉得这是一个环境严酷的地方。捕鲸船和海盗船会在该岛停靠，船员们掠夺他们能够在岛上找到的一切。令群岛得名的加拉帕戈斯象龟①（"加拉帕戈斯"在西班牙语中的意思就是"龟"）成为头号目标。船员们将它们作为移动的罐头，养在船上慢慢吃。这里曾经有二十多万只象龟，但当达尔文抵达此处时，象龟已经很难见到了。[20]

今天，世人普遍认为加拉帕戈斯群岛几乎未经开发，但这还能维持多久呢？凭借其伊甸园般的独特景色，加拉帕戈斯群岛每年能够吸引大约20万游客。[21] 这一数字是25年前的5倍。游客数量的激增引发了人们对此地原始自然环境的担忧。[22] 该岛的自然公园管理机构尽力控制旅游业并对导游进行培训，以期将游客的增加带来的影响降到最低。[23]

气候变化也对此地的环境构成潜在威胁。夜晚，加拉帕戈斯的海龟爬上海滩，在海滩的高处产卵。海鬣蜥也在同一片海滩产卵，它们

---

① 英文为 giant tortoises，直译为"巨龟"。但巨龟包括广布全球的若干属种，分布于加拉帕戈斯群岛的代表种为"加拉帕戈斯象龟"。

将卵产在沙中的洞穴内进行孵化。这种洞穴需要温度恒定才能保证幼体成功破壳而出。海面升高将对这些关键的过程构成威胁。

卡琳·库格勒（Karin Kugele）是一名德国生物学家和专业导游，已经在加拉帕戈斯居住了 17 年。她担心由于气候变化的影响，海鬣蜥和海龟的产卵地将会被淹没。"海面会越涨越高，海滩终将消失。"她预测说。这不由得让人记起达尔文的观点：世界的本质在于不断变化。演化通常发生在千百万年的时间尺度上，然而现在，也许在我们有生之年，世界就将发生巨大的变化。

潮水退去，露出覆盖着绿色海草的黑色礁石。"那些就是海鬣蜥的食物。"她告诉我。百万年前海鬣蜥的祖先找到了加拉帕戈斯海底仅有的绿色：海草。它们尾部变得扁平，以利于游泳，尖尖的吻部也变得圆滑，以便啃咬海草。

"如果海水温度升高，藻类将会死亡。这对海鬣蜥来说将是巨大的威胁。"库格勒说，"它们不能远离海岸。鱼类可以游到其他地方寻找别的食物，但海鬣蜥不行。"

与其他科学家一样，她认为海鬣蜥已经处于濒危状况。她指出，我们并不知道接下来将会发生何种变化，但是对海鬣蜥来说前景堪忧。如果海洋温度上升，它们的食物就会消失；如果海面升高，它们繁殖的海滩也会消失。加拉帕戈斯群岛是这些美丽的生物仅有的分布地。不久之后，它们可能就会永远消失了。

达尔文雀的寓言

假期的第二天，我们向北西摩岛（North Seymour）进发。这个小岛面积不足 2 平方公里，因 18 世纪一位英国海军军官而得名。长相怪异的巨大海鸟站在繁乱的灰白色秘鲁圣木（palo santo）树上，海狮在浅峭的悬崖下溅起水花。地球深处的地质活动让海底升起，形成了这座小岛。现在这里居住着大量鸟类，空气安静得可怕，空中飘浮着太阳炙烤海草和鸟粪的刺鼻气味。

我在火山岩和红色细沙中蹒跚而行，进入一大群军舰鸟的巢区。这种鸟看起来像是北鲣鸟和鸬鹚杂交的后代。周围只有军舰鸟攀爬、喧闹和尖叫之声。一只全身黑色的雄性军舰鸟鼓起鲜红色的喉囊。嘴部带钩、头顶雪白的年轻个体眨巴着眼睛，表现出漠不关心的样子。它们毫不畏惧人类，就站在离我一臂之远处。内心的理性和导游的眼色阻止了我继续走近它们。与这种奇妙的鸟类距离如此之近，这真是一个值得品味的时刻。这是我人生中最神奇的观鸟经历之一。

正如达尔文所认为的，加拉帕戈斯群岛就是个小世界；每一座岛屿都有独特的动植物，独特的味道，独特的颜色。北西摩岛上的红色沙滩，南普拉萨岛的银色石头和红色矮草，圣地亚哥岛上的黑色熔岩，都处于不同的发展阶段，呈现出多种特征的独特组合。

游船则是加拉帕戈斯的新景象。

直到第二次世界大战之前，加拉帕戈斯群岛都与世隔绝。日本袭击珍珠港着实让美国吃痛，美国军方开始寻找能够维护巴拿马运河生命线的海上基地，加拉帕戈斯群岛成为理想地点。1942 年 4 月，美国与厄瓜多尔政府达成协议，在巴尔特拉岛的熔岩上浇筑沥青，建造了群岛上的第一座简易机场。[24]

第二次世界大战之后，美国将这里的空军基地移交给厄瓜多尔政府时，拆除了军事设施，但保留了机场跑道。[25] 在放弃殖民统治之前，美国总统富兰克林·罗斯福表示他极其珍视这些岛屿。他对美国国务卿说："这些岛屿代表了古老的生命形式，应当作为世界公园永久保护起来。如果我的愿望能够实现，我死而无憾了！"不幸的是，第二年他就去世了，没有见到梦想成真。1959 年，厄瓜多尔政府声明，将加拉帕戈斯群岛多数地区辟为国家公园。此时正值达尔文的《物种起源》出版 100 周年。[26]

虽然一直受到相关法律的严格保护，但是加拉帕戈斯仍然面临人口爆炸式增加以及旅游业、捕鱼业和外来入侵物种等诸多因素带来的威胁。为此，加拉帕戈斯于 2007 年被列入联合国濒危遗产地红色名录。1950 年，群岛上只有不到 1000 名居民，但在那之后人口几乎每十年翻一番。[27] 加拉帕戈斯现在已经有超过 2.5 万名居民，每年还有大批的游客。[28] 与世界其他地区一样，燃料泄漏和偷猎对野生动物构成严重的威胁。

更多的人和物资来来去去，无意间引入外来物种的风险也增加了。老鼠、野猪和山羊都威胁到这里独立演化了数百万年的生态系统。[29] 引进的宠物已经导致鸟类和海鬣蜥在人口密集地区绝迹。[30]

入侵植物的威胁也在逐渐加大。不久之后它们的数量可能就会超过本地物种。在阿约拉港（Puerto Ayora）北部，到处都能看到果树：橘子、葡萄柚、酸橙、香蕉、柠檬和椰子，都是人类引进的。外来的木槿开出鲜艳的猩红色花朵，与加拉帕戈斯本地植物的黄色花朵形成鲜明对比。岛上的传粉媒介十分有限，颜色竞争变得无用，因而本地植物的花朵颜色单一。黑莓灌丛等其他具有破坏性的入侵植物则可能会直接取代原生植被。[31]

　　这里的家禽数量也在增加。加拉帕戈斯群岛上相当一部分肥沃的土地被清理出来改为耕地，剩余的生物也受到外来动植物的严重影响。[32] 在圣克鲁斯岛，加拉帕戈斯群岛上的主要牲畜奶牛在从非洲引入的象草草场上放牧，这是多么熟悉的景象！养鸡业全面开花，普通游客可能经常看到家鸡在自由地散步。路两旁的林子里也少有鸟类生活。然而，这还不是全部。视线之外，加拉帕戈斯现在有 30 多个集约化养鸡场——相对于加拉帕戈斯居民人数来说，平均每千人就拥有一个以上养鸡场。养殖场的每一只鸡都需要额外的饮水和饲料，再加上日益增长的新型疾病带来的威胁，岛上脆弱的生态环境无疑面临巨大的压力。

　　加拉帕戈斯周围的海洋也承受着压力，甚至可能比陆地上还要大。海参只是其中一种受到威胁的生物。为了供应亚洲市场并获得丰厚的利润，海参也面临过度捕捞的威胁。当地政府为了解决这一问题，实施了捕捞配额制度，但这一措施却招致渔民的强烈抗议。20 世纪 90 年代中期，蓄势已久的冲突终于爆发，心怀不满的渔民围攻了加拉帕戈斯国家公园管理局的办公室。骚乱中有人使用了燃烧瓶，还有针对管理局局长的死亡威胁。渔民与管理部门的冲突持续了十几年，直到大自然出面干预——海参捕捞业开始崩溃。[33]

　　厄瓜多尔政府不得不做了大量工作，努力将加拉帕戈斯从联合国世界遗产名录中除名。2010 年 7 月这项决议宣布后，遭到环保主义者的批评，他们坚持认为"旅游、物种入侵和过度捕捞仍是造成威胁的因素，加拉帕戈斯群岛的局势依然严峻"。[34]

不过，群岛上一种最古老的动物尽管面临生存压力，却依然状况良好，至少目前如此。清晨，在费尔南迪纳岛的道格拉斯角可以看到成千上万的海鬣蜥正在热身。在加拉帕戈斯群岛，每天早上共有20多万只海鬣蜥晒着太阳，让身体温暖起来，开始新的一天。

　　我们沿着圣克鲁斯岛的神湾（Divine Bay on Santa Cruz）前行，见到二十几只海鬣蜥瘫软在阳光下，四肢交叠在一起。一些较大的个体头顶会有一块硬壳。偶尔会有海鬣蜥打起喷嚏。当地官方手册中提到，海鬣蜥以海藻为食，因此会吞下过多盐分，打喷嚏正是它们排出多余盐分的方式。

　　加拉帕戈斯群岛上的生物习惯了生活中偶尔出现的困境。岛屿周围有凉爽的秘鲁洋流和克伦威尔洋流（Cromwell currents），海洋生物因此繁盛。然而，低温洋流偶尔会消失，造成毁灭性影响，这就是我们所知的厄尔尼诺现象。向导告诉我们，厄尔尼诺现象导致大量的海鬣蜥、海狮、军舰鸟以及其他物种死亡。

　　本地动物已经发展出一系列方式应对食物短缺。厄尔尼诺现象带来的温暖海水会令海鬣蜥食用的藻类消失或被褐藻取代，而褐藻是难以消化的。[35] 为了渡过难关，海鬣蜥发展出了非凡的适应能力。当食物短缺时，成年个体的体形会缩小；当危机过去之后，它们会再次长大。但是，适应能力也是有限的。随着人类对野生动物造成的压力越来越大，它们的生存愈发艰难。

　　不过，并非加拉帕戈斯群岛所有的自然问题都是人类造成的。从北西摩岛返回时，我们的游艇驶过了雄伟的达芬梅杰岛（Daphne Major）。该岛海拔只有120米。虽然岛上没有树木，地形破碎，却是深度科学研究的对象。二十年来，美国普林斯顿大学的英国生物学家皮特和罗斯玛丽·格兰特夫妇（Pete and Rosemary Grant）每次会在这块孤独的岩石上待六个月，捕捉、标记达尔文雀并采集血液样本。他们在研究中发现了非常令人不安的情况。

达芬梅杰岛上的雀鸟主要以仙人掌的果实为食。格兰特发现许多仙人掌的花朵都发生了奇怪的变化：由于花朵上接受花粉的部位——柱头——被整齐地摘除了，这些仙人掌都无法结果。雀鸟失去了食物，也将饥饿致死。

谁造成了这种蓄意破坏？令人惊讶的是，格兰特发现肇事者正是雀鸟本身。事实证实，有些雀鸟学会了扒开花朵、摘除对授粉至关重要的柱头，然后采食其中的花粉和花蜜——这些食物原本在花开之前是无法获取的。

在所谓"达尔文雀的寓言"中，少数会摘除柱头的达尔文雀显然比同伴更加聪明，能够采食更多花蜜，却摧毁了岛上的花朵，熟练地吃掉了食物的种源。它们这样做，虽然迅速地获得了资源，却牺牲了种群中其他个体的长期利益，这必然会危及未来的食物供应。今天，这些会摘除柱头的达尔文雀仍然活跃在野外。如果达尔文雀种群数量整体下降，它们无疑比其他个体更有优势——然而只是暂时的。这种行为终究会让它们自己走向灭绝。[36]

达尔文未竟的事业

1882 年，达尔文去世时，他已经改变了我们看待世界的方式，但他感觉事业并未完成。在生命的尽头，他写道："我从未对所犯过的任何大错感到后悔，却时常懊恼自己没有对世人做出更多的贡献。"鉴于他非凡的科学成就，他的懊悔看起来谦虚得可笑。然而，正如我们所知，在他有生之年，他的贡献并未得到普遍接受。

达尔文未竟的事业现在已经传给了他的曾孙克里斯·达尔文（Chris Darwin）。54岁的克里斯是一位职业攀岩教练，他给自己的生活确立了一项重大的目标：防止物种大规模灭绝。这位当代达尔文已经两次入载吉尼斯世界纪录，其中一次纪录是在秘鲁的山巅筹办世界上最高的晚宴，这暗示了他曾经的公关生涯。他告诉我，这次活动唯一美中不足的是葡萄酒结冰了，而他的两位客人在享用甜点期间出现体温过低。

克里斯的家位于澳大利亚的新南威尔士州，他与妻子雅克（Jac）和三个孩子住在蓝山（Blue Mountains）。我在那里和他谈到两个世纪前他的曾祖父在加拉帕戈斯群岛度过的时光，我问他小时候作为伟大的查尔斯·达尔文的后裔是何种感受。可以想象，与世界上最伟大的思想家有亲缘关系有时可能是一种负担，也是一种优越。

他愉快地回答："嗯，并不总是那么奇妙。我在学校里的绰号是'缺失的一环'，而且生物考试还有一次不及格。"

不过，总体来说，有这样一位杰出的先祖还是让他觉得很幸运。

达尔文相信可证实的证据，也愿意去关注那些改变一个人自身信仰的东西。谈到这一点，克里斯表示："他这种思考方式明智而且与众不同。如果你只关注与自己观点一致的事情，那么你的观点永远不会改变，你可能就会跟不上时代的发展。"

我让他举个例子。他说："刚开始从事保护事业的时候，我认为唯一能够阻止物种大灭绝的方式就是在全世界建立大量的保护区。然而实际上，我很快就发现这种方法根本不可行。"

当然，我也这么认为。早先我就提到过，我十几岁的时候跟他有一样的想法，但逐渐地我意识到了自己的错误。自然保护区的作用固然不容忽视，但更需要改变的是某些东西：我们所吃的食物，以及食物的生产方式。

一方面，他认可自然保护区的作用，但另一方面他也认为应当在更基础的事情上做出转变，即改变我们看待肉类食品的方式。肉食是对物种造成威胁的重要因素。"陆地上的物种面临的重要威胁之一是生境破坏，在海洋中则是过度捕捞。"他言简意赅地说。

肉类生产仍在增加。专家们认为，如果全世界的人都像西方人吃那么多肉，那么农场面积还需要再增加三分之二。[37]

"我的结论是，我们需要减少肉类食用量。"克里斯告诉我。如果不是他祖先的黄金定律——要不断挑战自己的观点——他觉得他可能还需要很长时间才能意识到这一点。冷冰冰的统计数据显示：在过去四十年中，野生动物的数量已经减少了一半。

这位达尔文的后代相信，人类对肉食的贪婪是物种数量减少的主要原因，一些物种已经因此走向灭绝。他告诉我："试图拯救濒临灭绝的物种困难重重，在它们濒危之前就采取措施则要容易得多。从我们一日三餐所吃的肉类做起是可行也最重要的改变，而且好处多多。"

根据联合国粮农组织的信息，在未来 35 年中，人群对肉类的需求很可能还会翻倍。该组织 2006 年的一份报告《畜牧业的巨大阴影》（*Livestock's Long Shadow*）警告世人，在接下来的几十年内，家禽、家畜的数量将出现爆炸性增长。[38]

现在，每年饲养的肉用动物数量达到了700亿头。据估计，相比2005年，到2050年全世界将再增加5亿头牛、2亿头猪、10多亿头羊，以及180亿只家禽。[39]

我们应该眼看着这一切发生吗？我们将会失去无数的野生动物。除了导致生境破坏，不断增加的肉类生产还会加剧另一种引起大灭绝的因素：气候变化。牲畜贡献了温室气体排放总量的14.5%，比所有的飞机、火车和汽车排放的温室气体加起来还要多。[40]

联合国警告我们，到本世纪末，全球温度升高必须控制在2摄氏度以内，不然就会产生灾难性的后果。为了实现这一目标，到2050年，温室气体排放需要比2010年减少70%。研究如何减少牲畜排放的温室气体（所谓的"减缓"措施）的科学家认为，通过管理牲畜，最多能够减少30%的温室气体排放量。然而，英国伦敦智库查塔姆研究所（Chatham House）近期发表的一篇文章表示，单靠"技术性的减缓措施"——改变动物的养殖和管理方式——很难阻止温室气体的大量排放。[41]

农业的扩张将抵消所有"减缓"的排放量，并可能带来更多温室气体。目前看来，农业排放的温室气体已近乎使总的温室气体排放量增加1倍（高达80%）。如果继续发展下去，仅农业排放的温室气体就足以突破温度升高2摄氏度的安全线了，因此农业在全球变暖方面的作用非常重要。[42]

气候变化对野生动物的影响非常严重吗？科学界一致表示肯定。政府间气候变化专门委员会（The International Panel on Climate

Change，IPCC）曾提到："在 21 世纪及以后，大部分陆生和淡水物种因气候变化而导致灭绝的风险都会增加"，尤其是当气候变化与其他因素，如"生境改变、过度开发（例如过度捕捞）、污染以及入侵物种"等共同发挥作用时。[43]

北极熊、企鹅、海狮和其他高度适应寒冷气候的物种，不论是居住于山顶还是在加拉帕戈斯等独特而破碎化的环境中，都更有可能面临无处可去的境地。北半球的季节已经发生了变化，干扰了处于繁殖期的物种与其食物之间的同步性。物种的分布范围发生了变化。洪涝灾害和恶劣天气增加，对人类和野生动物都可能产生严重影响[44]，我们对此已经有所体会了。英国西北部的毁灭性洪灾和非洲的大面积干旱只是极端天气的两个例子，都与气候变化有关。[45]

肉类难辞其咎。多数畜牧产品——肉、奶、蛋——生产等量的蛋白质，都会比谷物、蔬菜和豆类释放出多得多的温室气体。[46]查塔姆研究所的报告显示，如果不减少肉类和奶制品的消费，全球气温的升高将很难限制在 2 摄氏度以内。[47]

这就是为什么克里斯·达尔文很确定我们必须要做什么。他简洁地说："物种面临的最大威胁是肉类消费，解决方式是少吃肉。"在达尔文的后代看来，这绝非素食运动。他认为，通过劝说坚定的肉食主义者吃更少量、更优质的肉类，可以做出更大的改变。与肉类占比较低的饮食相比，肉类占比较高的饮食可能会导致温室气体排放量增加三分之一。[48]

我问他对那些希望帮助减缓大灭绝的人有什么建议，他答道："尝试一周吃一次素食，这将对你的身体健康有利，还能给你省钱，对动

死亡区域

物福利和整个地球都非常重要。"这都不难理解。

常有人称，工业化养殖——用粮食喂养围栏里的牲畜，生产更多的肉类——是减少温室气体排放的方法。实际上，这无异于饮鸩止渴。工业化养殖效率低下，浪费土地和水资源，在其他方面污染性极强，并且对动物非常残忍。联合国粮农组织也认同，在减缓气候变化方面，全面推行工业化养殖是错误的；关键在于改善执行方法，而非转变整个生产体系。[49] 要避免气候变化失控，必须减缓温室气体排放，而减缓温室气体排放的正确方式是大幅度减少食肉量。

克里斯梦想的是来一场消费者改革，让消费者能够更加关注所购买的商品来源。也许牧场放养或有机生产的肉类价格略贵，但如果消费者能少吃一点肉，则能达到共赢的效果。

好在有迹象显示，这种转变已经发生了。"我很高兴看到，美国的肉类消费量在下降。"克里斯热切地指出。根据美国农业部发布的信息，2008 年至 2012 年，美国的肉类消费量降低了 12%。[50] 如果世界肉类消费量最大的国家的数字都在下降，我们将有充分的理由燃起希望，尤其是，美国的行为转变通常能够成为影响世界的风向标。毕竟，正是美国发明了工业化农业，促成了廉价肉类的暴增。

更加值得注意的是，中国卫生部最近公布，计划将居民肉类消费量减少 50%。中国消耗了全世界四分之一以上的肉类，其中一半是猪肉。鼓励更合理的肉类消费，旨在改善公共健康，还可以显著减少温室气体排放。[51]

欧洲的肉类消费也居世界前列，如果肉类和奶制品消费量减半，欧盟的温室气体排放量甚至可以减少 40%。[52]

尽管面临巨大的挑战，但是克里斯一直在努力为查尔斯·达尔文未竟的事业而奋斗。他已经准备好发起下一场夺人眼球的公众参与活动，美国人正是他的目标之一。我同他讨论的时候，他正在计划以独特的方式骑行穿越美国，通过在沿途进行一系列奇妙的特技表演，引起人们对 5 个濒危物种的重视。

他激动地说："有一种灌木在野外已经绝迹，但在华盛顿尚有存留。我们正尝试将这一情况上报给总统。"随后又向我分享了他拯救濒危熊类的计划："我打算穿上防弹衣，再装扮成熊，黄昏时分假装在乡间小路周围玩耍，看有没有人来打我一枪！我们将在约塞米蒂国家公园的一棵红木上开晚宴，以世界上最大的物种结束这场运动……这是我们的压轴好戏。"

他的树顶特技表演是为了纪念美国前总统西奥多·罗斯福所经历的顿悟。[53] 罗斯福与维多利亚时期美国著名的苏格兰裔博物学家约翰·缪尔（John Muir）在约塞米蒂国家公园共同度过了 3 天，而这次旅行改变了他们两个人。随后，罗斯福和缪尔在美国设立了一系列的国家公园。克里斯计划邀请罗斯福与缪尔的直系后裔在这棵巨型红木上共进晚餐。

"举办晚宴是因为我们要关注食物。"他说，"如果要吃肉，那么必须是以慈悲之心养出来的牲畜，这将是压轴戏。"

第十四章　人类

急速行进

丛林中又一个湿热的早晨，露西（Lucy）从睡梦中醒来。她将手指插入纠缠的头发，向树下望去。她打了个哈欠，伸了个懒腰，用谨慎的目光打量茂密的松树和橄榄树林。随后，她爬下树去寻觅早饭：水果、坚果，也可能是鸟蛋。

她的样子看起来很奇怪，手臂长长的，腹部像坛子一样。她站立起来也只有 3 英尺 7 英寸①高，按照当今的标准是个不折不扣的侏儒，但在当时，她处于哺乳动物演化的最高点。这是因为她学到了一项独特的技能：两腿直立行走。在日间，她沿着河边丰茂的草地漫步，夜间则去寻求森林的庇护。

露西在陆地上行走，又过了 300 万年后，人们在埃塞俄比亚北部哈达尔的一个山谷发现了她的遗骸。那是 1974 年，古人类学家唐纳德·约翰逊（Donald Johanson）和他的学生汤姆·格雷（Tom

---

① 1 英寸 =2.54 厘米。

Gray）正在灼热的沙土、灰烬和淤泥中寻找古人类及其他动物的化石。他们发现了令人振奋的东西：近 50 块类人生物的骨骼。

这些科学家回到营地就开始庆祝。他们边喝酒边讨论，兴致高昂，彻夜未眠。伴随着便携式音响中飘出的披头士音乐，他们兴奋地讨论着该如何为这个伟大的新发现命名。当披头士乐队的著名歌曲《露西在缀满钻石的天空》在夜空回响时，答案浮现而出：露西。[1]

这是有史以来发现的最古老、最完整的原始人类骨骼之一，它改变了我们对人类起源的认识。露西化石的骨盆和髋骨结构意味着她能够双足行走，就如同我们今天一样。科学家们认为双足行走是一个决定性的特征：人类和猿类之间最大的一个差异。由此可确定露西属于早期人类。直立行走的能力必定让她和她的同类拥有了演化优势。

约翰逊将露西所代表的物种命名为南方古猿（*Australopithecus afarensis*），意为"阿法尔的南方猿类"。阿法尔地区正是发现露西骨骼的地方，此地受到阿瓦什河（Awash River）的浇灌，被一些科学家视为人类的摇篮。

露西的发现以及其他早期人类研究揭示了人类的演变历程。研究还表明，在这个不断变化的世界中，所有生物的命运都受到更强大的力量影响。

大约 300 万年前，动物的生活环境开始发生变化。在非洲，气温骤降，气候更加干燥。露西曾经生活的湿润森林缩小了，取而代之的是宽阔的草原。这对依赖森林的动物产生了深远的影响，有些动物灭绝了，有些动物则适应了不断变化的环境。掌握了多种技能的猿人在非洲各地都出现了新的变化。[2]

　　　　　　　　　　　　　　　死亡区域

200 万年前，出现了新的物种匠人（*Homo ergaster*），这也许是最早被我们视为人类的物种。匠人是现代人的早期祖先。在演化过程中，他们为了利用不断缩小的森林环境，发展出长距离行走寻找食物的能力。最终，漫游的天性促使他们离开了非洲。早在 180 万年前，早期人类就已经到达了现在的格鲁吉亚地区。他们发现这里有气候凉爽的季节性草原，鸵鸟和长颈鹿等非洲动物与狼和剑齿虎等欧亚大陆动物生活在一起。很快，他们就向东扩散到了印度尼西亚爪哇岛地区。[3]

　　我们了解的现代人类智人（*Homo sapiens*）是 20 万年前才出现的新物种。20 万年在演化史上不过是眨眼之间。不到 10 万年前，智人也开始走出非洲。[4] 他们扩散到欧洲时，遇到了他们的表亲尼安德特人（*Homo neanderthalensis*）。尼安德特人也属于人类，他们会埋葬死者，会使用工具，具有复杂的社会结构，拥有语言，并能欣赏音乐和歌曲。[5] 他们是强壮的猎人，下巴短小，额头前倾，猎杀危险的大型动物为食。当时，尼安德特人分布十分广泛。经过大约 10 万年，他们在欧洲和西亚地区形成了稳定的群体。

　　然而，现代人类出现短短 5000 年之后，尼安德特人就消失了。没有人知道为什么。也许是因为面对气候变化时，他们的适应能力不像现代人那么强。也许他们是种族灭绝的受害者，[6] 又或者他们从现代人表亲那里传染了无法抵抗的疾病。也许他们只是被淘汰了，最终付出的代价就是灭绝。

　　不过的确有可能发生一种情况，即这两种不同的人类在对方眼中看到了爱情的火花。现代人和尼安德特人相互交配，他们的后代拥有了新的基因。这些基因可能对走出非洲的早期现代人非常重要，有助于他们更好地适应欧洲寒冷的气候。史密森尼国家自然博物馆（Smithsonian's National Museum of Natural History）的古人类学家布里安娜·柏碧娜（Briana Pobiner）说："有人说尼安德特人并没有灭绝，因为今天非洲以外（尼安德特人从未居住过的地方）所有的人类后裔都带着一点尼安德特人的基因。"[7]

可以肯定的是，在曾经居住于地球上的许多人类物种中，只有一个幸存下来并统治了地球，那就是我们。我们的演化史表现出探索和征服的倾向，大大小小的物种在我们身后消失，甚至包括我们曾经的同类。

在历史上绝大部分时间里，人类都是狩猎采集者。这是生态系统中一个正常的角色。毕竟，任何滥杀猎物的猎人都会挨饿。大约一万年前，农业诞生了，现代人借此摆脱了狩猎采集的局限。这可能是人类历史上最重要的一次发展。人们开始种植庄稼，驯养动物。这意味着他们不再需要在范围广阔的领土上采集和狩猎。大量人口聚集起来，建立了城镇。人类不再只是简单地采集食物，而社会开始以惊人的速度发展扩大。[8]

世界人口从一万年前的100万飙升到1800年的10亿。到1960年，全世界已经有30亿人。问题是人口增长速度过快，而农业生产无法跟上。人们开始担心出现大范围的饥荒。在各国政府的鼓励下，农民不惜一切代价生产更多粮食。绿色革命的出现在一定程度上缓和了危机：新的作物品种茎秆矮壮，生产力更高。

然而，这些进步也是有代价的。新的作物在一定程度上失去了对害虫的天然防御能力，开始依赖化学杀虫剂。人工肥料也开始取代传

死亡区域

统上采取的放牧牲畜和轮作等补充土壤肥力的方式。作物与牲畜混合的传统农业成为过去，取而代之的是专门种植单一作物或养殖单一牲畜的农场。这种工业化的农业生产方式在工业化国家的推动下，作为现代新兴的生产方式推广到世界各地。

新的生产方式无疑是有效的，为新增加的人口提供了食物。但这种生产方式不仅存在诸多缺点，还催生了一种强硬的心态：必须不惜一切代价使生产力最大化。

以产量为导向的工业化食物生产中，对绝对数量的追求超越其他一切，包括营养质量、环境可持续性和动物福利等，而人们才刚开始意识到这种生产方式的代价。每年，有 500 亿只牲畜生活在拥挤、幽闭的养殖棚或肥育场中，又有数百万英亩浸满化学品的农田用来生产牲畜饲料。

数百万牲畜被关在室内受苦，而野生动物濒临灭绝，还有一个物种尤其受伤，那就是我们人类自己。不论是质量低劣的食物、凶险的疾病，还是原本可以为数十亿人生产粮食的农田被用于种植饲料，都说明生产廉价的食物反而要付出更大的代价。

长久以来，环境似乎能够承受这种养殖方式带来的巨大冲击，毕竟地球能够适应，能够恢复。然而现在，我们可能已经达到了地球承受力的临界点：环境污染、温室气体排放以及土壤和水源等自然资源的过度开发，将地球的承受能力推向了极限。农业在其中扮演重要的角色。为了生产我们的食物，农业占用了全世界一半的可用土地和超过三分之二的淡水，并对土壤造成严重破坏。我们对地球的开发利用已经超出了它的承受范围。无怪乎有人建议，我们需要第二个地球。

现在，全球人口已经超过 70 亿。预计到 21 世纪中叶，人口会增加到 90 亿。人类是一个非常成功的物种。人类活动遍及全球，现在已经很难见到未受人类影响的纯自然地区。然而人类始终是生态系统的一部分，自然环境并不完全受到人类控制。我们始终处于大自然力量的掌控之下。我们能够预测天气，但无法控制天气。我们能够预报地震，设计具有抗震能力的建筑，但至今为止，我们尚不能阻止地震的发生，更不能阻挡飓风，抑或逆转潮汐。

这种变化也许很难想象。但不论能力是否有限，我们依然继续按照自身的需求来改造自然。在这一过程中，我们毁坏了自己的生存环境。人类活动改变了世界半数以上的无冰陆地区域。[9] 科学家厄尔·埃利斯（Erle Ellis）和纳温·拉玛古迪（Navin Ramankutty）表示，越来越多的证据显示："过去，气候和地质活动塑造了生态系统与演化历程。现在，在大部分陆地表面，人类对环境的影响可能超越了气候和地质活动。"[10]

过去的 50 年中，人类改变了地球的面貌，以至于科学上将主要生境划分为森林、草原、沙漠和苔原的分类方法已经过时。[11] 真正的荒野只占陆地表面的一小部分，一些科学家甚至认为现在需要建立新的景观分类系统。例如，埃利斯和拉玛古迪建议，可以采用"密集居民区""村庄""农田"或"荒野"等说法。

引起这种巨大变化的最主要驱动因素就是农业。世界作物种植面积达到全球可利用土地面积的 47%，与北美洲面积相当，而饲养牲畜所占用的土地面积更大。[12]

随着人口增加，我们对土地的需求也在增加。现在，我们不再面

　　　　　　　　　　　　　　　　　　　死亡区域

临粮食短缺的危险（尽管仍然存在分配不均的问题），但是实现这一目标所带来的环境损害是不可逆的。动植物灭绝的速度比科学家们所预测的"背景"速度要快一千倍。[13] 食物生产是导致生物多样性大量丧失的最大驱动力。

在过去的 5 亿年中共有 5 次大灭绝，即生物多样性的大规模丧失。2.5 亿年前二叠纪末期的一次生物大灭绝之后，恐龙崛起。约 6600 万年前，恐龙又在短暂的地质时间内迅速消失，或是发生了巨大的变化。

虽然过去大规模物种灭绝的确切原因仍然成谜，但火山爆发和大型小行星撞击可能是两个主要的原因。由此产生的尘埃云可能会阻挡阳光长达数月甚至数年，导致植物和植食性动物死亡。在此过程中释放的温室气体也会引发失控的全球变暖。

当然，地球是顽强的，生态系统最终会恢复。经历了有史以来最具毁灭性的灭绝事件之后，生态系统确实恢复了，却经历了很长时间：大约 3000 万年。[14] 一些科学家认为，我们正处于第六次大灭绝的风口浪尖，据悉这将是自小行星撞击毁灭恐龙之后最具破坏性的事件。这一次，原因近在眼前，那就是我们人类自己。

看来我们已经进入了自己的地质时代，一个空前的时代。欢迎来到人类世（Anthropocene）。

牲畜大爆炸

我很幸运能够生活在一个景色怡人的地方。无论哪个季节，无论什么时辰，这里陡峭的白垩岩悬崖和散布着牛羊的葱郁田野都是令人赞叹的美景。另一个村庄位于陡峭山脊的另一边，距离我们大约 4 英里。爬上山顶，你可以遥望数英里之外。这条路线穿过绵延的草地和农田，路过一座旧的海军基地（现已改造成高档住宅区），还经过一个环境中心（那里向人们教授从林地管理到篝火烹饪等各种技能）。整条路线颇受自行车爱好者的青睐。蜿蜒的小路穿过树木形成的拱门，再向前延伸数英里，经过一座古老的风车和一座19世纪早期的玉米磨坊（现在已经改建为住宅）。在那里你可以俯瞰白垩山丘的美景。多年来，我曾无数次走过这条小路。但有一天，我发现它变了。

翻越山顶来到隔壁村庄时，我看到灰暗的棕色取代了原有的绿色；曾经的农田被开发为住宅区。多年以来，这里的土地一直被用于放牧。狐狸和兔子在草地上奔跑，画眉鸟啄着虫子，蜜蜂和蝴蝶围着花朵盘旋跳舞，而牛群则风雨无阻地大嚼鲜草。现在，这里只有越来越多的房屋。

别误会我的意思，那些房子本身很不错。但如果大家都被吸引到英格兰东南部来，那么开发商必然会寻求更多的土地。理事会可能会迫于压力而接受开发商的住房建设规划申请；如果地方当局未能达到住房建设目标，政府可以而且确实会驳回对规划申请的否决。

我并不怀疑适当新建房产的需要，只是禁不住怀疑在原始农业土地上开发混凝土建筑是否明智。说到底，食物和农业不会过时，它们只是不得不迁往别处。

为了给农业腾出空间，人们不得不砍伐其他地方甚至其他国家的森林。砍伐掉的林地无法再从大气中吸收碳元素、释放氧气或帮助抵御气候变化。生活在那里的动物和鸟类也将失去栖息地。最顽强的那些生物也许能找到其他地方生活，其余的则都会死去。在世界某处，每年有相当于整个英国一半面积的森林被砍伐，开垦为耕地。

　　　　　　　　　　　　　　　　死亡区域

随着距离我家最近的城市朴次茅斯（Portsmouth）的持续扩张，我眼看着自己的村庄逐渐被吞没。虽然市中心距离这里还有将近20英里，但它的外围已经蔓延到山的对面。就这样，分散的村庄成为相连的城镇，然后被纳入城市，农田则必须迁移出去。

那么问题来了，全球农田面积已经不能满足人类的需求。农业已经以农田、牧场或棕榈种植园等形式覆盖了近一半的陆地表面，这其中又有将近一半是牧场和草地。[15]

根据世界银行的统计数据，适合雨水灌溉的农田总面积约为3000万平方公里。[16]这看似很多，但人口增长、城市化和土壤侵蚀导致土地流失的速度惊人，所以实际情况并没有那么可喜。目前，全世界几乎一半适宜的土地都已种上庄稼，其余则大部分是森林。

在我看来形势十分清晰，无论以何种方式丧失的农田，都会对世界上剩余的森林造成更大的压力。随着人口压力持续上升，这一点将尤为突出。世界上每增加10亿人，就相当于增加100个伦敦再加上30个洛杉矶。而这还不是故事的结局。就像锅中的煎蛋，围绕在亮黄色蛋黄周围的蛋白将会不断向外蔓延。每个城市都需要更多额外的土地来生产粮食，这些额外的土地又将从何而来呢？

基于这一考虑，政策制定者们开始将室内高密度饲养牲畜作为解决途径——难道这种策略不能节省空间吗？ 恐怕确实不能，因为他们忽略了在室内养殖动物仍然需要在其他地方种植饲料。更糟糕的是，他们现在需要占用耕地来种植玉米、大豆等饲料，而不是更多的公共牧场。这是典型的"眼不见，心不烦"。在室内用饲料养殖牲畜并不能改变现实中的问题：耕地供不应求。全世界大部分可耕种的土地都已经开垦，剩下的呢？好吧，大部分还在森林覆盖之下。

正如我们所见，相当于整个欧盟面积（或美国一半的面积）的农田正用于种植工业化养殖牲畜所需的饲料，产量相当于 40 亿人的口粮。目前，这些粮食并没有拿来供人类食用，而是进入牲畜口中。这种生产方式的捍卫者乐于声称这并非一场"零和博弈"，因为养殖的牲畜可以将谷物转化成肉类。然而可悲的是，天下并没有免费的午餐。事实上，食物的大部分价值——无论是能量还是蛋白质——都在这一转化过程中丢失了。这种生产方式共计浪费了全球大约 70% 的食物。

我曾听到肉类行业发言人就这一问题与英国前政府官员争论，说食物实际上并没有浪费，而是变成了别的东西。他得到的回应是："先生，把你的钱包给我，我从中拿出 100 英镑，再放回 30 英镑。你觉得这交易合适吗？"这就是对此类争辩的恰当总结。这一次，是一名政府官员抓住了重点。

我们并不需要砍伐森林获取更多土地，替代方案就是让牲畜回归牧场，即那些不适合耕种的土地。实际上，世界陆地表面四分之一以上由草场覆盖。[17] 在永久牧场或轮耕轮牧地区放养牲畜也是长期以来的传统，这样能够自然地增加土壤肥力。

有些牧场（尤其是在英国温带的低地区域）是精心挑选出来的：我们选择放牧牛羊而不是种植庄稼。然而世界上大多数牧场都位于过于陡峭、过于干旱或贫瘠的地方。这些地方若不施以化肥和灌溉就很难耕种庄稼。[18]

我家所在的白垩岩陡坡就是一个近在眼前的例子。这里长满大片荒草，种植农作物既困难又危险。其他不适合耕种的地区包括非洲干

　　　　　　　　　　　　　　　　死亡区域

旱地区、中亚草原以及南美洲高地。这些地方的土壤如果耕作过度，就很容易发生干旱和荒漠化，但可以用于放牧牲畜。[19]

如果希望用最少的资源来生产健康肉类，最好的方式就是建立永久性牧场或在放牧与耕种轮作的土地上饲养牲畜。就后者而言，土地经过几年的连续耕种之后，暂时改为自然放牧，就能得到休整，同时又可以将人类不能吃的牧草变成可以吃的肉、蛋和奶制品。

实际上，这种将牲畜与草原分离并用谷物喂养的方式，在人类和动物之间制造了食物竞争。这让日益增加的世界人口的温饱问题变得愈加难以解决，而目前还没有迹象显示这种方式会发生改变。政策制定者和养殖业及食品行业人士仍在继续争取更多的工业化肉类生产。据此预测，本世纪中叶人类对食物的需求将近乎翻倍。

这似乎完全不可想象。毕竟，在全球范围内，以能量来计算，我们所生产的食物可以满足 160 亿人的需求。这甚至已经超过了预期的人口增长量。[20]

除非全球政策发生巨大的转变，否则大多数增加的牲畜都将来自工业化养殖场。这些养殖场像机器一样大量吞噬粮食，对土地的需求也将倍增。养殖场很可能取代森林，并进一步向耕地进发。

同时，据目前的情形估计，到 2050 年世界还需要再增加相当于法国和意大利国土面积之和的耕地。在接下来的 30 年中，我们很可能失去世界现存的五分之一的森林，包括一片面积相当于大半个阿根廷的热带雨林。[21]

未来这些大片的农田很可能如同英国东安格利亚（East Anglia）地区一样，开展大量使用化学制剂的单作农业。摇曳在美国中西部的玉米之海和巴西的豆田将进一步扩大。世界上将会出现更多我在亚洲农村地区看到的那种玉米田——这些土地本来可以用来种植人类的食物，结果却用来种植牲畜饲料，这是多么严重的土地浪费——而更多的原始森林将会变成棕榈种植园。

几乎可以肯定的是，农业对现存荒野的进一步入侵，将伴随工业化养殖的推进，对生物多样性以及森林、土地和水源造成无法挽回的损失。野生动物灭绝也将随之而来。

自然保护工作者和《美国国家地理》的探险家德里克·朱伯特（Derek Joubert）注意到，50 年前世界上还有将近 50 万头狮子。而人口数量每增加 10 亿，狮子的数量就会减少一半。"现在，世界上总共只有 2 万到 3 万头狮子了，豹子、猎豹和雪豹的情况也差不多。"他写道。[22]

在我看来，其中的关系显而易见。人口每增加 10 亿，就需要增加 10 亿头牲畜，伴随而来的就是对土地、水源和土壤的需求。土地被瓜分，物种在灭绝的边缘摇摇欲坠。曾经如篝火般兴盛的生命，如今变得像烛火般微弱。

这不是人类与动物之间的争斗，远远不是。我并不是要求进行非人道的人口控制（当然也可以用更温和的方式来阻止人口肆意扩张）。真正的问题是牲畜数量的增加以及牲畜的饲养方式。给种群带来最严重压力的是牲畜的数量，尤其是工业化养殖的牲畜，以及它们对土地、水源和土壤等多方面资源的需求。这才是真正损害自然和人类的因素。随着自然的退缩，授粉、土壤补充和碳元素固定等自然活动都将不复存在。

无论如何，在人类历史中，智人战胜了它遇到的所有生物，从一度在北美平原上游荡的大量北美野牛等大型哺乳动物，到集群飞行时遮天蔽日的旅鸽等鸟类，再到尼安德特人等人类亲属。不论在前进道路上遇到了什么，我们都会扫灭它。现在，我们似乎遇到了对手。更讽刺的是，我们最大的食物竞争者——牲畜——正是我们自己带来的。

越深挖越干涸

感恩节前一晚，凯丽·威尔逊（Carey Wilson）正在厨房里清洗碗盘。水龙头里的水突然喷出气泡，随后就停水了。她用来汲取饮用水的地下水井干涸了。

住在加州中央山谷（California's Central Valley），这种情况经常发生，她知道该怎么办。她打电话叫来一家服务公司，把家里的水井挖得更深一些，暂时解决了问题。然而，一年以后，这位单亲妈妈和联邦政府工作人员发现，水井又干了。这一次花了不少时间才解决问题。最终，她打了一眼深389英尺的井，重新拥有了水源，并为此支付了1.2万美元。

威尔逊很快意识到，邻居正在与她争夺水资源。邻居也面临供水问题，不得不钻挖深井。她告诉《卫报》（Guardian）："他们正在切断我们的地下水源，这是业主与业主之间的竞争。"[23]

农场也在挖深井，经常深达数千英尺。到2014年8月，威尔逊所在地区的地下水位已经下降了18英尺，地表也下陷变形，压碎了连接她家水井的PVC管道。"我知道不祥之兆已经出现了，"威尔逊说，"这回连下40天暴雨①也没关系了，这里的地下水位永远不会上升了。"

---

① 指《圣经》中提到的连下40天暴雨的灾难。

中央谷地是加州牛奶和蜂蜜产业园的心脏。这里有一大片高产的农田，产出全美国 40% 的水果、坚果和蔬菜。但是这里气候干旱，必须依赖昂贵复杂的人工灌溉系统，而事实证明这是不可持续的。现在由于地下水过度消耗，地面已经开始下沉。

谷地的一些地区正以每个月 2 英寸（5 厘米）的速度塌陷。也许这听起来不严重，但后果是致命的。大致以 5 号国家公路和 99 号州公路为界，约 1200 平方英里的土地落在科学家所称的"水位降落漏斗"之内，其上的道路、桥梁和农田都会随之下陷。

到 2015 年，加州的干旱情况已经持续四年，有人认为这是百年不遇的大干旱。大片原本最肥沃的田地干旱龟裂。农户用手捏碎干裂的土壤，仰望晴空，渴望着雨水。

干旱仍在继续，河流和水库也开始干涸。遵循令人绝望的"人人为己"的处世准则，一些农户开始向更深处挖掘，抽取地下水来维持自己的产业。随着地下水抽取愈演愈烈，干涸的土地愈发下陷。

加州水资源管理部门的主管马克·科文（Mark Cowin）解释道："由于地下水抽取加剧，地下水位已经达到了历史最低记录——比先前的记录低 100 英尺。随着广泛而持续的地下水抽取，地面陷落速度加快，并威胁到了附近的基础设施，可能造成价值高昂的损失。"[24]

鉴于此地严峻的形势，美国航空航天局的科学家警告说，加州剩余的水资源可能只够维持一年了。[25]

加州州长杰瑞·布朗（Jerry Brown）在新闻发布会上表示："人们应当意识到，时代不一样了。每天可以尽情给自家草坪浇水？这已经成为过去的事情了。"[26] 他发布了加州历史上首个强制用水限制条例。居民浇花和草坪、洗车和洗澡的用水都要受到限制，用水量必须减少四分之一。

为了避免招致广泛的怨言，一些大型农场的用水没有受限。[27] "毋庸置疑，人们必须采取行动应对加州的旱情。" 动物法律辩护基金会（Animal Legal Defense Fund）执行董事斯蒂芬·威尔士（Stephen Wells）写道，"但是，州长的计划不仅没能充分节约用水，还将责任加在个体消费者和非农企业身上。"

中央山谷日益增长的绝望情绪凸显了工业化农业的巨大用水量。威尔士问出了大家心中的疑问："严格限制家庭用水，却允许工业化农场'继续浪费'，这真的合理吗？"[28]

加州 90% 以上的用水与农业生产相关。[29] 仅肉类和奶制品生产用水就占加州 "消耗性" 用水一半以上，这意味着抽取地下水根本无法避免。[30]

由于工业化农场采用水资源密集型的牲畜饲养方式，所产出的肉、奶制品尤其需要大量用水。生产 1 公斤牛肉的用水量相当于一个人 3 个月的日常洗澡用水。生产 1 公斤鸡肉则需要用掉 24 浴缸的水。

在草场自然放牧牲畜可以显著减少对河水和地下水的抽取。在工业化农场中用谷物饲养牲畜，水资源开发利用程度要比自然放牧高出 40 倍以上。中央谷地有大量的工业化农场。我 2011 年到访那里时，仅在一处泥泞的小围场里就见到若干个奶牛场，奶牛数量多达 12 000 头，整个奶牛场看不到一片草叶。当时是在干旱发生之前，但那里看起来已经十分干燥了。

威尔士坚持认为，布朗州长的强制节水命令将会收效甚微。限制四分之一的生活用水（包括浇灌草坪、饮用和洗澡等，这些只占加州用水量的 4%），只能降低总用水量的 1%，简直是九牛一毛。"我们可以不洗澡，可以不浇灌草坪，在餐厅可以不要水喝，但饲养数百万的牛、猪和鸡所用掉的水，依然会把加州榨干。"他争论说。

加州居民对持续的干旱并不陌生。加州历史上曾经历过更加严重的干旱，有持续上百年的，也有好几次持续了几十年。[31] 这次与以往不同的新情况是加州现在要供养数百万居民，还有庞大而贪婪的农业产业。世界还有许多其他地方，同样面临水资源减少的情形。目前全世界已经有超过 10 亿人生活在严重缺水的状况下。[32] 据预测，到本世纪中叶，全球将有 40 亿至 70 亿人居住在严重缺水地区。[33]

目前，农业用掉了全球 70% 的淡水，是这种珍贵资源的最大消耗者。[34] 而到 2050 年，我们需要从河流和地下抽取的水量还将增加 0.2 倍。这些额外增加的用水需求将如何满足，没有人能知道。

随着牲畜数量的爆炸式增长，它们所要消耗的水量也在激增。据预测，到 2050 年，全世界用于灌溉农作物的淡水总量将会加倍，而那些农作物多数将成为牲畜饲料。[35] 农业使生态系统面临枯竭的危险。[36]

视土壤为污垢

查尔斯·达尔文知道，蚯蚓这种低等的生物是土壤健康的指示。他为之着迷，不仅在他的研究室和台球室中通过实验观察蚯蚓的行为，还在室外的自然环境中观察它们。[37]

他在维尔特郡的史前遗迹"巨石阵"——最早有科学记录的发掘

现场之一——研究蚯蚓。他发现，在一个地区，数百万条蚯蚓吞下土壤再将土壤排泄到地表，作用积累起来，甚至可以抬高地面。[38]

在发表于 1897 年的《腐殖土的形成与蚯蚓的作用》（书名并不太引人注意）中，他写道："英国的农民们很清楚，留在牧场地面上的所有物体都会在一段时间之后消失，或者如他们所说，自己钻入地下。"[39]"在巨石阵，督伊德教的祭司摆在外围的一些石头现在平卧于地面，它们的倾倒发生在遥远而不为人知的过去；它们已经被泥土掩埋了一定深度，这些泥土多数是随着蚯蚓的移动从地下带上来的。"[40]

换句话说，虽然蚯蚓看起来渺小不起眼，它们却能完成伟大的事情。它们如同考古挖掘机一样活动。它们吃下的泥土经过消化系统，从另一端排出。有人认为许多蚯蚓共同处理和移动土壤的活动，正是巨石阵的巨石倒下并被掩埋的原因。[41]

推翻巨石已经很伟大了，然而蚯蚓还有其他重要的功能：它们将土壤和营养物质混合，带来我们赖以种植粮食的土壤中的基本成分。据估计，蚯蚓每十年就会完全翻动全球 1 英寸厚的土壤。[42] 是达尔文发现了它们在增强土壤肥力方面的重要作用。[43]

如果这种蠕动的小生命——全球鸫类的最爱——消失了，就明确表示土壤出现了严重的问题。所以，当我听说一家农场里完全没有蚯蚓的时候，我惊讶得耳朵都竖起来了。我一开始还以为这是个笑话，或者至少是夸张的说法。但某个潮湿的夏日，我经过英国东安格利亚地区时，发现当时那里确实有一家农场完全没有一条蚯蚓。

理查德·莫里斯（Richard Morris）是英国国民信托组织在剑桥

郡的农场管理员。他有超过 30 年的农场管理经验，受托让这家倒霉的农场恢复生机。他告诉我，数年来，这家农场连续使用多种化学制品："氮肥、杀虫剂、除草剂——原本生活在土壤中的昆虫都被屠杀殆尽。这就是最终的结果，这就是为什么我们有五六百公顷的土地没有蚯蚓。"

"完全没有蚯蚓吗？"我问他。

"完全没有。"他确认道。

一位退休的土壤科学家来做志愿者。他在这里挖了 200 个洞，没有发现一条蚯蚓。莫里斯说道："集约化农业系统导致了一场土壤和土壤环境保护的灾难。真的，一场真实的灾难。这里缺乏维护，土壤仅仅被当作'种植媒介'，而不是一个有生命的对象。"

随着土壤环境恶化，粮食产量也会下降。这正是这个国家面临的情况。

拜访了家乡当地的园艺中心后，我发现痴迷于用化学药品杀死土壤生物的不止农民。行走在大片的大丽花、矮牵牛和黄水仙之中，我不只看到了丰富多彩的园艺作品，也看到了这个桃花源的阴暗面：成排的杀手（化学制剂）。各种药剂和喷雾剂骄傲地展示着它们灭杀和根除众多生物的能力。灭杀的生物名单无穷无尽：杂草、昆虫、毛虫、甲虫、粉虱、黄蜂、蛞蝓、蜗牛、蚂蚁、白蚁、木虱。各类药品齐全，可以立即使用。我很想知道，在这些化学制剂的暴虐之下，蚯蚓们如何生存。

在大规模使用杀虫剂的地方，也就是农村，未来更需要的将是重塑土壤生态，而不是摧毁它。我问莫里斯是如何恢复周围自然环境，

死亡区域

让死寂的土地再次焕发生机的。他告诉我，做这件事情有时候并不难。他改变了对待土壤的方式，停止使用化学制剂，用人工代替机械操作，在适当的时候耕作；避免使用大型拖拉机翻耕潮湿的泥土，因为这会把土壤压实；用能够固氮的豆科植物替代人工氮肥。

到目前为止，进展可喜。他向我介绍："虽然我们已经 4 年没有施用任何氮肥，但 4 种作物都收成良好。这让我知道了这里的土地多么肥沃。对我最有帮助的是土壤状况的改善，改善速度出乎我的预料。"

他将蚯蚓作为土壤健康状况的"精妙"指示。"我们现在挖的洞里绝大多数都能找到蚯蚓，它们回来了！"关于农场的生物多样性，他告诉我，"改善很明显，非常明显！"田野里的蝴蝶变多了，蜜蜂也是，鸟类也多了起来。总之，农场发生了惊人的改变。莫里斯向我们展示了，正确的农耕方式可以显著改变土壤质量。

距离莫里斯的农场不远之处有另一个惊人标志，展示了我们不爱护土地的后果。维多利亚时代，人们开始排干曾经广布英格兰东部的沼泽。当时，一位名为威廉·威尔士（William Wills）的地主将一根铸铁柱插入剑桥郡霍尔姆沼泽（Holme Fen）的泥炭之中，希望了解泥炭在干涸过程中的收缩情况。1848 年，这根铁柱的顶端与地面齐平，而现在它的顶端已经距离地面 4 米高。这是土壤流失的活生生的标尺。这个地区现在是大沼泽计划（Great Fen Project）的一部分。该项目收购了这里的农田，用于重塑 3.7 公顷的湿地和牧场。这是欧洲此类重塑项目中最大的一个。此地的土壤曾经以每年 2 厘米的速度流失。为了恢复土壤并重新吸引野生动物前来，人们再次在这里的草场上放牧牛羊。[44]

但越来越多的证据显示，其他地区的土壤状况依然堪忧。

政府咨询机构"气候变化委员会（Committee on Climate Change，CCC）"的一份报告显示，由于土地质量下降和土壤侵蚀，英国大片的农田都可能在一代人的时间内变成不毛之地。[45] 因此，英国未来几十年都将处于食物减产的危险之中，而对食物的需求则将增加。尽管农民们可以依靠技术进步提高产量，但是成堆的证据显示，生产力下降只是时间早晚的问题。

气候变化委员会下属适应小组委员会（Adaptation Subcommittee）的主席克莱布斯勋爵（Lord Krebs）曾说过："土壤是非常重要的资源，然而我们却从未精心照料过它。当前，我们将耕地作为可开发的资源进行利用，而不是作为需要保留到未来的资源来进行管理。"[46] 根据气候变化委员会的报告，集约化农业应当为这一问题承担主要责任。报告中提及"深度耕作、短期轮作以及地面裸露"导致土壤在大风和暴雨的影响下严重流失。[47]

数据是严峻的。自1850年开始，英国肥沃的表层土壤已经丧失了84%，并且仍在以每年1—3厘米的速度流失。土壤的形成需要数百年的时间，[48] 因此这种流失是不可持续的。克莱布斯警告道，在种植着英国25%的土豆和30%的蔬菜的英格兰东部，多数肥沃表土可能在一代人的时间内流失。[49]

土壤是地球生命的基础。没有土壤，我们无法种植食物。道理简单明了。然而，在过去的半个世纪中，机械化种植对待土壤的方式十分粗暴。环境记者乔治·蒙博（George Monbiot）指出："想象一个美好的世界，想象在地球上没有气候紊乱的威胁，没有淡水资源的损

　　　　　　　　　　　　　　　　　　　死亡区域

失，没有抗生素耐药性，没有肥胖危机，没有恐怖袭击，没有战争，那我们就肯定不再面临严重的危险了吗？抱歉，并非如此。如果不能解决土壤退化和流失的问题，我们人类就完了。"[50]

然而，政策制定者们不仅没有开始采取行动保护仅存的土壤，反而迫于既得利益者的强大压力，着眼于获得短期收益而无所作为。2014 年，欧盟曾提出一项关于土壤保护的决议，然而在德国、法国、荷兰、奥地利和英国等国家组成具有否决权的少数派表示反对之后，欧盟不得不撤销了这项决议。否决者认为这个领域已经存在足够多的规定，而农民团体也一直在大力游说，希望废除这项决议。

据报道，英国农民联盟（National Farmers Union）副主席盖伊·史密斯（Guy Smith）曾说过："长期以来，我们一直坚信这一领域并不需要更多的法律规定。英国的土壤，欧盟的土壤，已经受到一系列法律和其他措施的保护。而农民本来就乐于维持土地的良好状态，保证土地长期的肥力和生产力。"[51]

表面看来，这似乎有一定道理。然而，如果以上观点属实，土壤就不应该处于今天这种恶化的状态。事实上，对于多数农民来说，生产活动一切如常，因为英国所剩的土壤依然可以基本维持农业生产——就眼下而言。问题是，我们给下一代人留下什么？

蒙博在《卫报》上发表的文章中提到，他认为是农业阻碍了土壤保护运动。"很少有像英国农民联盟兴高采烈地庆祝去年欧盟土壤指示框架流产时那样可怕的场景。"他认为这一框架是唯一能够阻止土壤流失危机加剧的方式，并说："英国农民联盟在历届英国政府支持下，为摧毁这一框架奋斗了 8 年。当胜利来临时，他们高兴得就像一群公鸡。回顾这一事件，我们可以把这视为我们这个时代的寓言。"

同一年，英国《农业新闻》发表了一篇文章，题为"科学家警告，英国农场的土地只剩下 100 次收成"。[52] 文章引起了著名的"牛津农业会议"有关代表的注意。农业部长莉兹·特拉斯对此的回应完全在意料之内——她避开问题，大谈她那些南诺福克区西部的东盎格鲁选民所拥有的黑色沼泽泥土。不过幸好，随后的演讲者克莱布斯勋爵及时指出，这些沼泽中很快就没有多少泥土可以拿来赞颂了。

仅剩 100 次收成的前景已经令人吃惊，而世界其他地区的状况恐怕更为紧迫。近期，来自 60 个国家的 200 位土壤科学家共同编撰的一份联合国报告指出，全球大多数土壤状况仅为一般、差和很差，并且还在继续恶化。据联合国粮农组织估算，以目前的流失速率来看，全球表土将在 60 年内流失殆尽。[53]

公元前 1500 年的古代梵文格言有云："一抔黄土，吾命所依。爱之惜之，食宿无忧，居有美景。虐之毁之，草衰虫亡，吾辈亦休。"[54]

我们忘记了这一点，将自身置于危险之中。

人类世的崩溃

深夜，一声惨叫撕开北极荒野的宁静。

北极熊袭击发生的时候，49 岁的法律代理迈特·戴尔（Matt Dyer）正在帐篷里睡觉。他睁开眼，看见熊的前腿在蓝盈盈的月光映衬下，在自己眼前晃动。他记得当这头野兽向他压来的时候，他拼命地喊救命，但很快就喊不出声了。熊咬住了他的头，尖牙扣住了他的头骨。他感觉自己的下颌骨断了。关于这场恐怖袭击，戴尔接受过多次采访。有一次他回忆说："那只熊用前肢压住帐篷，咬住我的头，想把我从帐篷里拉出来。"

戴尔是 2013 年夏天进行荒野探险的 7 名美国徒步者之一。他们乘坐水上飞机抵达加拿大北部一处美丽的峡湾，然后前往一个原始而梦幻的地方——广告宣传语称之为"世人罕见的灵幻之地，北极熊的家园"。[55]

据戴尔说，他被熊"咬住"拖走了，脸不停地撞在熊的胸口上，"我还记得我向外望去，看见熊的肚子、大腿。好在它没有用爪子对付我。"

这位探险者被反应迅速的同伴们救下。他们用来复枪恐吓这只北极熊，迫使它丢下戴尔逃走。

在这个接近世界之巅、距离北极圈仅有 530 英里的地方，这支孤独的队伍进入了北极熊的王国，品尝着人类自己种下的恶果——人为活动导致冰层融化，迫使饥饿的北极熊不得不袭击人类。

全球变暖是难以预测的，它改变了世界运行的规则，将原本就已接近极限的地球丢进更深的混乱之中。海平面继续上升，即将淹没陆地。在淡水资源已经十分稀缺的情况下，全球变暖将进一步扰乱水循环。并且，就算还有足够的耕地，全球作物产量也将下降五分之一。[56]

2015 年 12 月，世界各国政府首脑于巴黎签署了一项历史性协议，试图将全球变暖限制在科学家建议的最大安全限度，即 2 摄氏度内。科学家认为，即使在建议的安全限度之内，气候变暖也将导致三分之一甚至更多的陆地动物和植物物种灭绝。[57]三分之一或更多！这是一个多么值得强调的数字。想象一下其真实意义：如此多的动物植物将会永远消失，这是一场对生命多样性的大屠杀！

有一件事情是毋庸置疑的——如果我们还希望子孙后代能够享受今日的美景和丰裕，一切继续如常已经是不可能了。在肉类生产的刺激下，仅仅是我们生产食物的方式就可能将地球推到崩溃的边缘。这还不算能源和交通等其他产业的负面影响。

随着气温的上升，我们所知的世界开始发生变化，正如露西所处的时代一样。本世纪，水循环、生态系统和森林都很可能发生剧烈的变化。全部森林有可能消失，亚马孙可能变成草原甚至沙漠。世界上可能会出现更严重的风暴、干旱、洪水和作物减产。这可能听起来仿佛"天启"，而事实也的确如此；这也正是主要气候组织政府间气候变化专门委员会提出的警告。[58]

人类将受到深刻的影响。地势低洼的城市和区域将被海水淹没，其中包括数百座美国城市。[59]孟加拉国甚至面临消失的危险。因极端气候、粮食绝收或稀缺资源引发日益增多的冲突，数百万"气候移民"不得不背井离乡。

这些变化将是不可逆的，而且变化已经在发生了。

然而事情并非必然如此。正如我们将在下一章中所谈到的，当提及食物的生产和消耗方式时，总有一些常识性的方法可以改善这些情况，而是否接受这种改变完全取决于我们自己。

担任动物慈善机构世界农场动物福利协会首席执行官期间，我十分担心相关产业会尽可能长时间地维持当前的状况。这是人类的天性。说到底，我们，以及以发展为目标的经济和政策体系，还有短暂的5年计划目标，似乎总是在追求自己的直接利益，甚至不惜牺牲后代的利益。

　　与现状相关的还有饲养牲畜的方式。我们本可以终结牲畜与人类的食物竞争，但我们的选择却让竞争更加激化。政府官员们嘴上说着"可持续集约化"，这虽然听起来仿佛不错，但政治家难以做出进一步的解释。如果让我来说，所谓"可持续集约化"其实还是工业化养殖，只不过经过一点点"漂绿"。同时，研究人员在继续想办法让牲畜长得更快、更大。借着"管理"温室气体排放的名义，更多的牛被饲养在室内。铁笼和玉米饲料继续风靡世界，仿佛这是一种优良的饲养方法。

　　一切都是有原因的。价值数十亿美元的相关产业从集约化中受益。政策制定者陷入了一种观念模式，认为通过机械化养殖能够以很少的成本生产大量的产品。人们受到鼓舞，要"活在当下"，在纳税人和自然资源的补贴之下，尽情享受着廉价的肉类。然而真正的代价要我们的后代来承担。

　　如果现代人类依旧按照现在的方式生产、消耗和浪费食物，那么也许这种状态还能持续几十年，但自然资源将所剩无几。人类社会可以选择用更加残酷的方式养殖牲畜，从而维持现状。我们也可以基于常识、经验和智慧，选择一种更好的方式来适应现代世界。我希望我们能够选择更好的方式，不仅是为了北极熊、仓鸮、鸡和牛，也是为了我们的子孙后代。为了后代的利益，我希望在"人类世"余下的时间里，我们能够学会比过去更加善待动物。

　　作为一个物种，我们人类的未来将取决于此。

第十五章 田园重焕生机

生命的草原

我花了数小时前往偏远的林肯郡，为的是见证一场无声的革命。抵达目的地之后，我疲惫地斜靠在农场大门上，感叹这里没什么奇妙场景可看，只有正在放牧的牛群。然而，这就是关键：牛群在草场上自由采食！最近几个月，在看过全世界许多集约化农场之后，这对我来说简直是甜美的解脱。

也许这里表面上看起来风平浪静，但是改革的春风正吹过这片土地。在这里，农业正在回归正途；人们重新拾起关于食物生产的常识；明智的农民开始抵制集约化农业，并让其付出代价。

抵达小拜杉姆村之后，我发现相比农业，这里更重视铁路史。石灰石建造的威洛比阿姆斯酒店位于一座废弃的火车站对面，曾经是火车票售票处。20世纪30年代著名的蒸汽火车"苏格兰飞人号"和"野鸭号"破纪录的创举，至今仍为当地人所传颂。现在，曾经目睹蒸汽机车辉煌的老人只剩下比利·温莎（Billy Windsor）还在人世。当"野鸭号"冲击着铁轨上每一颗道钉，发出骇人的轰鸣，以126英里/小时的最高速度穿过附近的斯托克隧道时，他还只有 5 岁。

但我并非为了铁路史而来，我此行的真正目的是牛群。在"野鸭号"创下辉煌十年之后，农业越发集约化。结果，周边的自然景色和越养越多的牲畜开始受到影响。在当时，"现代"的养殖方式可能给人进步的感觉，但是缺点也日益暴露。现在，这个安静的乡村一角已经开始倡导新的饲养方式。有人认为，这将是农业下一步发展的前沿。

在早饭之前，我去田野里散步，顺便了解更多的情况。

4 月空气凛冽的清晨，阳光努力穿透云层，我在凸起的矮堤上漫步。这条不起眼的隆凸曾经是已故的威洛比勋爵（Lord Willoughby de Eresby）的私人铁路路基，现在当地的酒吧和旅馆依然以这位勋爵的名字命名。堤岸两边密集的草丛很快就会被牲畜啃食掉。茂盛的山楂树篱浸没在白色花海中，常春藤攀附在绿篱上，角落的树丛里传出雀鸟的鸣唱，这一切都喻示着春天的到来。西格伦河（West Glen River）从树丛后面缓缓流入视野。河水的涟漪里映出一条砖砌拱廊，那是一条漫水的地下通道，领主的马车曾经从通道上驰骋而过。

我站定了瞭望这片田野。一位当地人穿着长筒雨靴和大衣，牵着一条棕白花色的史宾格犬经过。

他主动向我问好："这里景色很好啊，不是吗？"接着又说："您可真早啊！"他看着我手里的笔记本和照相机，问道："您这是忙啥呢？"我告诉他，我正在写一本书。他接着问："嗯，真不错！是关于什么的呢？"

"我们的生存环境，以及正确的养殖方式如何帮助环境恢复生机。"我答道。我不太想一大早就陷入工业化养殖对野生动物和人类自身造成危害的话题之中。

"嗯，这会是本好书。"他边说边露出安心的笑容，然后就继续前行了。

早饭之后，我跨过一座石质铁路桥，走过一片作物和草地间隔的区域。20分钟后，一片牛棚映入眼帘，稻草从旁边逸出。我在这里见到了约翰·特纳和盖伊·特纳，他们正在进行每天早上的日常任务——给牲畜铺垫草。约翰一看到我进来，就穿过院子跑过来，满面笑容地同我热情地握手。

55岁的约翰养育了4个孩子，他穿着蓝色连体裤，戴着棒球帽。他迫不及待地想带我参观。约翰和盖伊是兄弟，他们拥有100公顷的土地，家族到他们这一代已经是第三代务农了。从20世纪30年代蒸汽机车还风靡的时候开始，他们的家族就踏足农业了。这里有大片的农田和牛群，还有他们引以为豪的数十年没有耕种过的永久牧场。

实际上，我早来了2周。除了早上看到的几只牛以外，多数牛还留在冬季围栏里。冬季围栏是上有顶棚下铺褥草的宽敞院子，通风很好。4月下旬，当草长到足够高以后，特纳就会把所有的牛赶到草场上去放牧。牛群会一直生活在室外，直到11月冬季来临。

这里饲养着萨莱尔牛（Saler）、无角红牛（redpoll）和杂交利木赞牛（limousin），其中一些是墨黑色的，一些是红棕色的。它们跟小牛站在一起，一共大约有80头。它们一边好奇地看着我，一边伸出头去啃食割下的牧草。

我不禁注意到，它们的眼神警觉，耳朵朝前，头微微晃动，鼻子撅起，满怀热情地吃着牧草。它们看起来与我在英国、美国和南美洲见到的那些集约养殖的牛完全不同。那里成百上千只沾满泥垢的牛看起来十分疲惫，懒散地缓慢移动着；肥育场的肉牛则拥挤不堪，肮脏而倦怠。

约翰·特纳是"牧草饲养牲畜协会"（Pasture-Fed Livestock Association，PFLA）的联合创始人。协会中大约有一百名农民，他们正在颠覆现代养殖业中一个耀眼的传说：若想成功饲养牛及其他反刍牲畜，就必须饲喂谷物。

长满牧草、野花和野草的牧场自古以来就是牛羊的天然餐厅。然而现在，很少有牲畜仅靠放牧饲养。许多农民都希望牲畜尽快出栏，所以给牲畜饲喂谷物和豆类等，并将它们短期或终生关在室内。牛群从田野上消失，而牧草喂养出来的美味健康的牛肉则难以寻觅。

特纳兄弟逆流而上，让他们的牛能够享受到牧场的自由生活。我抓起一把肉牛正在吃的饲料——附近割来的青草和苜蓿——凑到鼻子跟前，深吸了一口浓郁的青草香气。这草闻起来实在太香了，我差点忍不住也吃上一口。虽然约翰管它叫作"青贮饲料"，但它完全没有我在工业化农场闻到的发酵青贮饲料那种辛辣味道。

约翰向我解释了他们的饲养方法与工业化农场的不同。他说："传统农场的饲料主要来自谷物精饲料，青贮饲料只是作为补充。"特纳兄弟自称他们尽可能只用草料喂养牲畜，因而我想更深入地了解一下。我看着他们的眼睛，问他们是否给牛群喂过玉米、大豆或其他谷物类精饲料。

"从来没有。"他们异口同声。

"一粒谷物也没有吗？"

"没有。"他们坚定地说，"那不是牲畜的天然食物，它们也无法将粮食高效地转化为肉。这还会导致动物体内的压力上升，超出它们自身的代谢能力，对动物福利造成不良影响。不饲喂谷物，牛肉和牛奶的质量也会有明显改善。"

这就是为什么约翰和盖伊将他们的产品命名为"生命牧场"。这是一种仅针对全程完全使用牧场绿草养殖的牲畜的认证标记。

他们决定建立自己的"生命牧场"品牌，以区别于其他定义更宽泛的"草饲牛肉"——主要在牧场上吃牧草长大的牛产出的肉。[1] 主要以牧草为饲料当然是一个正确的方向，但这与"完全"以牧草饲养还是有所区别的。研究发现，即使在动物生命末期投喂少量的谷物饲料，也将对最终的肉质造成负面影响。

约翰指出，他的牛不只吃草，它们还会啃食周围田野里的树木和灌丛，从中获取所需的矿物质和其他营养物质，并对简单的疾病进行自我治疗。据他们说，这种舒适的生活方式，加上丰富多样的食物，极大地促进了牛的健康。他们的牛很少生病，偶尔需要请兽医，也通常是难产或意外受伤等情况。约翰开玩笑说，他的兽用药柜几乎是空的——工业化农场常见的抗生素等药品这里都没有。用他的话说："我们就是一点都没有。这对我们很好，对牛也好。"

让特纳兄弟尤其骄傲的是，放牧的牛群在农场周围随着作物轮作而移动。放牧和耕种轮作以7年为一个周期。轮作流程是第一年种植小麦，随后种植大麦，第三年种燕麦。谷类作物会吸收土壤中许多营养物质。此时，特纳兄弟并没有选择施用化学肥料，而是在田中种植4年青草和苜蓿，并放牧牛群。通过这种方式，农场中的土地由不同的作物和牧草构成分区。

对于他们来说，放牧代表土壤的恢复阶段。苜蓿将氮元素这种构成生命的基本元素再次引入土壤。苜蓿属于豆科植物，是牧场中常见的物种。它们的根部具有固氮细菌，能够补充土壤中的氮元素。牛群将粪便排在草场各处，有助于改善土壤肥力，也为未来的收成尽了一份力。

"通过在农场种植牧草和放牧牲畜，我们再次给土壤补充了肥料。"约翰说。牧草能够驱逐不受欢迎的野草，所以不需要使用化学除草剂。这种循环放牧系统还意味着，即使在土壤更新肥力，不能种植农作物期间，农场也能够通过放牧牲畜维持收入。

在林肯郡这一地区，特纳兄弟的混合轮牧农场已经从单作农业中脱颖而出。周围许多农场也开始转向种植小麦和油菜了。

我很想知道在牲畜回归牧场之后，野生动物的状况如何。

约翰告诉我："野生动物的数量大幅提升，包括蝴蝶、天蛾、蜜蜂、鸢、鵟、红隼、仓鸮等。为了让这些野生动物在农场上繁盛起来，你需要建立并维持它们的食物网。农场上需要有小型哺乳动物，为了让小型哺乳动物能够繁盛，又需要昆虫和蚯蚓等。"

我问他，他们那些使用化学药品的邻居会不会觉得有点竞争的意味。

约翰笑道："我们眼看着邻居家的飞机在周围盘旋，洒下化学制剂。"他向我讲述一位邻居——一名大量使用化学制剂的农场主——给了他们一些冬小麦种子，很想看看他们如何处理。

两种农场管理方式有天壤之别。约翰向我描述了这位邻居经常忙于施用各种化学制品的情景："他的喷雾器从来不会闲置在院子里，他去田里时永远带着。" 考虑到特纳兄弟对农场粗放的管理方式以及从不使用化学制剂，邻居原本非常期待自己农场的产量远远高于特纳的农场。

收获之后，他们对比了产量。"我们每英亩收获（小麦）2.5 吨。"约翰告诉我。邻居呢？"他看起来不太开心。他一年到头忙活着给土地施用各种化学药品和化肥，每英亩收成却只有 3 吨。"

邻居显然本来以为两家会差别巨大。

我问约翰，化学制剂是否会影响土壤。

"我认为影响很大。"他说，"这里有很多人从事农业耕种，所以我们能够看到差别。在过去 20 年间，我们明显能看到周围农场的土壤退化。现在，在土壤结构遭到严重破坏的地方已经出现细沟，土壤沿着这些细沟进一步被雨水冲刷到小溪和河流之中。"

农田中暴露的土壤被冲刷进河流还会引起河道淤塞。

"为了保持河水清澈而疏浚河流的时候，也会将大量的生命从河流中清除出去。"约翰说。

然而，说了这么多，很多人还是会问一个问题：这值得吗？

很多集约化养殖者在谷物饲料中投入重金，这与使用便宜、稳定的牧草大相径庭。

约翰的结论是："我们完全能够掌控我们的收入，我们知道租金的情况，我们知道草种的成本要多少，我们也知道饲料的成本……虽然与直觉的判断不符，但是通过更少的干预，农场能够更加丰产，也更加可持续。就如同开车时轻抬踏板，车能开得更远。"

死亡区域

最近一项研究显示，像特纳兄弟这种放牧牲畜的农场主，收入绝不少于英国其他农场主，甚至有可能超过同行。[2]

牧草饲养牲畜协会与英国负责改善农场效率的法定机构英国农业和园艺发展委员会（Agriculture and Horticultural Development Board，AHDB）合作，检验协会成员的表现和经济数据，并与行业其他生产者相对比。虽然样本量不大，但结果不言而喻。

报告结果在 2016 年牛津真正农业会议（Oxford Real Farming Conference）上发布。[3] 报告的联合作者、英国皇家农业大学（Royal Agricultural University，位于赛伦塞斯特）高级讲师乔纳森·卜伦业（Johathan Brunyee）向济济一堂的听众解释说，与用谷物饲喂牲畜相比，草料饲养的成本十分低廉。通过在户外环境中饲养动物，成本可以进一步降低。同时，在这种环境中，动物更加健康，医疗费用也大幅减少。

牧场放养羊群所得的利润可以与名列英国前三的养羊场匹敌。肉牛的情形更加乐观，而且此时恰好英国大多数养牛场正面临亏损。卜伦业在报告中指出："唯一盈利的就是那些放养牛群并且直接向消费者出售的牛场。"

低成本和自然品牌的结合使放牧式农场劲头十足。"在整个牲畜饲养行业普遍面临亏损的时候，"卜伦业说道，"'生命农场'的主人们正在盈利，而且这不算其他具有附加价值的收益，比如草原固定碳元素的作用以及为野生动物提供栖息地等。"

牧场覆盖地球陆地表面的四分之一。在英国，所有农田中近三分之二的面积是牧场。坐拥如此广大的草地，英国难道不应该有能力成为牲畜放牧饲养的领军者吗？

"无疑，这种可能性是很大的，"卜伦业回应道，"放牧饲养方式正在发展，（以这种方式）可以生产同样多的牲畜，同时还能带来环境和社会收益。"

我访问过的放牧型农场主都十分具有远见，他们将放牧作为未来的发展方向。虽然基于放牧的农场并不是新鲜事物——过去多数牲畜都是以这种方式饲养的，并且在世界许多地区至今依然如此。旅行期间，在美国中西部到佐治亚州的草原上，我见过牲畜放养在极好的牧场中。在潘帕斯和巴西塞拉多的草原上，我也曾见过一些最壮观的放养牲畜群。

我发现，其实在草场上放牧牲畜的方式从来没有消失过，只是在机械化生产方式面前退居二线；它不再受到欢迎，被圈养牲畜以谷物饲喂的方式，也就是我所说的"工厂化饲养"所取代。

这种转变似乎部分受到动物饲料行业的驱动。从业者将工业化生产的粮食作物出售给新一代的工厂化农场主，整个食物生产系统几乎都被饲料行业劫持了。现在看来可能是拯救这二者的好时机。

养活全世界

自然喜欢多样化，但这能够养活世界吗？

2014 年，我带着这个疑问第一次来到南非。在那里，我遇到了食品与养殖之争中的一些领军人物。现在，工业化养殖不再是富裕国家独有的，而是打着食品安全的旗号和所谓"需要养活世界"的标语，扩散到了发展中国家。

死亡区域

我当时正在南非发布我的新书《坏农业》，并安排了一系列媒体和宣讲活动。我为此做了十足的准备，考虑到了所有因素，以便解释为什么工厂化养殖并不适合非洲，正如它不适合英国、欧洲、美国和世界其他地方一样。

我承认我很紧张，我想知道听众会是什么样的反应。我会是唯一的声音吗？人们会听我讲吗？我会遇到公开的反对吗？

结果就是，我完全不必担心。正如在世界其他地方所见，南非的人们听到要在南非设立工厂化农场的时候也感到十分震惊。他们不只关心动物福利和环境影响问题，也理解在南非这样一个大量人口失业的国家，用少数工厂化农场取代大量小农户只能让就业问题更加恶化。

我发现，对"基于土地的养殖方式是全方位优越的"这一理念，人们表现出了令人惊讶的开放态度。这种养殖方式对人，对动物和环境，对我们人类作为一个物种的未来的福利，都更为有利。

在与政府官员、宗教领袖、零售老板、农民代表等举行一系列会议之余，我也在著名的约翰内斯堡宪法法院（Constitutional Court）与一位特邀观众进行了畅谈。南非的这座最高法院坐落于宪法山（Constitutional Hill）上，俯瞰着这座城市。最高法院面积达100英亩，曾是一座有100年历史的监狱中心，每一位南非正义社会活动的主要领导——其中包括圣雄甘地和纳尔逊·曼德拉——都曾在此受难。法院于1995年公开开庭。纳尔逊·曼德拉总统曾说过："我最后一次出现在法庭之上，将是等待自己的死刑判决。"

我深刻地意识到，这座建筑代表着具有历史意义的斗争，对于南非具有极重要的意义。于是我在大礼堂里站了起来，迫切想要将工业化农业置于被告席上。我不是独自一人，站在我身边的是南非高等宪法、公共、人权和国际法研究所（South African Institute for Advanced Constitutional，Public，Human Rights and International Law，SAIFAC）的戴维·比尔切斯（David Bilchitz）教授。

比尔切斯认为工厂化养殖"既不利于人类，也不利于动物和环境。南非应当发展小型养殖业，帮助改善南非农民的生计"。在他看来，"工厂化养殖对于动物福利是具有毁灭性的，它对待动物就像对待工业生产中的一个部件，毫不尊重其内在价值。"比尔切斯还认为工厂化养殖会破坏环境，造成"大规模"污染和大量温室气体排放。

在宪法法院度过的这一天让我更加确信，南非的人民也会加入质疑工业化养殖是否明智的全球浪潮之中。我还发现，如同在其他国家一样，南非的消费者也开始意识到正在发生的变化。

珍妮·格鲁尼沃尔德（Jeanne Groenewald）创立了位于开普敦郊外的"埃尔金散养鸡场"。她满怀激情地谈到南非散养鸡场的光明未来。她告诉我，南非人民，尤其是新妈妈，正逐渐开始重视所购买的东西和喂给孩子们的食物。就她自己而言，这源于她对家人所吃的食物的关注。她越来越担心加工食品对健康的影响，一直到最后拒绝为孩子提供任何大规模生产的化学强化肉。从此，她决定投身散养鸡的行业。

朋友和家人们品尝过她所说的"健康而强壮"的鸡肉之后，都开始询问订购来源："你从哪儿买到这种肉的？"听说是她自己养的以后，他们都大吃一惊。

我们乘坐格鲁尼沃尔德的卡车前去农场一探究竟。天空湛蓝如洗，

死亡区域

农场就隐藏在森林茂盛的山坡上。农场大门上写着标语："安全食品从这里开始"。大门后面是在各处漫步的散养鸡，一些在阳光下的草地上产卵，一些躲在树荫下，更多的在长长的、两侧开门的鸡棚旁啄食，晚上它们就在鸡棚里过夜。

她不想经常给鸡喂抗生素，所以对饲养环境尤为关注。她告诉我，保证鸡群健康的秘方就是给它们足够的空间、新鲜的空气、良好的饲料，不过分催促它们生长，并减轻它们的压力。"如果你能减轻鸟类的生活压力，它们就能自然完善自己的免疫系统。"她说。

埃尔金旗下的几个养鸡场现在每周能生产 9000 只鸡仔，供应沃尔沃斯等大型经销商，也直接卖给消费者。

看到南非也像欧洲和美国一样，涌现出对自由放养和牧场饲养牲畜的兴趣，我非常受触动。沃尔沃斯公司在南非杂货市场占有 10% 的份额，对于其散养产品十分骄傲。我经过繁忙的超市通道来到鸡肉货架前，这里有一幅巨大的照片，照片上一位迷人的农夫站在一群户外散养鸡之间。将顾客的注意力吸引到散养鸡肉货架上是该商店营销的重点。这些鸡肉中有一些就来自格鲁尼沃尔德的养鸡场。

随着自由散养方式的兴起，我想知道——比如在英国——到底还有多少空间可以供这些肉鸡在室外自由活动。毕竟，正如英国家禽行业的一位发言人所说，难道我们想被鸡群淹没吗？英国每年大约饲养 10 亿只肉鸡。这些鸡基本都是室内集约化饲养的，只有极少数的肉鸡有机会在户外散养。即便如此，全英国仍然有约四分之三的地表面积用于农业生产，其中多数是牧场。

虽然英国乃至全世界每年生产如此大量的肉鸡，但所占用的面积实际是非常小的。为了符合英国和欧洲"自由散养"鸡的标准，每只鸡需要至少1平方米的室外空间。根据这个标准，英国的肉鸡全部实现"自由散养"，也只需要现有牧场不到百分之一的面积。实际上，同一时间所有的鸡加起来，也只需要千分之一英亩的土地。[4]

对于数量远远更少的蛋鸡，室外空间也十分充足。而且，为什么要只养鸡呢？为什么不开展混合养殖，将鸡、羊、牛一起饲养在牧场上，作为轮牧轮耕的一部分呢？我在南非就看到一位农场主正在开展这种工作。

从开普敦驾车行驶约30英里就能抵达斯皮尔庄园（the Spier estate）。这里是著名的开普酒乡（Cape Winelands）的一部分，位于霍滕托茨荷兰山脉（Hottentots Holland Mountain）脚下。我在这里遇到了安格斯·麦金托什（Angus McIntosh），一位坚决认为应该用牧草饲养牲畜的农场主。

麦金托什现在已经四十多岁了。他曾经是英国一位股票经纪人，但他不想让孩子们在"高盛式生活方式[①]"中长大，于是放弃了英国的一切来到南非。在这里，他的土坯农舍是量身定做的，有着圆形的边角、光滑的墙面和木质百叶窗。从有顶棚的露台望去，鸡蛋花树（又叫缅栀）上开着美丽的白花。我们在阴凉下躲避日间的高温，喝着咖啡，从特大的罐子里舀出蜂蜜，涂抹在斯佩尔特小麦做成的松饼上。

麦金托什对食品和养殖并不陌生，他在南非夸－祖卢纳塔尔省（Kwa-Zulu Natal）的一家畜牧场长大，他们家还有亲戚是南非跨国

---

① 原文为Goldman Sachs lifestyle。成立于1869年的高盛集团是全世界历史最悠久、最有权势的投资银行。此处代指有钱人或上层阶级的生活方式。

鸡肉餐饮公司"南都公司（Nando）"的老板。

享用过饮料和自制甜品之后，我们出去看他家 126 公顷的农场。这里有大约 3000 只蛋鸡和混合畜群。傍晚橙色的夕阳下，清新的晚风吹拂着我的面颊。我走过牧场，来到牲畜放牧的地点。一群好奇的小鸡向我跑来，它们轻轻地啄着我的鞋带、裤脚和任何它们够得着的地方。

畜群是一群混合的肉用利木赞杂交牛（Limousin cross）和安格斯牛（Angus）。牛的身体呈褐色，有一些面部是白色。仿照北美野牛的行为模式，牛群在一片草场上采食几个小时，再转移到下一片草场上，每天四次。这种放牧方式称为"轮牧"。

鸡群跟随牛群，在牛粪堆中翻找虫子吃。它们栖息在可以移动的鸡窝里，麦金托什称之为"移动产蛋房"。这种鸡窝类似安置在轮子上的大型圆顶帐篷，更便于移动。

我与麦金托什站在一起审视他的畜群。他告诉我，这一套系统有助于增强土壤肥力，还可以将大气中的碳元素固定在土壤中，因而有助于抵抗气候变化。"最高原则是，我们是土地的管理者，要随时确保增加农场的土壤肥力。"他说道。

特纳兄弟也跟我说过类似的话。那么，为什么有些人会拒绝这种农业生产方式呢？

也许那些喜欢工业化养殖的人列出的最主要原因，是需要生产更多的食物来养活不断增长的世界人口。面对未来可能增加的数十亿人口，他们声称"我们没有别的选择"，必须采用集约化生产。

我询问麦金托什对这种观点有何看法。

他愤怒地说："只有媒体、农业机构和农药化肥公司的人才会相信这种荒唐的谣言。"他坚持认为我们生产的食物已经超过目前或未来实际所需。

然而，打着"可持续集约化"等旗号，世界许多政策制定者都痴迷于生产更多的食物。上一轮"生产更多粮食"的恐慌似乎是在2009年由联合国粮农组织负责人引发的，他曾警告说为了"应对大规模饥荒"，2050年世界粮食生产必须翻倍。[5] 这一警告被支持工业化养殖的人利用，当作支持工业化养殖的众多理由中最好的一个。

2013年12月，我前往南非之前的一个月，联合国、世界银行和世界资源研究所（World Resources Institute，WRI）在约翰内斯堡联合发布了一篇关于应对即将到来的粮食危机的新报告。报告中指出，到2050年，全世界的食物产量还需要增加70%（以能量为标准），用来喂养全球96亿人口。[6] 报告呼吁现有的粮食和牲畜产量都要大幅增加，这为"可持续集约化"提供了更多动力。

然而，读了这份报告之后，我注意到其中的观点相比原本"若不生产更多食物则我们都将饿死"的犀利观点，已经缓和了一些。文中还提出了一系列的建议，帮助弥补当前食物产量和本世纪中叶预期的食物需求之间的空白，包括减少食物浪费以及改变居民饮食结构，避免过度消费资源消耗性的动物性食品等。[7]

今天，为满足人类需求而种植的食物中，有大约四分之一的能量被损失或丢弃了。2013年的这篇报告中指出，如果将食物被浪费和损失的比例减少一半，就足以弥补粮食需求的空白。联合国副秘书长和联合国环境署（UNEP）执行主任阿奇姆·施泰纳（Achim

Steiner）指出，每年有超过 13 亿吨食物被浪费，价值高达 1 万亿美元，造成"重要"的经济损失，"对养活全球人口所需的自然资源造成额外的压力"。

这份报告还重点指出应减少对动物性食品的过分需求，尤其是在发展中国家。通过这种方式，可以避免数亿公顷的森林被砍伐清理为农业用地。[8]

施泰纳明确警告：反对把攫取自然资源视为理所应当的观念。他讲到，如果食物生产的生态基础遭到破坏，我们将要支付"急剧上升的环境成本"，包括陆地、水、生物多样性受到的不良影响和气候变化。他总结："为了实现真正可持续的世界，我们需要改变自然资源的开发和消耗方式。修复生态系统不仅可以增加粮食产量，还可以改善粮食生产所依赖的环境状态。"

施泰纳所要表达的意思很清晰：干扰环境会让我们陷入危险。

认真对待粮食，以生态健康的方式生产粮食，这看起来十分符合联合国的新观点。然而，我还是很疑惑，世界首要粮食机构联合国粮农组织一开始是如何得出结论，声称为了应对全球粮食危机，粮食生产必须加倍的呢？

审视联合国粮农组织的数据时，我发现 2014 年全球粮食产量足以喂饱 158 亿人口（按照能量来计算）。[9]另外，科学家发现，当前全世界生产的 30% 的肉、奶和蛋，都可以通过在不适宜耕种的土地上放牧，并辅以饲喂作物残渣和中间副产物等不适合人类食用的物质来实现。[10]如果我们将这两项——作物产量和放牧产出的肉、奶、蛋——叠加起来，未曾被浪费的食物总产量足以供 160 亿人食用，远远超过当前人口和预期未来近期人口所需。

所以为什么要一直讨论粮食危机的到来呢？

施泰纳指出，部分答案在于当前损失或浪费掉的大量食物。世界粮食总产量的约四分之一——足够 38 亿人口食用的粮食——在放置中腐坏了。[11] 除了大量的水果和蔬菜，全球每年浪费的食物还包括相当于 120 亿头牲畜的肉类：牲畜们被养大、屠宰，结果肉被放置到腐坏。最终，全球有六分之一的牲畜被以这种方式浪费掉，简直令人难以置信。

对我来说，这可能是最让人心痛的浪费生命的方式，更不必说首先还要砍伐大量森林、破坏野生动物宝贵的家园来开垦农业生产用地。

联合国正确地强调了需要减少食物浪费，而我们也可以贡献自己的力量，比如尽量将购买的食物全都吃掉。然而，世界粮食短缺的最大原因往往被忽视：全球生产的超过三分之一的粮食被用作牲畜饲料。[12]

让我们弄清楚一点：将人类可食用的玉米和大豆等谷物喂给工业化养殖的牲畜，与将不喜欢的三明治、吃剩的比萨或鸡肉扔进垃圾桶一样，都是在浪费食物。

全世界生产的 35% 的谷物和大部分豆粕——足以供 48 亿人口食用的粮食——都成了工业化养殖牲畜的饲料。然而，正如我们在之前的章节中所见的，谷物饲喂的牲畜产出的肉、蛋、奶等形式的食品总量少于它们所消耗的粮食。[13] 归根结底，用粮食饲喂工业化养殖的牲畜就是在浪费食物，而不是在生产食物。

但这并不是说我们应该多吃谷物。这里想要强调的是，用原本人

死亡区域

类可以食用的粮食喂养牲畜是极端低效的做法。更恰切地说，这些耕地种植的粮食原本应该供人类食用。世界大片的陆地表面是草场，让牲畜返回草场是常识。这样就可以增加而不是减少世界食物产量。

2014 年一项科学研究提出，草场放牧和饲喂作物残渣是饲养牲畜的有效方式。该研究发现，这两种方式合起来供应目前全球三分之一的牲畜饲料，其余 70% 的工业化养殖被描述为"食品生产中低效的土地利用方式"。[14]

牛羊等食草动物在生理上适应以草为食，猪和禽类则不然。猪和禽类是杂食性动物，它们的食谱中包含各种植物性和动物性食物。

然而，即使在饲料中添加谷物可能对它们有利，我们也依然有方法降低饲料中的谷物比例。例如让猪和禽类在田野、林地或场院等场地自行觅食，或者如麦金托什的农场一样，将它们与牛羊等混合放牧。鸡可以从牛粪中啄食虫子，吃草、种子等其他自然产物，而不是单纯依赖谷物饲料。

最好的范例也许是我在美国佐治亚州所见的一个农场。农场主威尔·哈里斯（Will Harris）才华横溢。在他壮观的轮牧草场上，牛群后面跟着羊群，羊群后面又跟着鸡、鸭和珍珠鸡。在哈里斯的白橡牧场上度过的日子，让我重新燃起了看到牲畜回归土地的热切希望。

为什么不让鸡回归它们本来适合的角色，再次利用食物残渣呢？鸡很擅长利用食物残渣。现在，大约有 50 万英国家庭在庭院中养鸡，其中包括杰米·奥利弗（Jamie Oliver）、杰瑞米·克拉克森（Jeremy Clarkson）、阿曼达·霍尔登（Amanda Holden）和萨迪·弗罗斯特（Sadie Frost）等名人。[15] 根据我对自家母鸡的了解，它们最喜欢吃剩饭。作为回报，我们每天能得到新鲜的鸡蛋，这比将吃剩的食物扔进垃圾桶要好多了。

也许，最会利用食物残渣的是猪。数千年来，猪帮助人类完美地处理了生活中产生的废物，并直接转化成猪肉，带给人类能量。目前，考虑到食品效率和环境影响，处理食物残渣最有效的方式就是直接喂猪。与厌氧消化（次优的处理方式）相比，用食物残渣喂猪更有利于减少二氧化碳排放量。当然，饲喂给商业饲养动物的任何食物残渣都应当经过适当处理，防止传播疾病。这是可以实现的。在日本、韩国和中国台湾地区，法律都鼓励利用食物残渣喂猪。然而，按照欧洲的法律，目前多数食物残渣仍被禁止用来喂猪。[16]

将鸡和猪饲养在室外，任其自由觅食并饲喂食物残渣，是人们基于常识逐步发展出来的食物生产形式。指望全世界人民再次回归完全不用人类可食用的谷物喂养牲畜的情况是不现实的。但是我们可以采取一些重大举措，为解决未来人口增加造成的食物短缺问题做出重要贡献。

使全球浪费的食物减少一半，是弥补"粮食差距"的重要途径。如果我们可以使因丢弃或腐坏而造成的食物浪费减半，那么全球将会有足够供应 20 亿人的食物，而将作为牲畜饲料的粮食数量减半，则能供应另外 20 亿人。这些行动总计可以提供 40 亿人的食物，而且不必增加 1 公顷农田。这已经远远超过供应本世纪末预期的人口增长所需，更不必说 2050 年了。

所以问题不在于**生产**更多的食物，而在于合理地使用现有的粮食资源。

死亡区域

原野重焕生机

请你闭上眼睛，想象一下最好的食物来自于哪里，长什么样子。

根据我的经验，多数人会想到在明媚的阳光下，绵延的牧场上散布着肥美的牛羊；闲散的母鸡在果园树下漫步；整齐的农田中种满金黄色的玉米、小麦和大麦；蜜蜂嗡嗡作响。你会想到各种各样的景色，各种你绝不会拒绝前往的地方：都是值得赞美的风景。这种正确的感觉既符合道德，也符合审美，然而单作农业绝不符合其中任何一个标准。

在为撰写本书而进行的一系列旅行中，我发现只要我们以正确的方式——采用适当的管理、混合轮作农场——让生命回归田野，奇迹就会发生。土地再次拥有了生命力，并给农场主、消费者、当地政府、当地人和附近的植被以及动物都带来十多年的有利影响。

牧场散养的动物可以自由跑动、伸展身体，可以自在地擦痒、吃草、啄食和拱地。它们能够感受到新鲜的空气和明媚的阳光，能够在草地上打滚，在沙土中沐浴，在凉爽的湿泥中翻腾。它们可以展示自己的天性，享受自由。这就是国际公认的"五大自由（Five Freedoms）"指导方针的重要原则。[17]

自由对它们来说太重要了。我亲眼见到，每天早上将母鸡们放出笼子时，它们是多么欢快地飞奔出去。在麦金托什的小鸡、格鲁尼沃尔德的母鸡以及特纳家的牛身上，我也看到了自由的重要性。

我们所要求的太多了吗？毕竟，动物只是需要空间和机会去做它们自己。同时这也能改善它们的免疫系统，减少疾病。

从麦金托什、哈里斯和特纳那里我还学到，让动物回归农场也有助于改善土壤。古老的氮元素循环系统重新发挥作用：阳光、土壤、植物和牲畜粪便共同让土壤重获肥力。自然健康（没有受到化学制品影响）的动物的粪堆成为生命的温床，孵化出众多昆虫。蜣螂可以将粪块埋入地下，进一步滋养土壤。

　　健康的土壤能够促进生命循环中所有生命形式的发展，从蚯蚓到甲螨、跳虫，再到一大堆微小的微生物。土壤中的生物虽然体形极小，但对人类的生存有巨大的贡献。它们可以分解动植物遗体，释放其中的氮元素，并转化成植物可以利用的形式，在维持土壤的肥力、结构、排水和透气功能方面具有十分关键的作用。蚯蚓可能是最重要的表层土壤生物，能够将土壤和氮元素混合起来，为植物提供健康生长所必要的原料。

　　正如早先的章节中提到的，蒂姆·梅发现，在混合轮牧系统中，将动物重新引入牧场——将新的生命带入贫瘠的土壤——有利于提高作物产量并维持整体生态系统的运转，减少对化学杀虫剂和化肥的依赖，并带来更多的昆虫、植物和其他农田野生动物。

　　田野中现在生长着更多样的生物，充满了花草，重新引来熊蜂、食蚜蝇、蝴蝶、甲虫和蛾子等不可或缺的传粉昆虫。复苏的田野为田鼠等小型动物提供了隐蔽处和居所，它们进而成为仓鸮等食肉鸟类的食物。种子和昆虫是农田鸟类的食物，帮助鸟类度过严酷的寒冬；在夏天则可以喂饱饥饿的幼鸟，让鸟类种群再次繁盛。

　　青草大量的根系深入土壤，而且四季生长，帮助保持水土，减少流失。深入土壤中的根系可以接触到短根系植物无法触及的深处的水资源，因而增强了田野对干旱和洪水的抵抗力。

水土流失和氮元素污染减少后，河流将更加清澈，不易淤塞。天然的动植物群落也有机会重新兴盛，例如白垩川中的水毛茛、紫菀和水芹，都能给水生动物提供居所，给鱼类提供隐蔽和庇护之所。蜉蝣等昆虫、本土的褐鳟和水䶄等大大小小的生物也加入其中，食物网变得更加丰富。

用谷物饲养牲畜消耗的水，要比用草料饲料喂养多出40倍，转向草料饲养之后可以显著降低水资源的压力。

通过减少用谷物饲养的牲畜，降低对更多农田的需求，再加上减缓资源密集型的肉类生产，可以缓解现存森林面临的危机。那些原本将会终结于电锯之下的树木，将可以继续从大气中固定碳元素，并释放氧气供我们呼吸。

同时，我们也能获得更加健康、营养的食物。草料饲养的牲畜——阳光、雨露和土壤不断共同作用的产物——提供饱和脂肪含量更低，而奥米伽3型脂肪酸等有益健康的营养物质含量更加丰富的肉类。不论我走到哪里，人们都一致反映这种来自大地的食物口感更好，更受欢迎。

我跨越大洲，探访了食品行业背后的人们，发现在管理良好的混合型轮牧农场，当我们以正确的方式让动物回归土地之后，整个田野都迎来了春天。

帮助乡村恢复勃勃生机其实很简单，只需要我们选择食用更少量，但质量更高的，采用牧草饲养、自由放养或有机生产的肉、蛋和奶制品。

通过一日三餐的食物选择，我们可以为动物提供最好的福利，并让田野恢复生机。

第十六章　夜莺 ①

我沉浸在夜莺的歌声中不能自拔。

"*So，so，so……huit，huit，huit……*"一声接着一声，空中传来夜莺婉转的啼叫。

我抱着一线希望，站在建于一棵大橡树上的木质平台，从四周的树木中寻找这种歌声甜美的小鸟。它们太擅长伪装了。而且，一群马鹿碰巧沿着山谷小径走过，一边抢吃着肥美的青草一边玩耍打闹。这更加扰乱了我的心神。

我兴致高昂——因为一切都是预料之外的。当时，我正在进行一次完全不在计划之中的游猎。这原本是一次平常的农场访问。农场就是我的精神食粮。我已经去过数百个农场，但这一个与众不同。

乘坐农场主的吉普车，我们穿过茂盛的草场，路过长满黑刺李、犬蔷薇丛、小橡树、赤杨和柳树的树林。四月底的风光明媚，有温暖的阳光，轻柔的微风，婉转的鸟鸣。虽然只是坐上火车从伦敦来到英格兰的东南沿海，我们却仿佛身处非洲。听起来不可思议吧？

---

① *Luscinia megarhynchos*，又名新疆歌鸲，俗名夜歌鸲。

死亡区域

10 年以前，这里的景色完全不同。蒸普城堡庄园（Knepp Castle Estate）位于西萨塞克斯郡的西格林斯蒂德村（West Grinstead），曾经也是本书所谈到的那类集约型农场之一：数千英亩的土地开展大面积的种植，堆积大量人工肥料；在密集的树篱分隔之下，田地显得十分单薄。

庄园主人查理·伯勒尔（Charlie Burrell）自 21 岁起就经营这个庄园，对农场工作非常熟悉。他的祖父和曾祖父都曾担任英国皇家农业协会的会长，还是无角红牛的饲养冠军。他本人曾在位于赛伦塞斯特的英国皇家农学院学习。

据他本人所言，自 1987 年接手农场起，他就以"利润最大化"为目标，努力将土地资源利用到极限。农场的收入来自种植谷物，养殖奶牛、肉牛和羊等——当然还有相应的财政补贴。最初的几十年情况良好，但随着气候和市场变化，他们开始付出代价，赤字逐年增加。

"为了维持这种工业化农场的运行，需要投入越来越多的钱进行基础设施建设，这就仿佛永无尽头的循环。"他告诉我，"由于总是需要购买新型的联合收割机，或建设乳品加工厂，或是因为又出现污水处理的新规定，你总要面临一系列的问题。"即便拥有一切现代化设施，应用化肥、农药并拥有政府补贴，农场依然入不敷出。"我本来预计平均一年能够收入 15 万英镑，结果每年仅资金投入就常常超过 20 万英镑。"农场只能依赖政府补贴维持运转。"在 90 年代中期，形势已经很明朗了，这种情况无法永远持续下去。"他回想道。

大约在这一时期，伯勒尔遇到了一群自然主义者，这些人的想法给他本人和农场都带来了改变。受他们的启发，他意识到大型野生动物曾经以吃草的方式塑造了欧洲大部分的景观。野牛、原牛、野马和鹿会吃掉低矮的草，陆地上因此形成草原而不是曾经覆盖大陆的成熟密林。从古至今，这些食草动物以独特的方式塑造了自然环境，给田野带来了生命。

这些灵感乍现的时刻无须赘述。下一年，伯勒尔做出了惊人之举：他完全关闭了农场，停止养殖，试图让这片土地回归自然。他不再翻耕，不再种植，不再修整篱笆，也不再收割，让土地自行恢复原貌。伯勒尔决定顺从自然的引导，而不是试图控制自然，他称之为"过程引导式保护"或"任由土地自主"。从此，萘普庄园的面貌完全改变了。

现在，伯勒尔已经五十多岁，是欧洲最大的低地"野化"项目背后的著名人士。据悉，他在此地的举动是独一无二的：萘普庄园是欧洲唯一由工业化农场恢复成灌丛林地的案例。伯勒尔向游客开放了庄园，作为新的经营内容，游客可以乘坐敞篷汽车进行"荒野游猎"，还能在豪华的钟形帐篷里露营。

庄园里的动物们——长角牛、黇鹿、欧洲狍、欧洲马鹿（*Cervus elaphus*）、埃克斯摩尔小马和泰姆华斯猪——与数千年前生活于此的食草动物很相似。庄园对这些动物进行细致的管理，确保它们有助于维持植被。这是一个很微妙的过程：动物太多，植物会被吃光，庄园成为荒地；动物太少，庄园则会很快被疯长的灌丛和树木吞没。

我很好奇庄园看起来是什么样子。坦白讲，我没有太高的期望——也许是一些杂草丛生的田野和一片混乱的树林。结果我大错特错。

最初的印象颇具欺骗性：通往萘普庄园的路经过一座精心整理的鹿园，有数英亩十分整齐的草坪。随后，游客们会抵达一幢拥有老式角楼和城垛的城堡。这幢建于 1806 年的城堡坐落在 3500 英亩的萘普庄园里，是建筑师约翰·纳什（John Nash）的作品。纳什以设计了布莱顿皇家别墅和白金汉宫而闻名于世。我走出汽车，想知道自己是否在浪费时间。

在工作人员的带领下，我穿过两侧挂满历任城堡主人画像的昏暗走廊，前去拜见现在的主人查理·伯勒尔。几个小时以前，他刚刚乘车从苏格兰回来。他在苏格兰会见了其他热心于野化项目的人士。他看起来很疲惫，但是很放松。办公室墙上挂着镶在玻璃框里的蝴蝶收藏品以及成排的鹿角，我们就坐在这里攀谈起来。

他的秘书端来了咖啡，但我觉得伯勒尔无心消磨时光，他急于向我展示他的庄园。我不情愿地放下咖啡，跟他一起坐上四驱车。我曾参观过很多农场，有的养牛，有的养羊，都干净整齐。可以预想到，这将不只是一次游园，而更像一场"游猎"：这里的动物富有野性，要看到它们需要一些运气。萘普的"荒野游猎"是庄园的重要产业，伯勒尔从中获取了相当不错的收益。

我们路过了一群埃克斯摩尔小马。它们体色深棕，长着长长的黑色尾巴，在开阔的草地上悠闲地放牧。它们是伯勒尔宏伟计划的一部分。他计划重新引入食草动物，模仿过去的牧场体系。我们继续前行，我没料想到庄园面积如此巨大：最宽处达 3 英里，全长则有 4 英里。

很快，我们抵达了一处老旧的城堡庭院，这里现在已经改造成游客中心。游客中心也为居住在帐篷和大篷车中的游客提供高级淋浴服务。里面还有一间小型农场商店，出售"萘普野生系列有机产品"，包括鹿肉和长角牛肉等。旁边有沙发和简易座椅，放置在电缆盘做成的临时咖啡桌周围。

墙上挂着的黑板上预告了春天的来临以及最近可以看到的动物：杜鹃、翠鸟、斑鸠以及夜莺。

来自萨塞克斯野生动物基金会的潘妮·格林（Penny Green）在庄园工作，据她说，她已经在这里进行了十多年的野生动物监测活动。该基金会试图推动他们所说的"景观尺度的保护"，将附近拥有同一条河流、小溪和树篱的土地所有者召集起来，帮助他们开展合作。关注小片独立区域的保护工作具有局限性，而这种合作方式能够打破局限，开展更大范围的保护。该基金会希望未来能够进一步拓展范围，让保护工作跨越国界。

潘妮告诉我看到杜鹃的可能性很低，因为多数杜鹃还停留在非洲，等待英国的冬天完全过去。但她也说，春天就要来了。最近，他们在庄园里见到了斑鸠。英国范围内斑鸠的数量严重下降，但现在萘普庄园的斑鸠数量已经超过了基金会旗下所有土地上的斑鸠。格林激动地告诉我，庄园里还有 6 只夜莺，数量远超预期。

夜莺看起来平平无奇。这是一种平淡的浅黄色小鸟，跟知更鸟（即欧亚鸲）差不多大。但你很难见到它们。它们喜欢隐藏在灌丛中，唱出最美丽的歌曲。

"So，so，so……huit，huit，huit……"

它们的鸣声婉转、高亢、精妙，我常常沉醉其中。

我第一次见到夜莺是在十几岁的时候。我还清晰地记得那天的场景，几十年的时间丝毫没有让这段记忆褪色。我当时在萨福克郡英国皇家自然保护协会的敏斯梅尔（Minsmere）旗舰自然保护区。那只夜莺像乌鸫一样从我身边飞过，消失在灌木丛里。我只来得及瞥到它红棕色的尾羽。从那之后，直到来年春天我造访肯特州诺斯沃德山保护区，我再也没能听到夜莺的叫声。我深知所要寻找的声音。借助祖父送给我的经典黑胶鸟鸣唱片，我已经非常熟悉它们的叫声。五月中旬的那一天，我终于听到了唱片中给我留下深刻印象的鸣叫："*So，so，so……huit，huit，huit……*"

几个世纪以来，夜莺给许多诗人和作家带来创作灵感，这不足为奇。它们经过长途迁徙而来，在英国最温暖的地方度过夏天——主要在亨伯河到塞汶河一线的东南侧——冬季则在撒哈拉到西非雨林之间越冬。[1] 现在，人们利用高新科技可以追踪它们的迁徙路线。2010 年 5 月，有人给一只夜莺用卫星定位器做了标记。仪器记录到它在 8 月经过比利牛斯山，随后飞过塞内甘比亚，最终在年底抵达几内亚。[2]

英国是一个全民爱鸟的国家，每年都有志愿者团队通过在鸟腿上进行无损环志，帮助收集鸟类福利和迁徙模式方面的重要信息。整个过程管理良好，参加人员需要经过经验丰富的教练培训数年，并获得英国鸟类学基金会的证书。

很多个清晨，我都早早起来，用无损害的雾网捕捉夜莺，试图更多地了解它们的生活。很幸运，我的居所附近就是少数几个夜莺热点地区之一——汉普郡伯特利森林地方保护区（Botley Wood Local Nature Reserve）。我所参加的是英国鸟类学基金会组织的国家协调研究项目之一，我们给每一只鸟小心地佩戴了刻有独特数字的金属腿环，使之在释放之后可以被监测到。我们还会给鸟儿佩戴不同颜色组合的腿环，这样就可以不用捕捉而进行监测。然而，这个项目的缺陷是，夜莺太会隐藏了！不过在当时看来，这确实是个好计划。后来，我依然在英国鸟类学基金会授权下开展鸟类环志工作，并一直坚持在做，但我确实有几年没有参与夜莺监测了。目前，英国已经面临失去夜莺的危险，监测夜莺的数量是非常必要的。[3]

10年以前，与其他普通的工业化农场一样，萘普庄园也没有夜莺。现在，这里夜莺的数量正在增加，但全英国夜莺的种群状况仍然不容乐观。在过去20年中，英国的夜莺数量减少了43%。[4] 夜莺喜欢温暖的气候，鸟类学家期望它们也许能从气候变化中受益。有人预测，气温升高可能让夜莺的分布区向北移动，也许最远可以抵达苏格兰南部。不幸的是，这种情况并没有发生。实际上，它们的分布区在缩小，局限于英国东南部，数量也在下降。这可能与栖息地丧失有关。不仅夜莺在英国的繁殖地在减少，它们越冬区域的栖息地也在减少。[5]

在英国，夜莺喜欢在灌木丛中筑巢，鹿常因过度啃食灌木丛而受到非议。[6] 而伯勒尔的"野性萘普"计划让我感到意外，因为鹿群也是他自然放牧系统的一部分。他故意引入鹿群，鼓励鹿群发展，夜莺非但没有受到危害，反而与其他许多野生动物一起回归了。

伯勒尔很为此骄傲："两年以前，在我们上一次的大型调查中，萘普庄园拥有的夜莺种群占全英国的2%。小斑啄木鸟种群状况很好，贝茨斯坦蝙蝠（Bechstein bat）的数量在增加，欧洲绿啄木鸟状况也不错。还有蚂蚁，许多许多的蚂蚁。杜鹃的数量也多得让人惊讶。"

当前多数保护工作需要为特定的物种或生态群落保留、创造适当的生境。例如，为麻鳽保留芦苇荡，不填埋并防止其自然发展成林地。保持湿地草场，吸引水鸟前来繁殖。保护自然栖息地是保护物种的正确方式。我曾花费数月的时间自愿参与此类项目。然而，我在萘普庄园所发现的却与此不同。

"我们并没有刻意为鸻类（plover）或某种昆虫、植物保留适宜的栖息地。"伯勒尔告诉我，"我们的计划是任其自然发展，静观其变。这是一片自由野性的土地。"

伯勒尔的计划就是停止对景观的干预，观察所发生的变化，看看什么物种离开了，又有什么物种回归了。他希望参照数百年前塑造欧洲地被景观的动物，引入功能相似的动物。鉴于当初有原牛、野马、野牛和野猪生活于此，他选择了长角牛、埃克斯摩尔小马、欧洲马鹿、黇鹿和泰姆华斯猪。"我们饲养了泰姆华斯猪、黇鹿、埃克斯摩尔小马、欧洲狍和长角牛，最近又养了欧洲马鹿。这些都是与原有的野生动物相似的物种。"

此地的野生植被一恢复，伯勒尔就迫不及待地引入了食草动物。10 年过去了，矮树、草地、灌丛构成的综合草原已经取代了原有的单作农田。

"我去过别的农场，那里一片寂静，什么都没有。"他跟我反映。我们巡视他丰富多彩的农场时，可以听到夜莺、柳莺的鸣叫，听到啄木鸟敲击树干。杜鹃也刚刚从非洲飞回来。

曾经，这里土地要么是裸露的，要么种满小麦，现在则盛开着犬蔷薇，长满茂盛的树莓和黑刺李。曾经迅速消失的灌丛现在重新繁盛起来。它们肆无忌惮地生长，再次成为各种小生命的家园。黄华柳（sallow，一种柳树）硕果累累，在鹿和牛的啃食下保持着适当的高度。

在这种变化之下，食草动物与植被之间进行着自然的相互作用。"看那片桤木。"伯勒尔指向一排树说道。我看到树木低矮的枝条被动物啃食得整整齐齐。他指出，树木背面的枝条不受动物关注，因而可以长得更高一些。

　　"一些树可以幸免（被啃食）而长得更高。这让环境更加多样。鹿喜欢开花植物，但那些植物一般生活在矮树丛的边缘，受到荆棘的保护。"他说道。蝴蝶和蜜蜂也喜欢矮树丛，荆棘庇护下的花朵尤其受到它们的喜爱。"你要先等灌木长出足够强壮的根系，再引入食草动物，这样整个系统就可以正常运转，不会变成苏格兰高地那样裸露的土地。"

　　换句话讲，你需要先让植物站稳脚跟，再允许食草动物采食。伯勒尔指出，在过去，由于炭疽或冬季虫害等疾病，某一地区的野生动物种群会不定期出现严重衰退甚至消亡。野生动物种群再次繁盛之前，草原、树木和灌木就有机会恢复生长。

　　"你在这里所见到的是开阔灌木草原上的生物，多数欧洲温带地区以及肯尼亚和坦桑尼亚的原始景观都是这个样子。"他说道。这种生态系统已经从此地消失数百年了。他告诉我，一些草本植物和树木拥有内在的防御机制。这种机制能够起到免疫作用，帮助保障这些物种的生存。让植被自行生长，它们有能力照顾好自己。他以多刺疏林（thorn bushes）为例："通常情况下，山楂中的单宁含量很低。一旦遭到啃噬，它们就会向其他植物发出产生单宁的警告信号，其自身的棘刺也会变得粗大。"很明显，被啃食的灌木会释放激素，警告其他植物即将发生危险。植物体内随后就会产生单宁，降低对牛和鹿的可口性。

随着游猎之旅的进行，我们看到了黄褐色的后背上点缀着斑点的黇鹿，它们轻轻晃动着白色的小尾巴，仿佛莫里斯舞者在挥舞着手帕。我们的车经过一片林间空地去寻猪，却只失望地看到了被猪拱过的蓝铃——碧绿的林地中闪过几处浅蓝色，但多数都被啃得一片狼藉。

"蓝铃全都被猪拱坏了。这就是欧洲难以见到蓝铃的原因——无论蓝铃生长在何处，野猪都能找到它们。"伯勒尔向我解释道。

然而，从积极的角度来看，猪有助于吸引非常稀有的帝王紫蛱蝶前来。这种蝴蝶是英国目前最稀有也最华丽的蝴蝶。但凡它们出现过的地方都有野生动物爱好者前去寻找，因此在这里见到几个架好了相机的蝴蝶拍摄者完全不足为奇。[7]

人们一度认为帝王紫蛱蝶只生活在原始森林里，但萘普庄园显示它们也可以适应其他环境，尤其是有猪的环境。与野猪类似，猪会用它们有力的鼻子拱开地面，进而改善环境。萘普庄园就有许多这种觅食的痕迹。黄华柳在翻起的土壤中洒下大量的种子，幼苗很快破土而出。附近几英里范围内的帝王紫蛱蝶都感受到了这里活跃的气息，进而前来定居。萘普庄园现在已经成为全英国第二大的帝王紫蛱蝶栖息地。

其他物种也受益于被猪拱翻过的土壤，包括几种独居蜂。

虽然此行没有看到猪，但我也很激动能看到在萘普庄园生活的其他几种动物。我们偶尔会遇到一些奇怪的绿色波纹金属板——整个庄园里有数百块这种金属板。

"快来。"伯勒尔一边说，一边将车子停下并掀起一块板子。板子下蜷缩着两条小小的草蛇。它们一下子清醒过来，迅速消失不见了，只留下两条亮灰色的蛇蜥（slow worm）——原来萘普庄园也生活着蜥蜴。

"我们以前从未见过蜥蜴，现在蜥蜴很常见了。"伯勒尔说。

我们经过一个钉在树上的大型三角巢箱，这种巢箱是给仓鸮安置的。当萘普庄园还是工业化农场的时候，这里即使有仓鸮，数量也是非常非常少的。在那种环境中，仓鸮几乎无处可去。

我问伯勒尔，他现在对整个项目的感受如何。

"对于像我这样对自然感兴趣的人而言，能有机会开展这样的项目，简直就是激动万分。"他热情高涨地说。

他承认，一切并非一帆风顺。农村社区中对此持怀疑态度的人曾经攻击过他。在这个仍然有人挣扎着养活自己的世界里，一些人觉得他的野化计划是一种奢侈的举动。然而，正如我们所见，也正如伯勒尔本人所指出的，庄园的产出绰绰有余，生产完全不是问题。在任何情况下，萘普庄园都能够产出大量的有机肉制品。

"看到生命再次复苏，是很特别的体验。"他总结道。

他严肃地批评了集约化养殖运动的双重标准：一边一味强调"需要"生产更多的食品，一边划出大片土地用来种植作物，以便为"生物消化器（biodigestor）"系统提供燃料。这些特意种植出来的作物被用作"绿色"能源。他不相信这两种立场可以叠加。在他看来，更需要讨论的是如何照料我们的生命维持系统，而非食物生产。

"如果生态系统变得脆弱，大家都没有好日子过。"他说道。

我问他觉得自己到底是在从事真正的农业，还是在开展生态系统服务。他回答："我觉得哪个都不是。对我来说，这更像一场宏大的试验，目的在于了解发展的走向。实际上，这个广阔的放牧系统已经呈现出许多可喜的成果了。"

英国是世界上农业开垦最为严重的国家之一，农田覆盖了英国70%的地表面积。[8] 这听起来可能很好——许多人觉得这总比建造房屋强——但如果农场都像工厂一样运营，使用机械和化学制剂来控制任何可能影响产量的因素，那么这些农场也只是另一种形式的丑陋的工厂，与我们从幼儿读物上得到的对农场的最初印象完全没有关系。在这些地方，根本没有自然的空间。

这就是我认为农场应该不只是食物生产场地的原因。毕竟，如果我们不照顾好农场生态系统和农场上的野生动物，它们能去哪儿呢？

萘普庄园的成功说明，自然型农场并不仅是那些不知民间疾苦的有钱人的消遣，也可以成为有利可图的生意。萘普庄园每年销售约75吨鲜肉，这些肉全都来自牧场上自由啃食牧草的有机牲畜，价值高达12万英镑。

没有工业化时代昂贵的机械和化学制剂，这种收入可持续性更强。再加入各种建筑的租金以及游猎和野营的收入，萘普庄园已经走在无需政府补贴而实现自食其力的路上。这充分说明了萘普庄园采取这种经营模式的远见卓识。

伯勒尔创造了一个真正美丽，并且可以在其他地方复制的典范。作为终身农民和自然主义者，他正在让土地自行发展，这与他父亲和祖父先前的选择大相径庭。他既是土地的守护者，又是仆人、所有者和观察者，他的热情极其富有传染性。

离开庄园时，我正在想这样一片富有生命力的土地具有何种不言自明的益处。就在这时，又一串婉转的鸣唱从远处传来："*So，so，so……huit，huit……*"

死亡区域

注释

序

1. Jan J. Boersema (translated by Diane Webb), *The Survival of Easter Island: Dwindling resources and cultural resilience*. Cambridge University Press, 2015, p. 98.

2. ibid., pp. 95–7; D. Attenborough, *The Lost Gods of Easter Island*. BBC Bristol, 2000. Available to view: http://www.dailymotion.com/video/xsynkz_lost-gods-of-easter-by-david-attenborough_shortfilms

3. Jo Anne Van Tilburg, *Easter Island: Archaeology, ecology and culture*, London: British Museum Press, 1994, pp. 59–60; Attenborough, *Lost Gods*.

4. Attenborough, *Lost Gods*.

5. Boersema, *Survival of Easter Island*, pp. 77–8.

6. Attenborough, *Lost Gods*.

7. History (Phases of island culture). http://www.history.com/topics/easter-island

8. History (AD 300–400). http://www.history.com/topics/easter-island; J. Diamond, *Collapse: How societies choose to fail or survive*, London: Penguin, 2011, p. 87; Charles River Editors, *Easter Island: History's Greatest Mysteries*, Amazon: Great Britain, 2013; Boersema, *Survival of Easter Island*, p. ix.

9. History (AD 300–400). http://www.history.com/topics/easter-island

10. Diamond, *Collapse*, p. 88.

11. Boersema, *Survival*, p. 179.

12. Attenborough, *Lost Gods*; Charles River Editors, *Easter Island*.

13 Diamond, *Collapse.*

14 R. McLellan, L. Lyengar, B. Jeffries & N. Oerlemans (eds), *Living Planet Report 2014: Species and Spaces, People and Places*, WWF, 2014. http://www.worldwildlife.org/publications/living-planet-report-2014; S. Bringezu, H. Schütz, W. Pengue, M. O'Brien, F. Garcia, R. Sims, R. W., Howarth, L. Kauppi, M. Swilling & J. Herrick (leading authors), *Assessing Global Land Use: Balancing consumption with sustainable supply*, UNEP International Resource Panel, 2013. http://www.unep.org/resourcepanel/Portals/24102/PDFs/Summary-English.pdf; J. Owen, 'Farming Claims Almost Half Earth's Land, News Maps Show', *National Geographic News*, 9 Dec 2005. http://news.nationalgeographic.com/news/2005/12/1209_051209_crops_map.html

15 Secretariat of the Convention on Biological Diversity (2014), *Global Biodiversity Outlook 4*. Montréal, 155 pages, accessed at: https://www.cbd.int/gbo/gbo4/publication/gbo4-en.pdf

16 T. Searchinger et al., *The Great Balancing Act*. Working Paper, Installment 1 of Creating a Sustainable Food Future. Washington, DC: World Resources Institute, 2013. Available online at: http://www.worldresourcesreport.org

17 H. Steinfeld et al., *Livestock's Long Shadow*, Rome: Food and Agriculture Organization of the United Nations, 2006, p. 45.

18 D. Attenborough, *State of the Planet: The future of life*, BBC, 2000. Clip available at: http://www.bbc.co.uk/programmes/p004hsk7

第一章　象

1 S. Katsineris, 'Save the Leuser Rainforest Ecosystem', *Workers' Weekly Guardian* magazine (Australia), #1657, p. 6, 24 Sep 2014. http://www.cpa.org.au/guardian-pdf/2014/Guardian1657_2014-09-24_screen.pdf

2 WWF website: Sumatran elephant. http://www.worldwildlife.org/species/sumatran-elephant

3 *Daily Telegraph*, Can elephant tourism be ethical?, 2nd February 2016. http://www.telegraph.co.uk/travel/safaris-and-wildlife/Can-elephant-tourism-be-ethical/

4 Y. Robertson, *Briefing document on road network through the Leuser Ecosystem*, Cambridge University, Wildlife Research Group, 1 Dec 2002. http://www-1.unipv.it/webbio/api/leuser.htm

5　B. A. Margono, P. Potapov, S. Turubanova, F. Stolle & M. Hansen, 'Primary forest cover loss in Indonesia over 2000-2012', *Nature Climate Change* 2014, Supporting Information (open access). http://dx.doi.org/10.1038/nclimate2277

6　Katsineris, *Save the Leuser Rainforest Ecosystem.*

7　A. Gopala, O. Hadian, Sunarto, A. Sitompul, A. Williams, P. Leimgruber, S. E. Chambliss & D. Gunaryadi, *Elephas maximus ssp. sumatranus,* IUCN Red List of Threatened Species, 2011. Version 2014.3. www.iucnredlist.org

8　IUCN red list of threatened species, *Elephas maximus ssp. Sumatranus. http://www.iucnredlist.org/details/199856/0*

9　FAOSTAT, http://faostat.fao.org/

10　G. Usher, Personal communication, Medan, Sumatra, 8 Sep 2015.

11　REDDdesk, REDD Indonesia, accessed May 2015. http://theredddesk.org/countries/indonesia

12　WWF (USA) website. http://www.worldwildlife.org/pages/which-everyday-products-contain-palm-oil

13　FAOSTAT, http://faostat.fao.org/; WWF Palm Oil Buyers Scorecard 2013, WWF (Global) website, http://wwf.panda.org/what_we_do/footprint/agriculture/palm_oil/solutions/responsible_purchasing/palm_oil_buyers_scorecard_2013/

14　N. Gilbert, 'Palm-oil boom raises conservation concerns: Industry urged towards sustainable farming practices as risking demand drives deforestation', *Nature*, vol. 487, issue 7405, pp. 14–15, 4 July 2012, http://www.nature.com/news/palm-oil-boom-raises-conservation-concerns-1.10936

15　A. R. Alimon & W. M. Wan Zahari, Recent advances in the utilization of oil palm by-products as animal feed (Malaysia), 2012. http://umkeprints.umk.edu.my/1148/1/Paper%203.pdf

16　FAOSTAT, http://faostat.fao.org/

17　Nuansa Kimia Sejati (Chemical Supplier, Indonesia), Palm Fatty Acid Distillate (PFAD). http://www.nuansakimia.com/en/palm-fatty-acid-distillate-pfad.html

18　Proforest, for Defra, *Mapping and understanding the UK palm oil supply chain*, Final report to the Department for Environment, Food and Rural Affairs (EV0459), 2011 http://www.proforest.net//proforest/en/files/mapping-palm-oil-supply-chains-report

19　ibid.

20 R. Howard (Wellington), 'Fight against palm snares unexpected users: New Zealand farmers', Reuters, 23 Dec 2015. http://www.reuters.com/article/us-fonterra-dairy-idUSKBN0U705820151224

21 G. Hutching, 'Fonterra wants farmers to cut back on palm kernels', Stuff.co.nz / NZFarmer.co.nz, 21 Sep 2015. http://www.stuff.co.nz/business/farming/agribusiness/72272820/Fonterra-wants-farmers-to-cut-back-on-palm-kernels

22 H. Halim, 'Minister says sorry, nixes new rule for foreign media', *Jakarta Post*, 28 Aug 2015. http://www.thejakartapost.com/news/2015/08/28/minister-says-sorry-nixes-new-rule-foreign-media.html

23 United Nations Economic and Social Commission for Asia and the Pacific, *Economic and social survey of Asia and the Pacific 2005: Dealing with shocks*, 2005, p. 172. http://www.unescap.org/publications/survey/surveys/survey2005.pdf

24 O. Balch, 'Sustainable palm oil: how successful is RSPO Certification?', *Guardian*, 4 July 2013. http://www.theguardian.com/sustainable-business/sustainable-palm-oil-successful-rspo-certification

25 Greenpeace UK, Palm oil, last edited 5 Nov 2013. http://www.greenpeace.org.uk/forests/palm-oil

26 FAOSTAT, http://faostat.fao.org/

27 Roundtable on Sustainable Palm Oil (RSPO), Principles and Criteria for the Production of Sustainable Palm Oil, April 2013, http://www.rspo.org/file/PnC_RSPO_Rev1.pdf

28 Greenpeace International, Certifying Destruction: Why consumer companies need to go beyond the RSPO to stop forest destruction, Sep 2013, http://www.greenpeace.org/international/en/publications/Campaign-reports/Forests-Reports/Certifying-Destruction/

第二章　仓鸮

1 The Barn Owl Trust, State of the UK Barn Owl Population, 2013 (updated Sep 2014). http://www.barnowltrust.org.uk/wp-content/uploads/State-of-the-UK-Barn-Owl-population---2013-updated-links.pdf

2   'Barn owl is Britain's favourite farmland bird', *Daily Telegraph*, 30 July 2007. http://www.telegraph.co.uk/news/earth/3301816/Barn-owl-is-Britains-favourite-farmland-bird.html

3   RSPB, 44 million birds lost since 1966, last modified 19 Nov 2012. http://www.rspb.org.uk/news/details.aspx?id=329911

4   G. Paton, 'Pupils to "dissect animal hearts" in new biology A-level', *Daily Telegraph*, 27 June 2014. http://www.telegraph.co.uk/education/educationnews/10931475/Pupils-to-dissect-animal-hearts-in-new-biology-A-level.html

5   D. Ramsden, 'Save our barn owls!', *Ecologist*, 6 Feb 2014. http://www.theecologist.org/campaigning/2268926/save_our_barn_owls.html

6   Donald MacPhail, 'Autumn sowing disaster for skylarks', *Farmers Weekly*, 19 Jan 2000. http://www.fwi.co.uk/news/autumn-sowing-disaster-for-skylarks.htm

7   R. A. Robinson, BirdFacts: profiles of birds occurring in Britain & Ireland, BTO Research Report 407, 2015. BTO, Thetford. http://www.bto.org/birdfacts, accessed 9 Dec 2015. http://blx1.bto.org/birdfacts/results/bob7350.htm#trends; M. Toms, *Owls*, London: Harper Collins, 2014.

8   European Bird Census Council, Trends of common birds in Europe, 2014 update, accessed Feb 2015, http://www.ebcc.info/index.php?ID=557

9   J. R. Sauer, J. E. Hines, J. E. Fallon, K. L. Pardieck, D. J. Ziolkowski, Jr. and W. A. Link, The North American Breeding Bird Survey, Results and Analysis 1966 – 2013. 2014. Version 01.30.2015 *USGS Patuxent Wildlife Research Center*, Laurel, MD, accessed Feb 2015, http://www.mbr-pwrc.usgs.gov/bbs/

10 BirdLife International, Europe-wide monitoring schemes highlight declines in widespread farmland birds, 2013. Presented as part of the BirdLife State of the world's birds website. Available from: http://www.birdlife.org/datazone/sowb/casestudy/62, checked: 23/02/2016. Accessed Feb 2015.

11 Michael T. Murphy, *Avian population trends within the evolving agricultural landscape of the eastern and central United States* (2003), Biology Faculty Publications and Presentations. Paper 70. http://pdxscholar.library.pdx.edu/bio_fac/70

12 M. Shrubb, *Birds, Scythes and Combines: A History of Birds and Agricultural Change*, Cambridge University Press, 2003.

13 S. R. Baillie, J. H. Marchant, D. I. Leech, A. R. Renwick, S. M. Eglington, A. C. Joys, D. G. Noble, C. Barimore, G.J. Conway, I. S. Downie, K. Risely & R. A. Robinson, *Bird Trends 2011*, BTO Research Report No. 609, 2012. BTO, Thetford. http://www.bto. org/birdtrends. Accessed Feb 2015. http://blx1.bto.org/birdtrends/ species.jsp?year=2011&s=goldf; BTO, *Garden Bird Feeding Survey results*, http://www.bto.org/volunteer-surveys/gbfs/results/results-species

14 Defra National Statistics Publication, *Wild Bird Populations in the UK, 1970 to 2014*, Annual Statistical release, 29 Oct 2015 https://www.gov.uk/government/uploads/system/uploads/ attachment_data/file/372755/UK_Wild_birds_1970-2013_ final_-_revision_2.pdf

第三章　野牛

1 Elahe Izadi, 'Say hello to our first national mammal', *Washington Post*, 29 April 2016. https://www.washingtonpost.com/news/ animalia/wp/2016/04/27/how-the-bison-once-nearing-extinction-lived-to-become-americas-national-mammal/

2 National Park Service, US Department of the Interior, Visitation Statistics. http://www.nps.gov/yell/planyourvisit/visitationstats.htm

3 P. Schullery, *The Greater Yellowstone Ecosystem*, Our Living Resources, US Department of the Interior National Biological Service, US Geological Survey. http://web.archive.org/ web/20060925064249/http://biology.usgs.gov/s+t/noframe/r114. htm

4 City-Data.com West Yellowstone, Montana. http://www.city-data. com/city/West-Yellowstone-Montana.html

5 J. N. McDonald, 'Quaternary extinctions: A prehistoric revolution', in *The Reordered North American Selection Regime and Late Quaternary Megafaunal Extinctions*, University of Arizona Press, 1984, pp. 404–39.

6 National Geographic, American Bison. http://animals. nationalgeographic.com/animals/mammals/american-bison/

7 K. Zontek, *Buffalo Nation: American Indian Efforts to Restore the Bison*, Lincoln: University of Nebraska Press, 2007, pp. 16–17.

死亡区域

8   D. F. Lott, *American Bison: A Natural History*, Los Angeles:
    University of California Press, 2003. San Diego Zoo Global
    American Bison – Bison, bison. March 2009. http://library.
    sandiegozoo.org/factsheets/bison/bison.htm; B. Davis &
    K. Davis, *Marvels of creation: Magnificent mammals*, Master
    Books, 2006.
9   National Bison Association – A community bound by the heritage
    of the American Bison *Bison FAQs.* http://www.bisoncentral.com/
    faqs#faq-nid-77; R. Rettner, 'The Weight of the World: Researchers
    Weigh Human Population', *Live Science*, 17 June 2012. http://
    www.livescience.com/36470-human-population-weight.html;
    Wikipedia, Human body weight. https://en.wikipedia.org/wiki/
    Human_body_weight
10 Zontek, *Buffalo Nation*, p. 25.
11 ibid.
12 ibid.
13 Lott, *American Bison.* Page 180.
14 History.com *Dust bowl.* http://www.history.com/topics/dust-bowl
15 WETA – Public Television and Classical Music for Greater
    Washington, Local Focus: Hugh Bennette and the Perfect Storm.
    http://www.weta.org/tv/program/dust-bowl/perfectstorm
16 Iowa Public Television, The Great Depression Hits Farms and
    Cities in the 1930s. http://www.iptv.org/iowapathways/mypath.
    cfm?ounid=ob_000064
17 K. Masterson, The Farm Bill: From Charitable Start to Prime
    Budget Target. The Salt – What's on your plate. 26 Sep 2011.
    http://www.npr.org/sections/thesalt/2011/09/26/140802243/the-
    farm-bill-from-charitable-start-to-prime-budget-target
18 G. Harvey, *The Carbon Fields: How our countryside can save Britain*,
    Somerset: Grass Roots, 2008. Page 50.
19 S. R. Allen, As the World Changes, So Must John Deere:
    Feeding Fueling and Housing a Growing World. Remarks given
    at Executives' Club of Chicago, John Deere & Co., May 2011.
    https://www.deere.com/en_US/corporate/our_company/news_
    and_media/speeches/2011may10_allen.page
20 USDA, Economic Research Service, Farm Income and Wealth
    Statistics. http://www.ers.usda.gov/data-products/farm-income-
    and-wealth-statistics/annual-cash-receipts-by-commodity.aspx#P65
    2a26c7d8b74b3d87dcb00f153b89b3_3_16iToRox27

21 Statista, *Distribution of global corn production in 2014, by country.* http://www.statista.com/statistics/254294/distribution-of-global-corn-production-by-country-2012/

22 USDA, Economic Research Service, *Corn – Background.* http://www.ers.usda.gov/topics/crops/corn/background.aspx

23 ibid.

24 John Deere & Co., Our Company – About Us. https://www.deere.co.uk/en_GB/our_company/about_us/about_us.page

25 P. Lymbery & I. Oakeshott, *Farmageddon: The true cost of cheap meat,* London: Bloomsbury, 2014; Global Agriculture, Hunger in Times of Plenty. http://www.globalagriculture.org/report-topics/hunger-in-times-of-plenty.html

26 Tristram Stuart, Food Waste Facts. http://www.tristramstuart.co.uk/foodwastefacts/

27 Compassion in World Farming, Down to Earth – Charter for a Caring Food Policy. 2014. https://www.ciwf.org.uk/media/5954386/down-to-earth-charter-for-a-caring-food-policy.pdf

28 J. Lundqvist, C. de Fraiture & D. Molden, *Saving Water: From Field to Fork – Curbing Losses and Wastage in the Food Chain,* SIWI Policy Brief, SIWI, 2008. http://www.siwi.org/wp-content/uploads/2015/09/PB_From_Filed_to_fork_2008.pdf ; Nellemann, C., MacDevette, M., Manders, T., Eickhout, B., Svihus, B., Prins, A. G., Kaltenborn, B. P. (Eds). The environmental food crisis – The environment's role in averting future food crises. A UNEP rapid response assessment. United Nations Environment Programme. February 2009. www.unep.org/pdf/foodcrisis_lores.pdf

29 E. S. Cassidy, P. C. West, J. S. Gerber & J. A. Foley, 'Redefining Agricultural Yields: from tonnes to people nourished per hectare', University of Minnesota, *Environmental Research Letters* 8 (2013) 034015. 2013. http://iopscience.iop.org/article/10.1088/1748-9326/8/3/034015/meta

30 FAO, World Livestock 2011 Livestock in Food Security http://www.fao.org/docrep/014/i2373e/i2373e.pdf

31 ibid.

32 ibid.

33 R. Bailey, A. Froggatt and L. Wellesley, *2014 Livestock – Climate Change's Forgotten Sector: Global Public Opinion on Meat and Dairy Consumption.* Chatham House.

34 Beef USA – National Cattlemen's Beef Association, Beef Industry
    Statistics. http://www.beefusa.org/beefindustrystatistics.aspx
35 USDA, *Farm Income and Wealth Statistics.*
36 National Bison Association, A community bound by the heritage
    of the American Bison, *Data and Statistics.* http://www.bisoncentral.
    com/about-bison/data-and-statistics
37 American Heart Association, Meat, Poultry and Fish. http://www.heart.
    org/ HEARTORG/GettingHealthy/NutritionCenter/HealthyEating/
    Meat-Poultry-and-Fish_UCM_306002_Article.jsp#.VjNSp7fhAgs
38 National Bison Association, A community.
39 IUCN Red List of Threatened Species, *Bison bison.* http://www.
    iucnredlist.org/details/2815/0
40 A. Gunther, 'Putting Bison on Feedlots: Unnatural, Unnecessary,
    Unsafe', *Huffington Post – Healthy Living,* 9 April 2010. http://
    www.huffingtonpost.com/andrew-gunther/putting-bison-on-
    feedlots_b_665636.html
41 Ted's Montana Grill, Sustainability *Bison* https://www.
    tedsmontanagrill.com/about_sustainability_plate_bison.html
42 I. Zukerman, 'Yellowstone to Kill 900 Bison During Winter Cull',
    Reuters. 16 Sep 2014. Available from: http://www.huffingtonpost.
    com/2014/09/16/yellowstone-kill-bison_n_5833016.html
43 National Park Service, US Department of the Interior, Frequently
    Asked Questions: Bison Management. http://www.nps.gov/yell/
    learn/nature/bisonmgntfaq.htm

第四章　虾

1   NOLA.com / The Times – Picayune, 'Gulf champion Nancy
    Rabalais gets her due: An editorial', 19 Sep 2011. http://www.
    nola.com/opinions/index.ssf/2011/09/gulf_champion_nancy_
    rabalais_g.html
2   US Environmental Protection Agency (EPA), Mississippi River /
    Gulf of Mexico Hypoxia Task Force. http://water.epa.gov/type/
    watersheds/named/msbasin/zone.cfm
3   The Weather Channel – Environment, Dead Zone in Gulf of
    Mexico large enough to fit Connecticut, Rhode Island combined.
    5 Aug 2015. https://weather.com/science/environment/news/2015-
    dead-zone-gulf-of-mexico

4   R. Gillett, *Global study of shrimp fisheries – Part 1 Major issues in shrimp fisheries*, FAO Fisheries and Aquaculture Department – Technical Paper #475, pp. 89 ff. 2008. http://www.fao.org/docrep/011/i0300e/i0300e00.HTM

5   J. Rudloe, & A. Rudloe, 'Shrimp: The Endless Quest for Pink Gold', *FT Press Science*, Aug 2009, p. 198.

6   A. Chernoff, 'Gulf "dead zone" suffocating fish and livelihoods', CNN, 19 Aug 2008. http://edition.cnn.com/2008/TECH/science/08/18/dead.zone/

7   NOLA.com / The Times – Picayune, 'Louisiana shrimp season threatened by US ethanol policy: Larry McKinney', 16 June 2014. http://www.nola.com/opinions/index.ssf/2014/06/louisiana_shrimp_season_threat.html

8   National Oceanic and Atmospheric Administration (NOAA), US Department of Commerce, 2015 Gulf of Mexico dead zone 'above average', 4 Aug 2015. http://www.noaanews.noaa.gov/stories2015/080415-gulf-of-mexico-dead-zone-above-average.html

9   National Oceanic and Atmospheric Association (NOAA), *The Causes of Hypoxia in the Northern Gulf of Mexico*, http://service.ncddc.noaa.gov/rdn/www/media/documents/hypoxia/hypox_finalcauses.pdf

10 The National Centers for Coastal Ocean Science (NCCOS) – News and Features, 'NOAA, partners predict an average "dead zone" for Gulf of Mexico', 17 June 2015. http://coastalscience.noaa.gov/news/coastal-pollution/noaa-partners-predict-average-dead-zone-gulf-mexico/

11 ibid.

12 United Nations Environment Programme (UNEP) – Environment for Development, 'Further Rise In Number of Marine "Dead Zones"'. http://www.unep.org/Documents.Multilingual/Default.asp?DocumentID=486&ArticleID=5393&l=en

13 C. L. Dybas, 'Dead Zone Spreading in World Oceans', *Oxford Journals – Bio Science*, vol. 55, issue 7, 2005, pp. 552–7. http://bioscience.oxfordjournals.org/content/55/7/552.full

14 ibid.

15 ibid.

16 Sky News, 18 May 2010, 'BP Chief: Oil spill impact "very modest"'. http://news.sky.com/story/780332/bp-chief-oil-spill-impact-very-modest; YouTube; 'Gulf of Mexico oil spill: BP

死亡区域

insists oil spill impact "very modest" ', *Daily Telegraph*,
18 May 2010. http://www.telegraph.co.uk/finance/
newsbysector/energy/oilandgas/7737805/Gulf-of-Mexico-oil-
spill-BP-insists-oil-spill-impact-very-modest.html; BBC News,
20 June 2010, BP boss Tony Hayward's gaffes. http://www.bbc.
co.uk/news/10360084

17 YouTube, BP CEO Tony Hayward: 'I'd Like My Life Back', 31
May 2010. https://www.youtube.com/watch?v=MTdKa9eWNFw;
BBC News – US & Canada, BP boss Tony Hayward's gaffes, 20
June 2010. http://www.bbc.co.uk/news/10360084

18 S. Goldenberg, 'Tony Hayward's worst nightmare? Meet Wilma
Subra, activist grandmother', *Guardian*, 20 June 2010. http://www.
theguardian.com/environment/2010/jun/20/tony-hayward-bp-oil-
spill; Business and Human Rights Resource Centre, *US Deepwater
Horizon explosion and oil spill lawsuits – Health of cleanup workers*.
https://business-humanrights.org/en/us-deepwater-horizon-
explosion-oil-spill-lawsuits-health-of-cleanup-workers

19 BP Global, 'New report shows Gulf environment returning to pre-
spill conditions', 16 March 2015. http://www.bp.com/en/global/
corporate/press/press-releases/bp-releases-report-gulf-environment.
html

20 Virginia Institute of Marine Science (VIMS), Trends, Low-oxygen
'dead zones' are increasing around the world. http://www.vims.
edu/research/topics/dead_zones/trends/index.php

21 Virginia Institute of Marine Science (VIMS), Dead Zones, Lack of
oxygen a key stressor on marine ecosystems. http://www.vims.edu/
research/topics/dead_zones/index.php

22 Dybas, 'Dead Zone Spreading'.

第五章　红原鸡

1 USDA, National Agricultural Statistics Survey, *Poultry –
Production and Value 2013 Summary*, April 2014.

2 Watt Poultry USA, March 2014. http://www.wattpoultryusa-
digital.com/201403#&pageSet=0&contentItem=0

3 J. Perdue, YouTube Video: *Jim Perdue, Chairman, Perdue Farms*.
https://www.youtube.com/watch?v=2a8x_8liZWA

4 HSUS, Settlement reached in lawsuit concerning Perdue chicken
labeling, 13th October 2014. http://www.humanesociety.org/

news/press_releases/2014/10/Perdue-settlement-101314.
html?referrer=https://www.google.co.uk/

5   Wildscreen Arkive, *Red Junglefowl (Gallus gallus)* http://www.
arkive.org/red-junglefowl/gallus-gallus/video-12.html

6   J. Del Hoyo, A. Elliott & J. Sargatal (eds), *Handbook of the Birds
of the World. Vol. 2. New World Vultures to Guineafowl*, Barcelona:
Lynx Edicions, 1994.

7   J. Diamond, *Collapse: How societies choose to fail or survive*,
London: Penguin, 2005, p. 91.

8   A. Spiegel, 'Chicken More Popular Than Beef in US for First
Time in 100 Years', Huff Post – Food for Thought. 1 Feb
2014. http://www.huffingtonpost.com/2014/01/02/chicken-vs-
beef_n_4525366.html

9   K. Laughlin, *The Evolution of Genetics, Breeding and Production*,
Temperton Fellowship, Report No. 15. 2007. http://en.aviagen.
com/assets/Sustainability/LaughlinTemperton2007.pdf

10 I. De Jong, C. Berg, A. Butterworth & I. Estevez, *Scientific report
updating the EFSA opinions on the welfare of broilers and broiler
breeders*, Supporting Publications, 2012: EN-295. Report for the
European Food Safety Authority (EFSA). 16 May 2012. Available
online: www.efsa.europa.eu/publications

11 N. Kristof, 'Abusing Chickens We Eat', *New York Times*, 3 Dec
2014. http://www.nytimes.com/2014/12/04/opinion/nicholas-
kristof-abusing-chickens-we-eat.html?_r=0

12 Perdue, Perdue Farms at a Glance. http://www.perduefarms.com/
uploadedFiles/Perdue%20At%20a%20Glance2013!.pdf

13 P. Valley, 'Hugh Fearnley-Whittingstall: Crying fowl', *Independent*,
12 Jan 2008. http://www.independent.co.uk/news/people/profiles/
hugh-fearnleywhittingstall-crying-fowl-769860.html

14 N. Kristof, 'Abusing chickens we eat', *New York Times*, 3 December
2014. http://www.nytimes.com/2014/12/04/opinion/nicholas-
kristof-abusing-chickens-we-eat.html?_r=1; CIWF USA, *Chicken
factory farmer speaks out*. YouTube, 3 December 2014. https://
www.youtube.com/watch?v=YE9l94b3x9U

15 S. Strom, 'Perdue sharply cuts antibiotic use in chickens and jabs
at its rivals', *New York Times*, 31 July 2015. http://www.nytimes.
com/2015/08/01/business/perdue-and-the-race-to-end-antibiotic-
use-in-chickens.html?_r=0

16　Perdue Farms Inc., Press Release: *Perdue announces industry-first animal care commitments.* 27 June 2016. http://www. perduefarms.com/News_Room/Press_Releases/details. asp?id=1417&title=Perdue%20Announces%20Industry-First%20 Animal%20Care%20Commitments

17　T. E. Whittle, *A Triumph of Science*, Poultry World Publications, 2000.

18　Compassion in World Farming and World Society for the Protection of Animals (now known as World Animal Protection), *Zoonotic diseases, human health and farm animal welfare*, May 2013. https://www.ciwf.org.uk/media/3756123/Zoonotic-diseases-human-health-and-farm-animal-welfare-16-page-report.pdf

19　ibid.

20　Veterinary Medicines Directorate, 2013, UK Veterinary Antibiotic Resistance and Sales Surveillance. https://www.gov.uk/government/ uploads/system/uploads/attachment_data/file/440744/VARSS.pdf

21　Unilever, Farm Animal Welfare – Sourcing of cage-free eggs. https:// www.unilever.com/sustainable-living/what-matters-to-you/farm-animal-welfare.html; P. Lymbery, 'Unilever USA: Solution to killing of male chicks', Compassion in World Farming, Sep 2014. http:// www.ciwf.org.uk/philip-lymbery/blog/2014/09/congratulations-unilever-usa-pledging-solution-to-killing-of-male-chicks

22　Christine J. Nicol, *The Behavioural Biology of Chickens.* CABI, 2015.

23　ISA company website, Eggs Earth Earnings – information accessed Jan 2015. http://www.isapoultry.com/~/media/Files/ISA/isa_ brochure.pdf (accessed 9 May 2016).

第六章　白鹳

1　Campaign for Real Milk, Who and What we Are. http://www. campaignforrealmilk.co.uk/id1.html

2　European Commission, The common agricultural policy (CAP) and agriculture in Europe – Frequently asked questions – Farming in Europe – an overview, 26 June 2013. http://europa.eu/rapid/ press-release_MEMO-13-631_en.htm

3　M. Semczuk, 'Agricultural Exploitation in the Rural Areas of the Polish Carpathians', Centre for Research on Settlements and Spatial Planning – Journal of Spatial Planning, 2012. http://

geografie.ubbcluj.ro/ccau/jssp/arhiva_si2_2013/03JSSPSI022013.
pdf

4   Babiógorski Park Narodowy, *Mammals*. http://www.bgpn.pl/
nature/animated-nature/mammals

5   A. Kirby, 'Europe's farms push birds to brink', BBC News, 5 Jan
2001. http://news.bbc.co.uk/1/hi/sci/tech/1100939.stm

6   J. D. Rose, *In Defence of Life: Essays on a radical reworking of green
wisdom*, Winchester: Earth Books, 2013, pp. 47–8.

7   ibid., p. 67.

8   Eurostat – Statistics Explained, Agricultural census in Poland, Nov
2012. http://ec.europa.eu/eurostat/statistics-explained/index.php/
Agricultural_census_in_Poland

9   European Commission, Directorate-General for Agriculture and
Rural Development, Rural development in the European Union:
statistical and economic information, 2013 report http://ec.europa.
eu/agriculture/statistics/rural-development/2013/full-text_en.pdf

10 FAOSTAT database: Inputs.

11 Metis/WIFO/aeidl for European Commission, 2014, Investment
Support under Rural Development Policy, FINAL REPORT,
12 Nov 2014, Section 5.2.5.2, http://ec.europa.eu/agriculture/
evaluation/rural-development-reports/2014/investment-support-
rdp/fulltext_en.pdf

12 The Common Agricultural Policy after 2013 – Environment, Food
and Rural Affairs Committee – 2 Objectives of the Common
Agricultural Policy. http://www.publications.parliament.uk/pa/
cm201011/cmselect/cmenvfru/671/67105.htm

13 European Commission, Economics and Financial Affairs –
Common Agricultural Policy. http://ec.europa.eu/economy_
finance/structural_reforms/sectoral/agriculture/index_en.htm

14 USDA – Farm Service Program, ARC / PLC Program. http://
www.fsa.usda.gov/programs-and-services/arcplc_program/index

15 European Commission, The common agricultural policy (CAP)
and agriculture in Europe.

16 European Commission, Directorate-General for Agriculture and
Rural Development, Rural development in the European Union:
statistical and economic information, 2013 report. http://ec.europa.
eu/agriculture/statistics/rural-development/2013/full-text_en.pdf

17 ibid.

18 L. Marino & C. M. Colvin, 'Thinking Pigs: A Comparative Review of Cognition, Emotion, and Personality in *Sus domesticus*', *International Journal of Comparative Psychology*, 2015. 28. uclapsych_ijcp_23859. Retrieved from: http://escholarship.org/uc/item/8sx4s79c

19 ECDC/EFSA/EMA first joint report on the integrated analysis of the consumption of antimicrobial agents and occurrence of antimicrobial resistance in bacteria from humans and food-producing animals, *EFSA Journal* 2015;13(1):4006. Jan 2015. Table 4. http://www.efsa.europa.eu/en/efsajournal/doc/4006.pdf

20 European Commission, *The EU Explained: Agriculture*, Luxembourg: Publications Office of the European Union, Nov 2014. http://europa.eu/pol/pdf/flipbook/en/agriculture_en.pdf

21 Friends of the Earth Briefing, Feeding the beast – how public money is propping up factory farms, April 2009. http://www.foe.co.uk/sites/default/files/downloads/feeding_the_beast.pdf

22 G. Harvey, *The Carbon Fields: How our countryside can save Britain*, Somerset: Grass Roots, 2008.

23 P. Hogan, My Weekly Update, European Commission, 17 March 2015. https://ec.europa.eu/commission/2014-2019/hogan/blog/my-weekly-update-13_en

24 A. Bergschmidt & L. Schrader, Application of an animal welfare assessment system for policy evaluation: Does the Farm Investment Scheme improve animal welfare in subsidised new stables? Landbauforschung – vTI Agriculture and Forestry Research 2 2009 (59), 95–104.

25 ibid.

26 Metis/WIFO/aeidl for European Commission, 2014, Investment Support.

27 European Commission, *The EU Explained: Agriculture*.

28 Radio Poland, Polish stork population drops 20% in ten years, 7 April 2015. http://www.thenews.pl/1/9/Artykul/202687,Polish-stork-population-drops-20-in-ten-years

29 PAP – Science and Scholarship in Poland – News of Polish Science. Stork numbers continue to drop – we know the initial results of a nationwide counting, 24 April 2015. http://scienceinpoland.pap.pl/en/news/news,404676,stork-numbers-continue-to-drop---we-know-the-initial-results-of-a-nationwide-counting.html

第七章 水鼥

1 Wessex Chalk Stream & Rivers Trust, 'The Chalk Streams – South England's Rainforests', Presentation to the CPRE Hampshire AGM by Tom Davis. 17 May 2012.

2 S. Cooper, *Life of a Chalkstream*, London: William Collins, 2015. Page 3–4 & 6.

3 Game & Wildlife Conservation Trust, Water Vole. http://www.gwct.org.uk/wildlife/research/mammals/water-vole/

4 Derek Gow Consultancy Ltd, Conservation. http://watervoles.com/wv%20-%20conservation.htm; *Cambridge News*, 'Why Ratty is at serious risk', 30 Sep 2013. http://www.cambridge-news.co.uk/Ratty-risk/story-22752519-detail/story.html; O. Dijksterhuis, Ecologist, The Canal and River Trust *Water voles*, BBC Two Springwatch Guest Blog, 30 May 2013. http://www.bbc.co.uk/blogs/natureuk/entries/5262c709-19ba-39f6-910f-7a15a6e6d1a9

5 Graham Roberts, personal communication, 3 May 2016.

6 Game & Wildlife Conservation Trust, Mink in Britain. https://www.gwct.org.uk/wildlife/research/mammals/american-mink/mink-in-britain/

7 M. Townsend, 'Mink face cull to save Ratty from wipeout', *Observer*, 2 March 2003. http://www.theguardian.com/uk/2003/mar/02/politics.greenpolitics

8 Animal Aid, Under threat – UK mink population, 1 September 2003. http://animalaid.org.uk/h/n/NEWS/news_wildlife/ALL/928//

9 Graham Roberts, as above.

10 R. Body, *Farming in the Clouds*, Hounslow: Maurice Temple Smith, 1984. See Preface.

11 BBC News, 'Jump in water vole numbers', 19 Nov 2003. http://news.bbc.co.uk/1/hi/england/southern_counties/3284093.stm

12 Environment Agency and English Nature, *The State of England's Chalk Rivers: A report by the UK Biodiversity Action Plan Steering Group for Chalk Rivers*, 2004.

13 ibid.

14 G. Farnworth & P. Melchett, 'Runaway Maize – Subsidised soil destruction', Soil Association, June 2015. https://www.soilassociation.org/media/4671/runaway-maize-june-2015.pdf

15 R. C. Palmer & R. P. Smith, 'Soil structural degradation in SW England and its impact on surface-water runoff generation', *Soil*

死亡区域

Use and Management, vol. 29, issue 4, Dec 2013, pp. 567–75, DOI: 10.1111/sum.12068; G. Monbiot, 'How we ended up paying farmers to flood our homes', *Guardian*, 18 Feb 2014. http://www.theguardian.com/commentisfree/2014/feb/17/farmers-uk-flood-maize-soil-protection

16 Palmer & Smith, 'Soil structural degradation'.

17 Birmingham & Black Country Wildlife Trust, 'Water Voles'. http://www.bbcwildlife.org.uk/water_voles

18 Derek Gow Consultancy Ltd, The future. http://watervoles.com/wv%20-%20future.htm

19 A. Goudie, *Encyclopedia of Global Change: environmental change and human society*, Oxford University Press, 2001. https://books.google.co.uk/books?id=5YrqQqW11aYC&pg=PA570&lpg=PA570&dq=chalk+aquifer+more+water+than+man-made+reservoir&source=bl&ots=6uegpaMXZ4&sig=3Sw4WARM21fMg94iVKzXNTvGIhI&hl=en&sa=X&ved=0ahUKEwi12_DV_u_LAhVFtxQKHRdLAwgQ6AEILDAE#v=onepage&q=chalk%20aquifer%20more%20water%20than%20man-made%20reservoir&f=false

20 Environment Agency and English Nature, *The State of England's Chalk Rivers: A report by the UK Biodiversity Action Plan Steering Group for Chalk Rivers*, 2004.

21 R. O'Neill & K. Hughes, *The State of England's Chalk Streams*, WWF UK, 2014. http://assets.wwf.org.uk/downloads/wwf_chalkstreamreport_final_lr.pdf

22 WWF UK, WWF Report Reveals the Shocking State of England's Chalk Streams, 24 Nov 2014. http://www.wwf.org.uk/about_wwf/press_centre/?uNewsID=7378

23 ibid.; BBC News, 'Water voles "thriving"'.

第八章　游隼

1 A. Jobson, *The First English Revolution: Simon de Montfort, Henry III and the Barons' War*, London: Bloomsbury, 2012.

2 D. A. Carpenter, *The Reign of Henry III*, London: Hambledon Press, 1996, p. 255.

3 S. E. Carroll, Ancient & Medieval Falconry: Origins & Functions in Medieval England, Richard III Society American Branch website, http://www.r3.org/richard-iii/15th-century-life/

15th-century-life-articles/ancient-medieval-falconry-origins-functions-in-medieval-england/

4   A. F. Langham, *The Island of Lundy*, Stroud, Gloucestershire: The History Press, 1994 (2011 reprint).

5   Bulls Paradise, Lundy Island. Gatehouse Gazetteer website, http://www.gatehouse-gazetteer.info/English%20sites/871.html

6   Langham, *Island of Lundy*; M. S. Ternstrom, *Lords of Lundy*, Cheltenham: M. S. Ternstrom, 2010.

7   T. Davis & T. Jones, *The Birds of Lundy*, Devon: Harpers Mill Publishing, 2007, p. 86.

8   D. Cobham with B. Pearson, *A Sparrowhawk's Lament: How British Breeding Birds of Prey Are Faring*, Oxfordshire, England: Princeton University Press, 2014.

9   Davis & Jones, *Birds of Lundy*.

10 Cobham with Pearson, *Sparrowhawk's Lament*, p. 254.

11 Royal Pigeon Racing Association website, Pigeons in War. http://www.rpra.org/pigeon-history/pigeons-in-war/

12 D. M. Fry, 'Reproductive Effects in Birds Exposed to Pesticides and Industrial Chemicals', *Environmental Health Perspectives*, vol. 103, supplement 7, Oct 1995. http://www.ncbi.nlm.nih.gov/pmc/articles/PMC1518881/pdf/envhper00367-0160.pdf

13 Davis & Jones, *Birds of Lundy*, p. 87.

14 ibid., p. 246.

15 D. Gibbons, C. Morrissey, Dr P. Mineau, 'A review of the direct and indirect effects of neonicotinoids and fipronil on vertebrate wildlife', *Environ Sci Pollut Res* (Jan 2015), vol. 22, issue 1, pp. 103–18. http://www.tfsp.info/worldwide-integrated-assessment/

16 D. Goulson, 'An overview of the environmental risks posed by neonicotinoid insecticides', *Journal of Applied Ecology* (Aug 2013), vol. 50, issue 4, pp. 977–87. https://www.sussex.ac.uk/webteam/gateway/file.php?name=goulson-2013-jae.pdf&site=411 / http://www.sussex.ac.uk/lifesci/goulsonlab/publications

17 Dr P. Mineau & C. Palmer, *The Impact of the Nation's Most Widely Used Insecticides on Birds*, American Bird Conservancy, March 2013. http://abcbirds.org/wp-content/uploads/2015/05/Neonic_FINAL.pdf

18 Michael L. Avery, David L. Fischer & Thomas M. Primus, *Assessing the Hazard to Granivorous Birds Feeding on Chemically Treated Seeds*, USDA National Wildlife Research Center – Staff

死亡区域

Publications, Paper 615,1997. http://digitalcommons.unl.edu/
icwdm_usdanwrc/615

19 M. Chagnon, D. Kreutzweiser, E. A. Mitchell, C.A. Morrissey,
    D. A. Noome, J. P. Van Der Sluijs, 'Risks of large-scale use of
    systemic insecticides to ecosystem functioning and services',
    Environ Sci Pollut Res Int (Jan 2015), vol. 22, issue 1, pp 119–34.

20 Hinterland *Who's Who* (Canadian Wildlife Federation/
    Environment Canada) website: http://www.hww.ca/en/issues-and-
    topics/pesticides-and-wild-birds.html

21 Dr P. Mineau & M. Whiteside (2013), Pesticide Acute Toxicity Is a
    Better Correlate of U.S. Grassland Bird Declines than Agricultural
    Intensification. PLoS ONE 8(2): e57457. doi:10.1371/journal.
    pone.0057457 (See Table 1). http://journals.plos.org/plosone/
    article?id=10.1371/journal.pone.0057457

22 Hinterland *Who's Who* (Canadian Wildlife Federation/
    Environment Canada) website.

23 M. B. van Lexmond, J.-M. Bonmatin, D. Goulson, D. A. Noome,
    'Worldwide integrated assessment on systemic pesticides – Global
    collapse of the entomofauna: exploring the role of systemic
    insecticides', *Environ Sci Pollut Res* (2015), vol. 22, pp. 1–4.

24 Official Journal of the European Union, DIRECTIVE 2009/128/
    EC OF THE EUROPEAN PARLIAMENT AND OF THE
    COUNCIL of 21 October 2009 establishing a framework for
    Community action to achieve the sustainable use of pesticides.

25 Caroline Cox, 'Pesticides and birds: from DDT to today's poisons',
    Journal of Pesticide Reform, vol. 11, no. 4, Winter 1991, pp. 2–6.
    http://eap.mcgill.ca/MagRack/JPR/JPR_14.htm

26 N. Simon-Delso, V. Amaral-Rogers, L. O. Belzunces, J.-M.
    Bonmatin, M. Chagnon, C. Dawns, L. Furlan, D. W. Gibbons,
    C. Giorio, V. Girolami, D. Goulson, D. P. Kreutzweiser, C. H.
    Krupke, M. Liess, E. Long, M. McField, P. Mineau, E. A. D.
    Mitchell, C. A. Morrissey, D. A. Noome, L. Pisa, J. Settele, J. D.,
    Stark, A. Tapparo, H. Van Dyck, J. Van Praagh, J. P. Van der
    Sluijs, P. R. Whitehorn, M. Wiemers, 'Systemic insecticides
    (neonicotinoids and fipronil): trends, uses, mode of action and
    metabolites', *Environ Sci Pollut Res* (2015), vol. 22, pp. 5–34.

27 D. Goulson, 'An overview of the environmental risks posed by
    neonicotinoid insecticides', *Journal of Applied Ecology* (Aug 2013),
    vol. 50, issue 4, pp. 977–87. https://www.sussex.ac.uk/webteam/

注释

gateway/file.php?name=goulson-2013-jae.pdf&site=411 / http://
www.sussex.ac.uk/lifesci/goulsonlab/publications

28 ibid.

29 Pesticides Action Network (PAN) UK, Pesticides on a Plate: a
consumer guide to pesticide issues in the food chain, 2013, www.
pan-uk.org/attachments/050_Pesticides_on_a_Plate.pdf

30 ibid.

31 Cox, 'Pesticides and birds'.

第九章　熊蜂

1 D. Goulson, *A Sting in the Tale*, London: Vintage Books, 2013.

2 'Short-haired bumblebee numbers on the rise in UK',
Guardian, 11 Aug 2015. http://www.theguardian.com/
environment/2015/aug/11/short-haired-bumblebee-numbers-
on-the-rise-in-the-uk

3 Goulson, *Sting in the Tale*.

4 W. Jordan, 'More people worried about bees than climate
change'. YouGov. 26 June 2014. https://today.yougov.com/
news/2014/06/26/more-worried-bees-than-climate-change/

5 BBC News, 'What is killing Britain's honey bees', 2 Aug 2013.
http://www.bbc.co.uk/news/science-environment-23546889

6 D. Jones, 'Europe lacks bees to pollinate its crops', *Farmers Weekly*,
9 Jan 2014. http://www.fwi.co.uk/arable/europe-lacks-bees-to-
pollinate-its-crops.htm

7 International Union for Conservation of Nature (IUCN), Bad
news for Europe's Bumblebees, 2 April 2014. http://www.iucn.
org/?14612/Bad-news-for-Europes-bumblebees

8 IUCN, 'Systemic pesticides pose global threat to biodiversity
and ecosystem services', 24 June 2014. http://www.iucn.org/?
uNewsID=16025

9 Taskforce on Systemic Pesticides, 2015, Worldwide Integrated
Assessment of the Impacts of Systemic Pesticides on Biodiversity
and Ecosystems. http://www.tfsp.info/assets/WIA_2015.pdf

10 P. Barkham, 'Returning rare bumblebee to Britain is a dauntingly
complex mission', *Guardian*, 5 June 2013. http://www.
theguardian.com/environment/2013/jun/05/returning-rare-
bumblebee-britain-complex-task

死亡区域

第十章 替罪羊

1　T. Knoss, Concerns Remain About Yellowstone Wolf Population. Yellowstonepark.com website. http://www.yellowstonepark.com/concerns-about-yellowstone-wolf-population/

2　YouTube, How Wolves Change Rivers, 13 Feb 2014 https://www.youtube.com/watch?v=ysa5OBhXz-Q

3　Yellowstonepark.com website, Wolf Reintroduction Changes Ecosystem. http://www.yellowstonepark.com/wolf-reintroduction-changes-ecosystem/

4　H. Smith Thomas, 'Western Ranchers Fight the Curse of Introduced Wolves', *Beef* Magazine, 10 Sep 2010. http://beefmagazine.com/cowcalfweekly/0910-western-ranchers-fight-wolves

5　R. Landers, 'Montana, Idaho wolf kill below previous levels', *Spokesman-Review*, 3 March 2015. http://www.spokesman.com/blogs/outdoors/2015/mar/03/montana-idaho-wolf-kill-below-previous-levels/

6　J. Wickens, 'Shades of Gray: America's wolf dilemma', *Ecologist*, 11 March 2013. http://www.theecologist.org/News/news_analysis/1844053/shades_of_gray_americas_wolf_dilemma.html

7　R. B. Wielgus & K. A. Peebles, Effects of Wolf Mortality on Livestock Depredations, 2014. PLoS ONE 9(12): e113505. doi:10.1371/journal.pone.0113505 http://journals.plos.org/plosone/article?id=10.1371/journal.pone.0113505

8　E. Sorensen, 'Research finds lethal wolf control backfires on livestock', WSU News. 3 Dec 2014. https://news.wsu.edu/2014/12/03/research-finds-lethal-wolf-control-backfires-on-livestock/#.VIZLS5PF_6h

9　Wickens, 'Shades of Gray'.

10　ibid.

11　O. Milman, 'Wolf population reaches new high at Yellowstone park', *Guardian*, 3 Dec 2015. http://www.theguardian.com/environment/2015/dec/03/wolf-population-yellowstone-national-park

12　'Getting Territorial Over Delisting – Controversy ignites over move to permanently remove wolf designation', *Salem Weekly*, Willamettelive.com. 21 Jan 2016. http://www.willamettelive.com/2016/news/getting-territorial-over-delisting-controversy-ignites-over-move-to-permanently-remove-wolf-designation/

13 M. Geissler, 'Wild bird "may be behind bird flu outbreak"', ITV
    News. 17 Nov 2014. http://www.itv.com/news/2014-11-17/wild-
    bird-may-be-behind-birdflu-outbreak/

14 European Centre for Disease Prevention and Control, Outbreak
    of highly pathogenic avian influenza A(H5N8) in Europe, 20
    Nov 2014. Stockholm: ECDC; 2014. http://ecdc.europa.eu/en/
    publications/Publications/H5N8-influenza-Europe-rapid-risk-
    assessment-20-November-2014.pdf

15 R. Mulholland, 'Bird flu strain which can be passed to
    humans detected in Holland', *Daily Telegraph* 16 Nov 2014.
    http://www.telegraph.co.uk/news/health/flu/11234213/
    Bird-flu-strain-which-can-be-passed-to-humans-detected-
    in-Holland.html; T. Escritt, 'Dutch authorities identify
    highly contagious bird flu strain', Reuters, 17 Nov 2014.
    http://www.reuters.com/article/us-netherlands-birdflu-
    idUSKCN0J00CE20141117

16 BBC News, 'Bird flu: New EU measures after Dutch and
    UK cases', 17 Nov 2014. http://www.bbc.co.uk/news/world-
    europe-30076909

17 'Avian influenza: Avian influenza outbreak in Yorkshire: strain
    identified as H5N8', *Veterinary Record*, vol. 175, issue 20, Nov
    2014, News and Reports. 175:20 495–496 doi:10.1136/vr.g6947

18 Department for Environment, Food and Rural Affairs (Defra),
    Summary of initial epidemiological and virological investigations
    to determine the source and means of introduction of highly
    pathogenic H5N1 avian influenza virus into a turkey finishing unit
    in Suffolk, as at 14 February 2007. Defra, Feb 2007.

19 Food Standards Agency / Health Protection Agency / Meat
    Hygiene Service / Defra, Possible transmission of H5N1 avian
    influenza virus from imported Hungarian meat to the UK. 15 Feb
    2007. http://tna.europarchive.org/20111116080332/http://www.
    food.gov.uk/multimedia/pdfs/birdfluinvest.pdf

20 ibid.

21 C. Lucas, 'Bird flu's link with the crazy trade in poultry', *Financial
    Times*, 25 Feb 2007. http://www.ft.com/cms/s/0/f23b5320-c4e4-
    11db-b110-000b5df10621.html#axzz44rIpI49U

22 J. P. Graham, J. H. Leibler, L. B. Price, J. M. Otte, D. U. Pfeiffer,
    T. Tiensin & E. K. Silbergeld, 'The animal-human interface and
    infectious disease in industrial food animal production: rethinking

biosecurity and biocontainment', Public Health Report, 2008 May–Jun; 123(3): 282–99.

23 UN Scientific Task Force on Avian Influenza and Wild Birds, Statement on H5N8 Highly Pathogenic Avian Influenza (HPAI) in Poultry and Wild Birds, 3 Dec 2014. http://www.wetlands. org/Portals/0/Scientific%20Task%20Force%20on%20Avian%20 Influenza%20and%20Wild%20Birds%20H5N8%20HPAI%20 December%202014%20final.pdf

24 FAO Agriculture Department, Animal Production and Health Division, Avian Influenza Q&A, 2007. (Last accessed January 2015) http://www.fao.org/avianflu/en/qanda.html#7

25 D. Cobham with B. Pearson, *A Sparrowhawk's Lament: How British Breeding Birds of Prey Are Faring*, Woodstock, Oxfordshire: Princeton University Press, 2014.

26 M. Toms, *Owls: A Natural History of British and Irish Species*, London: William Collins, 2014, p. 240.

27 Cobham with Pearson, *Sparrowhawk's Lament*, p. 19.

28 C. Simm, 'Birds choose whether to feed in gardens or the wider countryside', *BTO News*, issue 312, Nov–Dec 2014, p. 15.

29 R. Morelle, 'BTO survey suggests goldfinches visiting more gardens, BBC News, 7 March 2012. http://www.bbc.co.uk/news/ science-environment-17269770

30 Cobham with Pearson, *Sparrowhawk's Lament*.

31 S. E. Newson, E. A. Rexstad, S. R. Baillie, S. T. Buckland & N. J. Aebischer, 'Population change of avian predators and grey squirrels in England: is there evidence for an impact on avian prey populations?', *Journal of Applied Ecology*, vol. 47, issue 2, April 2010, pp. 244–52; M. Whittingham, 'Does predator control alter bird populations?', *Journal of Applied Ecology*. http://www. journalofappliedecology.org/view/0/predatorsprey.html

第十一章　美洲豹

1 http://www.birdlife.org/datazone/speciesfactsheet.php?id=1547

2 Convention on Biological Diversity, Brazil Overview. https://www. cbd.int/countries/?country=br

3 USDA, Economic Research Service, Brazil, 30 May 2012. http:// www.ers.usda.gov/topics/international-markets-trade/countries-regions/brazil/trade.aspx

4 C. Galvani, personal communication, 23 Feb 2016.
5 WWF Global, Jaguar South America's Big Cat. http://wwf.panda.
   org/about_our_earth/teacher_resources/best_place_species/
   current_top_10/jaguar.cfm
6 A. Caso, C. Lopez-Gonzalez, E. Payan, E. Eizirik, T. de Oliveira,
   R. Leite-Pitman, M. Kelly & C. Valderrama, *Panthera onca,*.
   IUCN Red List of Threatened Species 2008: e.T15953A5327466.
   http://dx.doi.org/10.2305/IUCN.UK.2008.RLTS.
   T15953A5327466.en
7 E. Dinerstein, *The Kingdom of Rarities*, Washington DC: Island
   Press, 2013, p. 162.
8 Jaguar Conservation Fund website, homepage: http://www.jaguar.
   org.br/en/index.html
9 WWF Global, Jaguar South America's Big Cat.
10 UNEP/WCMC, Cerrado Protected Areas: Chapada Dos Veadeiros
   & Emas National Parks Goias, Brazil. October 1999, updated
   11-2001, June 2009, May 2011. http://observatorio.wwf.org.br/
   site_media/upload/gestao/documentos/Cerrado_Protected_Areas.pdf
11 Dinerstein, *Kingdom of Rarities*, p. 153.
12 WWF Global, Brazilian Forest Law – What is happening? http://
   wwf.panda.org/wwf_news/brazil_forest_code_law.cfm
13 Woods Hole Research Center, 'Untangling Brazil's controversial
   new forest code', *ScienceDaily*, 24 Apr 2014. https://www.
   sciencedaily.com/releases/2014/04/140424143735.htm
14 UNESCO, Cerrado Protected Areas: Chapada Dos Veadeiros &
   Emas National Parks. http://whc.unesco.org/en/list/1035
15 A. Rabinowitz, *An Indomitable Beast: The remarkable journey of the
   jaguar*, Washington DC: Island Press, 2014, p. 14.
16 Beckhithe Farms website, 'About us': http://www.beckhithefarms.
   co.uk/about-us.html
17 FAOSTAT, trade, soybeans and cake, soybean. http://faostat.fao.org
18 Instituto Mato-grossense de Economia Agropecuaria (IMEA) (Mato
   Grosso Agriculture Economic Institute), Agronegócio em Mato
   Grosso (Agribusiness in Mato Grosso), Aug 2012. http://imea.com.
   br/upload/pdf/arquivos/2012_09_13_Apresentacao_MT.pdf
19 Instituto Mato Grossense de Economia Agropecuaira (IMEA),
   Soja, boletim 26 February 2016 http://www.imea.com.br/upload/
   publicacoes/arquivos/R404_392_BS_REV_AO.pdf

20 A. Stewart, Soy Frontier at Middle Age – 2, Hertz Farm
    Management, Inc., 18 May 2015. https://www.hertz.ag/ag-
    industry/current-headlines/0702bf5305182015112700/

21 E. Barona, N. Ramankutty, G. Hyman, & O. T. Coomes, 'The
    role of pasture and soybean in deforestation of the Brazilian
    Amazon', *Environmental Research Letters* 5 (2010) 024002. http://
    iopscience.iop.org/1748-9326/5/2/024002/media

22 ibid., citing D. Nepstad, C. M. Stickler & O. T. Almeida,
    'Globalization of the Amazon soy and beef industries:
    opportunities for conservation', *Conserv. Biol.* 20 1595–1603,
    2006. http://iopscience.iop.org/article/10.1088/1748-
    9326/5/2/024002?fromSearchPage=true

23 E. Y. Arima, P. Richards, R. Walker & M. M. Caldas, 'Statistical
    confirmation of indirect land use change in the Brazilian Amazon',
    Environmental Research Letters 6 (2011) 024010. http://iopscience.
    iop.org/article/10.1088/1748-9326/6/2/024010/meta

24 Dinerstein, *Kingdom of Rarities*, pp. 152–3.

25 Soyatech, Growing Opportunities, Soybeans and Oilseeds. http://
    www.soyatech.com/soy_oilseed_facts.htm

26 WWF Global, The Growth of Soy, Impacts and Solutions – The
    Market for Soy in Europe, 2014 http://wwf.panda.org/what_we_
    do/footprint/agriculture/soy/soyreport/the_continuing_rise_of_
    soy/the_market_for_soy_in_europe/

27 Encyclopædia Britannica. Encyclopædia Britannica Online.
    Xavante, 2016. http://www.britannica.com/topic/Xavante

28 Brasil De Fato, Dom Pedro Casaldáliga receives tribute for the
    defense of Xavante Indians, 4 Feb 2013. https://translate.google.
    co.uk/translate?hl=en&sl=pt&u=http://www.brasildefato.com.br/
    node/11835&prev=search

29 S. Branford, The 'Red Bishop' of the Amazon, Latin America Inside
    Out Blog. 8 Jan 2013. http://lab.org.uk/the-red-bishop-of-the-amazon

30 ibid.

31 Prof. W. Pignati, personal communication, 3 March 2016.

32 Globo News, Poison played in school can not be used in aircraft,
    says delegate, 5 April 2013, updated 4 May 2013. https://translate.
    google.co.uk/translate?hl=en&sl=pt&u=http://g1.globo.com/
    goias/noticia/2013/05/veneno-jogado-em-escola-nao-pode-ser-
    usado-em-avioes-diz-delegado.html&prev=search

33 H. M. M. de Paula & L. C. de Oliveira, Dialogue with community affected by the aerial spraying of pesticides, Cadernos de Agroecologia – ISSN 2236-7934-vol 8, no 2, Nov 2013. Resumos do VIII Congresso Brasileiro de Agroecologia – Porto Allegre/RS – 25 a 28/11/13. http://www.aba-agroecologia.org.br/revistas/index.php/cad/article/viewFile/14617/9077; H. A. Dos Santos, personal communication. 25 Feb 2016; Globo News, cited in n. 32.

34 L. Alves, 'Brazil Shown to Be Largest Global Consumer of Pesticides', *Rio Times*, 5 May 2015. http://riotimesonline.com/brazil-news/rio-politics/brazil-is-largest-global-consumer-of-pesticides-shows-report/#

35 L. Rojas, International Pesticide Market and Regulatory Profile. Worldwide Crop Chemicals. http://wcropchemicals.com/pesticide_regulatory_profile/#_ftn28

36 AgroNews, Brazil uses 22 agro chemicals banned in other countries, 11 Dec 2015. http://news.agropages.com/News/NewsDetail---16577.htm

37 B. Van Perlo, *A Field Guide to the Birds of Brazil*, Oxford: Oxford University Press, 2009. http://www.lynxeds.com/product/field-guide-birds-brazil

38 Brazilian Beef Exporters Association, The beef sector – Brazilian livestock. http://www.brazilianbeef.org.br/texto.asp?id=18; USDA, Economic Research Service, Brazil, 30 May 2012. http://www.ers.usda.gov/topics/international-markets-trade/countries-regions/brazil/trade.aspx

39 A. Caso, C. Lopez-Gonzalez, E. Payan, E. Eizirik, T. de Oliveira, R. Leite-Pitman,M. Kelly, M. & C. Valderrama, *Panthera onca*, IUCN Red List of Threatened Species 2008: e.T15953A5327466. http://dx.doi.org/10.2305/IUCN.UK.2008.RLTS.T15953A5327466.en

40 Brazilian Beef Exporters Association, The beef sector.

41 Caso et al., *Panthera onca*.

42 Instituto Mato-grossense de Economia Agropecuaria (IMEA) (Mato Grosso Agriculture Economic Institute), Agronegócio em Mato Grosso (Agribusiness in Mato Grosso), Aug 2012. http://imea.com.br/upload/pdf/arquivos/2012_09_13_Apresentacao_MT.pdf

43 Oncafari Jaguar Project. https://oncafarijaguarproject.wordpress.com/

第十二章 企鹅

1　D. deNapoli, *The Great Penguin Rescue*, New York: Free Press, Simon & Schuster One, 2010.

2　BBC – On this Day 1950–2005, 2000: Record-breaking penguin rescue, 5 July 2000 http://news.bbc.co.uk/onthisday/hi/dates/stories/july/5/newsid_2494000/2494745.stm

3　deNapoli, *Great Penguin Rescue*, pp. 279–80.

4　IUCN Red List of Threatened Species, *Spheniscus demersus*. http://www.iucnredlist.org/details/22697810/0

5　South Africa – Inspiring new ways, Penguins in peril – Boulders Beach penguins. http://www.southafrica.net/za/en/articles/entry/article-southafrica.net-boulders-beach-penguins

6　Simonstown.com, The African Penguin – The Boulders Colony. http://www.simonstown.com/tourism/penguins/penguins.htm

7　IUCN Red List of Threatened Species, *Spheniscus demersus*.

8　A. Jan de Koning, 'Properties of South African fish meal: a review', *South African Journal of Science* 101, Research in Action, Jan/Feb 2005. http://reference.sabinet.co.za/webx/access/electronic_journals/sajsci/sajsci_v101_n1_a13.pdf; T. Hecht & C. L. W. Jones, *Use of wild fish and other aquatic organisms as feed in aquaculture – a review of practices and implications in Africa and the Near East*, FAO Fisheries and Aquaculture Technical Paper No. 518, pp. 129–57. 2009. http://www.fao.org/docrep/012/i1140e/i1140e03.pdf

9　deNapoli, *Great Penguin Rescue*.

10　ibid.

11　Seos Project, Ocean Currents – 4. The Benguela Current Large Marine Ecosystem (BCLME). http://www.seos-project.eu/modules/oceancurrents/oceancurrents-c04-p05.html

12　J. Smith, Seafood sustainability not a sustainable reality. The Conversation – Environment + Energy. 15 March 2013. http://theconversation.com/seafood-sustainability-not-a-sustainable-reality-12813

13　T. Hecht & C. L. W. Jones, *Use of wild fish and other aquatic organisms as feed in aquaculture – a review of practices and implications in Africa and the Near East*, FAO Fisheries and

Aquaculture Technical Paper No. 518, pp. 129–57, 2009. http://www.fao.org/docrep/012/i1140e/i1140e03.pdf

14 ibid.

15 M. Memela, 'Penguins facing extinction', *Times Live* (South Africa), 19 Feb 2013. http://www.timeslive.co.za/thetimes/2013/02/19/penguins-facing-extinction

16 Birdlife South Africa, *African Penguin Conservation*, accessed Aug 2014. http://www.birdlife.org.za/conservation/seabird-conservation/african-penguin-conservation

17 M. Cherry, 'African penguins put researchers in a flap', *Nature*, vol. 514, issue 7522, 15 Oct 2014, News, p. 283.

18 FAOSTAT Food Balance Sheet for South Africa 2011.

19 J. Hance, Penguins face a slippery future, Mongabay, 26 Sep 2012. http://news.mongabay.com/2012/0926-hance-interview-borboroglu.html

20 IUCN Red List of Threatened Species, *Spheniscus humboldti* http://www.iucnredlist.org/details/22697817/0

21 Hance, Penguins face a slippery future.

22 Seafish March 2012 Annual Review of the status of the feed grade fish stocks used to produce fishmeal and fish oil for the UK market, http://www.seafish.org/media/Publications/SeafishAnnualReviewFeedFishStocks_201203.pdf

23 FAO GLOBEFISH, Small pelagics, June 2012 http://www.globefish.org/small-pelagics-june-2013.html

24 V. Christensen, S. de la Puente, J. C. Sueiro, J. Steenbeek, P. Majluf, 'Valuing seafood: The Peruvian fisheries sector'. Marine Policy, 44 (2014) 302-311.

25 World fishing and aquaculture, 'Anchovy worth more as food than feed', 14th Nov 2014. http://www.worldfishing.net/news101/industry-news/anchovy-worth-more-as-food-than-feed

26 IUCN Red List of Threatened Species, *Spheniscus mendiculus* http://www.iucnredlist.org/details/22697825/0

27 WWF, The Galapagos. http://www.worldwildlife.org/places/the-galapagos

28 S. A. Earle, 'The world is blue: How our fate and the ocean's are one', *National Geographic*, Washington DC, Oct 2010.

29 FAO Fisheries and Aquaculture Department statistical database: sections Global capture production 1950–2012.

死亡区域

30 Quasar Expeditions, Farming in the Galapagos. http://www.galapagosexpeditions.com/blog/farming-in-the-galapagos-islands/

31 J. Koebler, Farming the Galapagos Islands is miserable, Motherboard, 25 Feb 2014. http://motherboard.vice.com/blog/farming-on-the-galapagos-islands-is-miserable?trk_source=recommended

32 N. L. Gottdenker, T. Walsh, H. Vargas, J. Merkel, G. U. Jimenez, R. E. Miller, M. Dailey & P. G. Parker, 'Assessing the risks of introduced chickens and their pathogens to native birds in the Galapagos Archipelago', *Biological Conservation* 126 (2005), May 2004, pp. 429–39. http://www.umsl.edu/~parkerp/Pattypdfs/gottdenker%20et%20al.%20chickens%202005.pdf

33 ibid.

34 ibid.

35 ibid.

36 http://www.nhm.ac.uk/nature-online/species-of-the-day/collections/our-collections/pinguinus-impennis/index.html

37 E. Kolbert, *The Sixth Extinction: An Unnatural History*, London: Bloomsbury, 2014.

38 Scotland's National Nature Reserve, The Story of Hermaness National Nature Reserve. http://www.snh.org.uk/pdfs/publications/nnr/The_Story_of_Hermaness_National_Nature_Reserve.pdf; Shetland Hermaness Circular. http://www.walkshetland.com/hermaness-circular.php; A. Fraser, Wind Extremes. http://www.landforms.eu/shetland/wind%20extremes.htm; Gulberwick, About Gulberwick Weather. http://gulberwickweather.co.uk/page2.html

39 Joint Nature Conservation Committee (JNCC), Impacts of Fisheries (last updated 21/07/10). http://jncc.defra.gov.uk/page-5407

40 F. Urquhart, 'Sandeel Fishing Linked to Scottish Seabird Decline', *The Scotsman*, 1 Dec 2013. http://www.scotsman.com/news/environment/sandeel-fishing-linked-to-scottish-seabird-decline-1-3216052

41 Marine Conservation Society, Fishing Methods Information. http://www.mcsuk.org/downloads/fisheries/Fishing_Methods.pdf

42 R. Freethy, *Auks: An Ornithologist's Guide*, Poole, Dorset: Blandford Press, 1987.

43 J. Del Hoyo, A. Elliott & J. Sargatal, *Handbook of the Birds of the World*, vol. 3, *Hoatzin to Auks*, Barcelona: Lynx Edicions, 1996.

44 Sustainable Fisheries Partnership, *North Sea sandeel*. December 2015. https://www.sustainablefish.org/fisheries-improvement/small-pelagics/north-sea-sandeel; Blue Planet Society, *Where have all the sandeels gone?* 24th June 2009. http://blueplanetsociety. blogspot.co.uk/2009/06/where-have-all-sandeels-gone.html

45 IUCN Red List of Threatened Species, *Fratercula arctica* http:// www.iucnredlist.org/details/22694927/1

46 deNapoli, *Great Penguin Rescue*.

47 P. N. Trathan et al., 2014, *Pollution, Habitat Loss, Fishing, and Climate Change as Critical Threats to Penguins*, Conservation Biology, 2015 Feb;29(1):31-41.

48 S. A. Earle, *The world is blue: How our fate and the ocean's are one*. Washington DC: National Geographic Society, 2009. Page 264.

49 B. Worm, et al (2006) Impacts of biodiversity loss on ocean ecosystem services. Science, 314: 787.

50 S. A. Earle, 'My wish: Protect our oceans', speech given at the February 2009 Technology, Entertainment and Design (TED) conference. https://www.ted.com/talks/sylvia_earle_s_ted_prize_wish_to_protect_our_oceans/transcript?language=en

第十三章 海鬣蜥

1 I. Tree, *The Bird Man: The Extraordinary Story of John Gould*, 1991, London: Ebury Press, 1991 (2004 new edition), p. 67; AboutDarwin.com, HMS *Beagle* Voyage. http://www.aboutdarwin. com/voyage/voyage02.html

2 AboutDarwin.com, HMS *Beagle* Voyage.

3 Tree, *Bird Man*, pp. 67–8.

4 N. Barlow (ed.), *Charles Darwin and the Voyage of the Beagle*, London: Pilot Press, 1945.

5 P. D. Stewart, *Galapagos: The islands that changed the world*, London: Random House, 2006.

6 Stewart, *Galapagos*, pp. 63–4.

7 R. D. Keynes (ed.), *Charles Darwin's Beagle Diary*, Cambridge: Cambridge University Press, 1988, p. 292.

8 A. J. Tobin & J. Dusheck, *Asking about Life*, California: Brooks/ Cole, 3rd edition, 2005.

9 H. Nicholls, *The Galapagos: A Natural History*, London: Profile Books, 2014, p. 90.
10 *Galapagos with David Attenborough*, a Colossus Production for Sky 3D. 2013.
11 ibid.
12 C. Darwin, *Complete Works of Charles Darwin*, Hastings, East Sussex: Delphi Classics, 2015.
13 Nicholls, *Galapagos*.
14 K. Donohue (ed.), *Darwin's Finches: Readings in the evolution of a scientific paradigm*, Chicago: University of Chicago Press, 2011.
15 Stewart, *Galapagos*.
16 Tree, *Bird Man*.
17 ibid., p. 73.
18 Stewart, *Galapagos*, pp. 74–7.
19 C. Darwin, *On the Origin of Species*, London: Harper Collins, 2011; Tree, *Bird Man*, p. 67.
20 WWF Global, Galapagos tortoise: The gentle giant. http://wwf. panda.org/about_our_earth/teacher_resources/best_place_species/ current_top_10/galapagos_tortoise.cfm
21 J. Tourtellot (National Geographic Fellow Emeritus), 'Galapagos Tourism Backfires', *National Geographic*, 5 Jan 2015. http://voices. nationalgeographic.com/2015/01/05/galapagos-tourism-backfires/
22 Galapagos Conservancy, Tourism and Population Growth. http://www.galapagos.org/conservation/conservation/ conservationchallenges/tourism-growth/
23 Directorate of the Galapagos National Park, Tourism administration: Management programs – Control of tourism operations, page updated 29 June 2009. http://www.galapagospark. org/nophprg.php?page=programas_turismo_control
24 Nicholls, *Galapagos*, London: Profile Books, 2014, paperback edition (2015), Prologue.
25 GalapagosIslands.com, The Rock: Galapagos during World War II. http://www.galapagosislands.com/blog/galapagos-islands-during- second-world-war/
26 Nicholls, *Galapagos*, pp. x–xi.
27 GNPS, GCREG, CDF and GC. 2013. Galapagos Report 2011– 2012. Puerto Ayora, Galapagos, Ecuador. http://www.galapagos. org/wp-content/uploads/2013/06/6.-HUMAN-SYS-pop- migration.leon-salazar.pdf

28 Galapagos Conservancy, Tourism and Population Growth.

29 R. Carroll, 'UN withdraws Galapagos from world danger list', *Guardian*, 29 July 2010. http://www.theguardian.com/world/2010/jul/29/galapagos-withdrawn-heritage-danger-list

30 Sea Shepherd Conservation Society, Galapagos: Facts About the Islands. http://www.seashepherd.org/galapagos/facts-about-the-islands.html

31 Charles Darwin Foundation, Invasive Plants. http://www.darwinfoundation.org/en/science-research/invasive-species/invasive-plants/

32 Stewart, *Galapagos*, p. 103.

33 Nicholls, *Galapagos*, p. 136.

34 BBC News, 'Galapagos Islands taken off UNESCO danger list', 29 July 2010. http://www.bbc.co.uk/news/world-latin-america-10808720

35 Stewart, *Galapagos*, p. 113.

36 Stewart, *Galapagos*, pp. 182–3; *Living on Earth* (PRI's Environmental News Magazine), 'Finches Change' (transcript of interview with Jonathan Weiner, author of *The Beak of the Finch*, New York, NY: Vintage Books, 1994), aired week of 22 July 1994. http://loe.org/shows/segments.html?programID=94-P13-00029&segmentID=2

37 C. Brooks, Consequences of increased global meat consumption on the global environment – trade in virtual water, energy & nutrients, Stanford Woods Institute for the Environment. https://woods.stanford.edu/environmental-venture-projects/consequences-increased-global-meat-consumption-global-environment

38 H. Steinfeld, P. Gerber, T. D. Wassenaar, V. Castel, M. Rosales & C. de Haan, *Livestock's Long Shadow: environmental issues and options*, Food & Agriculture Organisation of the United Nations (FAO), Rome, 2006. ftp://ftp.fao.org/docrep/fao/010/a0701e/a0701e.pdf

39 N. Alexandratos & J. Bruinsma (Global Perspective Studies Team, FAO Agricultural Development Economics Division), *World Agriculture towards 2030/2050: the 2012 revision*, ESA Working paper no. 12-03, FAO, Rome, June 2012. http://www.fao.org/fileadmin/templates/esa/Global_perspectives/world_ag_2030_50_2012_rev.pdf

40 P. J. Gerber, H. Steinfeld, B. Henderson, A. Mottet, C. Opio, J. Dijkman, A. Falcucci & G. Tempio, *Tackling Climate Change*

through Livestock – A global assessment of emissions and mitigation opportunities, Food and Agriculture Organisation of the United Nations (FAO), Rome, 2013.

41   R. Bailey, A. Froggatt & L. Wellesley, *Livestock – Climate Change's Forgotten Sector,* Chatham House, 2014.

42   F. Hedenus, S. Wirsenius & D. J. Johansson, 'The importance of reduced meat and dairy consumption for meeting stringent climate change targets', *Climatic Change,* 124(1–2), 79–91. 2014; B. Bajželj, K. S. Richards, J. M. Allwood, P. Smith, J. S. Dennis, E. Curmi & C. A. Gilligan, 'Importance of food-demand management for climate mitigation,' *Nature Climate Change,* 4(10), 2014, pp. 924–9. http://www.nature.com/ doifinder/10.1038/nclimate2353 B. Bajželj, T. G. Benton, M. Clark, T. Garnett, T. M. Marteau, K. S. Richards & M.Vasiljevic, *Synergies between healthy and sustainable diets,* brief for GSDR. 2015. https://sustainabledevelopment.un.org/content/ documents/635987-Bajzelj-Synergies%20between%20healthy%20 and%20sustainable%20diets.pdf

43   *Climate Change 2014: Impacts, adaptation, and vulnerability,* Part A: Global and sectoral aspects. Contribution of IPCC working group II to the fifth assessment report of the intergovernmental panel on climate change.

44   ibid.; E. Galatas, Wildlife Biologist: Climate Change Threatens Mountain Goats, Public News Service, 1 April 2015. http:// www.publicnewsservice.org/2015-04-01/endangered-species-and-wildlife/wildlife-biologist-climate-change-threatens-mountain-goats/a45442-1 P. A. Matson, T. Dietz, W. Abdalati, A. J. Busalacchi, K. Caldeira, R. W. Corell & M. C. Lemos, *Advancing the Science of Climate Change,* The National Academy of Sciences, 2010, ch. 9, 'Ecosystems, Ecosystem Services, and Biodiversity'. http://www.nap.edu/catalog.php?record_id=12782 T. V. Padma, 'Himalayan plants seek cooler climes', *Nature,* 512(7515), 2014, p. 359.

45   C. Cookson, 'Climate change strongly linked to UK flooding', *Financial Times,* 8 Jan 2016. http://www.ft.com/ cms/s/0/831d04d4-b5ee-11e5-b147-e5e5bba42e51. html#axzz45L5IANMp; WWF Global, 'Climate change impacts: Floods and droughts'. http://wwf.panda.org/about_our_earth/ aboutcc/problems/weather_chaos/floods_droughts/

46 P. Smith, M. Bustamante, H. Ahammad, H. Clark, H. Dong,
E. A. Elsiddig, H. Haberl, R. Harper, J. House, M. Jafari, O.
Masera, C. Mbow, N. H. Ravindranath, C. W. Rice, C. Robledo
Abad, A. Romanovskaya, F. Sperling & F. Ture, 'Forestry and
Other Land Use (AFOLU)', in: *Climate Change 2014: Mitigation
of Climate Change*, contribution of Working Group III to the Fifth
Assessment Report of the Intergovernmental Panel on Climate
Change (O. R. Edenhofer, Y. Pichs-Madruga, E. Sokona,
S. Farahani, K. Kadner, A. Seyboth, I. Adler, S. Baum, P. Brunner,
B. Eickemeier, J. Kriemann, S. Savolainen, C. Schlömer, C. von
Stechow, T. Zwickel & J. C. Minx [eds]), Cambridge and New
York: Cambridge University Press.

47 Bailey, Froggatt & Wellesley, *Livestock*.

48 P. Scarborough, P. N. Appleby, A. Mizdrak, A. D. Briggs, R. C.
Travis, K. E. Bradbury & T. J. Key, 'Dietary greenhouse gas
emissions of meat-eaters, fish-eaters, vegetarians and vegans in the
UK', *Climatic Change*, 125(2), 2014, pp. 179–92.

49 Gerber et al., *Tackling Climate Change through Livestock*.

50 CME Group, *Daily Livestock Report*, vol. 9, no. 243, 20 Dec 2011.
http://www.dailylivestockreport.com/documents/dlr%2012-20-
2011.pdf; D., Grandoni, 'Americans are eating less meat', *The
Wire*, 11 Jan 2012. http://www.thewire.com/national/2012/01/
americans-are-eating-less-meat/47295/

51 O. Milman and S. Leavenworth, 'China's plan to cut meat
consumption by 50% cheered by climate campaigners', *Guardian*,
20 June 2016. https://www.theguardian.com/world/2016/jun/20/
chinas-meat-consumption-climate-change

52 H. Westhoek, J. P. Lesschen, T. Rood, S. Wagner, A. De Marco,
D. Murphy-Bokern & O. Oenema, 'Food choices, health and
environment: effects of cutting Europe's meat and dairy intake', *Global
Environmental Change*, vol. 26, May 2014, pp. 196–205. http://www.
sciencedirect.com/science/article/pii/S0959378014000338

53 National Park Service, Theodore Roosevelt and Conservation.
http://www.nps.gov/thro/learn/historyculture/theodore-roosevelt-
and-conservation.htm

第十四章　人类

1 D. Johanson & M. A. Edey, *Lucy: The beginnings of humankind*,
New York: Simon and Schuster Paperbacks, 1981.

2   BBC Home, Science & Nature: Prehistoric Life, 'Food for
     thought – 3 million years ago'. http://www.bbc.co.uk/sn/
     prehistoric_life/human/human_evolution/food_for_thought1.
     shtml
3   BBC Home, Science & Nature: Prehistoric Life, 'Leaving home –
     2 million years ago'. http://www.bbc.co.uk/sn/prehistoric_life/
     human/human_evolution/leaving_home1.shtml
4   Smithsonian Institution, Human Evolution Evidence, *Homo
     sapiens*. http://humanorigins.si.edu/evidence/human-fossils/
     species/homo-sapiens
5   D. Phillips, 'Neanderthals Are Still Human!', Acts & Facts. 29
     (5). http://www.icr.org/article/neanderthals-are-still-human/
     K. Than, 'Neanderthal: 99.5 Percent Human', *Live Science*, 15
     Nov 2006. http://www.livescience.com/1122-neanderthal-99-5-
     percent-human.html National Geographic – Genographic Project,
     Neanderthals. https://genographic.nationalgeographic.com/
     neanderthals-article/
6   J. Diamond, *The Third Chimpanzee: The evolution and future of the
     human animal*, Harper Perennial, 1993.
7   J. Gibbons, 'Why Did Neanderthals Go Extinct?', *Smithsonian
     Insider*, 11 Aug 2015. http://smithsonianscience.si.edu/2015/08/
     why-did-neanderthals-go-extinct/
8   New World Encyclopedia, History of Agriculture. http://www.
     newworldencyclopedia.org/entry/History_of_agriculture
9   R. L. Hooke, J. F. Martín-Duque & J. Pedraza, 'Land transformation by
     humans: a review', *GSA Today*, 22(12), 2012, pp. 4–10. http://www.
     geosociety.org/gsatoday/archive/22/12/article/i1052-5173-22-12-4.htm
10   E. C. Ellis & N. Ramankutty, 'Putting people in the map:
     anthropogenic biomes of the world', *Frontiers in Ecology and the
     Environment*, 6(8), 2008, pp. 439–47. http://ecotope.org/people/
     ellis/papers/ellis_2008.pdf
11   Worldbiomes.com http://www.worldbiomes.com/
12   T. Searchinger et al., *The Great Balancing Act*, Working Paper,
     Installment 1 of Creating a Sustainable Food Future. Washington,
     DC: World Resources Institute, 2013. Available online at http://
     www.worldresourcesreport.org.; J. Owen, 'Farming claims
     almost half Earth's land, new maps show', *National Geographic
     News*, 9 Dec 2005. http://news.nationalgeographic.com/
     news/2005/12/1209_051209_crops_map.html

13 B. Gavrilles, 'Species going extinct 1,000 times faster than in pre-human times, study finds', *UGA Today*, 17 Sep 2014. http://news.uga.edu/releases/article/species-extinct-1000-times-faster-than-pre-human-times-0914/

14 University of Bristol, 'Recovering From A Mass Extinction', *ScienceDaily.* 20 Jan 2008. Retrieved from: http://www.sciencedaily.com/releases/2008/01/080118101922.htm

15 Searchinger, et al., *Great Balancing Act.*

16 K. W. Deininger & D. Byerlee, *Rising global interest in farmland: can it yield sustainable and equitable benefits?*, World Bank Publications. 2011. http://siteresources.worldbank.org/DEC/Resources/Rising-Global-Interest-in-Farmland.pdf

17 Searchinger et al., *Great Balancing Act.*

18 Food and Agriculture Organisation of the United Nations, Rome, *The State of the World's Land and Water Resources for Food and Agriculture (SOLAW) – Managing Systems at Risk*, 2011.

19 ibid.

20 For crop and animal production: FAOSTAT: Production database: production data for crops primary, crops processed, livestock primary. Production data from 2012–2014 period as available on database. For calorific values: FAOSTAT Food supply database: Food balance and food supply. People fed calculated as 2250 kcal per person per day for one year. http://faostat3.fao.org/home/E

21 Organisation for Economic Cooperation and Development (OECD), *Environmental Outlook to 2050: the consequences of inaction. Key findings on biodiversity*, Figure 2. 2012. http://www.oecd.org/env/indicators-modelling-outlooks/49897175.pdf; R. J. Keenan, G. A. Reams, F. Achard, J. V. de Freitas, A. Grainger & E. Lindquist, 'Dynamics of global forest area: results from the FAO global forest resources assessment 2015', *Forest Ecology and Management*, 352, 2015, pp. 9–20.

22 K. Langin, 'Big Cats at a Tipping Point in the Wild, Jouberts Warn', Cat Watch, *National Geographic*, 7 Aug 2014. http://voices.nationalgeographic.com/2014/08/07/big-cats-at-a-tipping-point-in-the-wild-jouberts-warn/

23 S. Goldenberg, 'The Central Valley is sinking: drought forces farmers to ponder the abyss', *Guardian*, 28 Nov 2015. http://www.theguardian.com/us-news/2015/nov/28/california-central-valley-sinking-farmers-deepwater-wells

死亡区域

24 ibid.

25 A. Holpuch, 'Drought-stricken California only has one year of water left, Nasa scientist warns', *Guardian*, 16 March 2015. http://www.theguardian.com/us-news/2015/mar/16/california-water-drought-nasa-warning

26 Z. Guzman, 'The California drought is even worse than you think', CNBC. 16 July 2015. http://www.cnbc.com/2015/07/16/the-california-drought-is-even-worse-than-you-think.html

27 A. Nagourney, 'California Imposes First Mandatory Water Restrictions to Deal with Drought', *New York Times*, 1 April 2015. http://www.nytimes.com/2015/04/02/us/california-imposes-first-ever-water-restrictions-to-deal-with-drought.html

28 S. Wells, 'Water Wars in California: Factory Farms Draining the State Dry', Huffpost Green. 4 Aug 2015. http://www.huffingtonpost.com/stephen-wells/water-wars-in-california-factory-farms-draining-the-state-dry_b_7021414.html

29 J. Fulton, H. Cooley & P. H. Gleick, 'California's Water Footprint', Pacific Institute, Dec 2012. http://pacinst.org/publication/assessment-of-californias-water-footprint/

30 Wells, 'Water Wars in California'.

31 B. Oskin, 'California's Worst Drought Ever Is 1st Taste of Future', *Live Science*, 5 Dec 2014. http://www.livescience.com/49029-california-drought-worst-ever.html

32 United Nations Department of Economic and Social Affairs (UNDESA), International Decade for Action 'WATER FOR LIFE' 2005–2015. http://www.un.org/waterforlifedecade/scarcity.shtml

33 B. Bates, Z. W. Kundzewicz, S. Wu & J. Palutikof, *Climate change and water: Technical paper vi*, Intergovernmental Panel on Climate Change (IPCC), 2008. http://ipcc.ch/pdf/technical-papers/climate-change-water-en.pdf

34 Organisation for Economic Cooperation and Development (OECD), *Water use in agriculture*. http://www.oecd.org/agriculture/wateruseinagriculture.htm; WWF Global, *Farming: Wasteful water use*. http://wwf.panda.org/what_we_do/footprint/agriculture/impacts/water_use/

35 B. Bajželj, K. S. Richards, J. M. Allwood, P. Smith, J. S. Dennis, E. Curmi, & C. A. Gilligan, 'Importance of food-demand management for climate mitigation', *Nature Climate Change*, 4(10), 2014, pp. 924–9.

注释

36   Global Agriculture, *Agriculture at a Crossroads: Findings and recommendations for future farming – Water.* http://www.globalagriculture.org/report-topics/water.html

37   Science Learning Hub – The University of Waikato, Charles Darwin and earthworms. http://sciencelearn.org.nz/Science-Stories/Earthworms/Charles-Darwin-and-earthworms

38   C. Darwin, *The Formation of Vegetable Mould, Through the Action of Worms, with Observations on Their Habits,* London: John Murray, 1881 (Forgotten Books edition www.forgottenbooks.org), p.144.

39   ibid., p. 150.

40   ibid., pp. 157–8.

41   NFU online, Soil Framework Directive withdrawn. Last edited: 22 May 2014. http://www.nfuonline.com/archived-content/more-news/soil-framework-directive-withdrawn/ ; BBC Inside Out West, 'Darwin's earthworms', Feb 2009. http://www.bbc.co.uk/insideout/content/articles/2009/02/20/west_earthworms_darwin_s15_w7_video_feature.shtml

42   Encyclopaedia Britannica online, Soil Organism. http://www.britannica.com/science/soil-organism

43   Darwin, *Formation of Vegetable Mould.*

44   Great Fen Project website: *Frequently asked questions.* http://www.greatfen.org.uk/about/faqs; Discovering Britain, Viewpoint: The shrinking fens. https://www.discoveringbritain.org/content/discoveringbritain/viewpoint%20pdfs/Holme%20Fen%20viewpoint.pdf; N. Higham, *BBC Springwatch: Wetland recovery.* BBC News, 23rd May 2007. http://news.bbc.co.uk/1/hi/sci/tech/6685321.stm

45   Global Agriculture, 'Soil erosion a major threat to Britain's food supply, warns report', 8 July 2015. http://www.globalagriculture.org/whats-new/news/news/en/30894.html; T. Bawden, 'Soil erosion a major threat to Britain's food supply, says Government advisory group', *Independent,* 29 June 2015. http://www.independent.co.uk/news/uk/home-news/soil-erosion-a-major-threat-to-britains-food-supply-says-government-advisory-group-10353870.html

46   ibid.

47   Committee on Climate Change June 2015, 'Progress in preparing for climate change 2015': Report to Parliament, https://www.theccc.org.uk/wp-content/uploads/2015/06/6.736_CCC_ASC_Adaptation-Progress-Report_2015_FINAL_WEB_250615_RFS.pdf

死亡区域

48 Syngenta, Why is soil so important? https://www.syngenta.com/ global/corporate/SiteCollectionImages/Content/news-center/ full/2014/why-is-soil-so-important-syngenta-infographic.pdf

49 Committee on Climate Change June 2015, Progress.

50 G. Monbiot, 'We're treating soil like dirt. It's a fatal mistake, as our lives depend on it', *Guardian*, 25 March 2015. http://www. theguardian.com/commentisfree/2015/mar/25/treating-soil-like-dirt-fatal-mistake-human-life

51 *NFU News*, 'Withdrawal of Soil Framework Directive welcomed', 22 May 2015. http://www.nfuonline.com/news/press-centre/ withdrawal-of-soil-framework-directive-welcomed/

52 P. Case, 'Only 100 harvests left in UK farm soils, scientists warn', *Farmers Weekly*, 21 Oct 2014. http://www.fwi.co.uk/news/only-100-harvests-left-in-uk-farm-soils-scientists-warn.htm

53 C. Arsenault, 'Only 60 years of farming left if soil degradation continues', *Scientific American*, 5 Dec 2014. http://www. scientificamerican.com/article/only-60-years-of-farming-left-if-soil-degradation-continues/

54 United Nations Convention to Combat Desertification (UNCCD), *Proverbs on land and soil.* http://www.unccd.int/en/ programmes/Event-and-campaigns/WDCD/Pages/Proverbs-on-land-and-soil-.aspx

55 S. Shankman, 'Meltdown: Terror at the top of the world', *InsideClimate News*, Nov 2014.

56 D. Leclère, P. Havlík, S. Fuss, E. Schmid, A. Mosnier, B. Walsh & M. Obersteiner, 'Climate change induced transformations of agricultural systems: insights from a global model', *Environmental Research Letters*, 9(12), 2014, 124018.

57 C. D. Thomas, A. Cameron, R. E. Green, M. Bakkenes, L. J. Beaumont, Y. C. Collingham, F. N. E. Barend, M., Ferreira de Siqueira, A. Grainger, L. Hannah, L. Hughes, B. Huntley, A. S. van Jaarsveld, G. F. Midgley, L. Miles, M. A. Ortega-Huerta, A. Townsend Peterson, O. L. Phillips & S. E. Williams, 'Extinction risk from climate change', *Nature*, 427(6970), 2004, pp. 145–8.

58 IPCC Summary for policymakers, in: *Climate Change 2014: Impacts, Adaptation, and Vulnerability*, Part A: Global and Sectoral Aspects. Contribution of Working Group II to the Fifth Assessment Report of the Intergovernmental Panel on

注释

Climate Change [C. B. Field, V. R. Barros, D. J. Dokken, K. J. Mach, M. D. Mastrandrea, T. E. Bilir, M. Chatterjee, K. L. Ebi, Y. O. Estrada, R. C. Genova, B. Girma, E. S. Kissel, A. N. Levy, S. MacCracken, P. R. Mastrandrea & L.L. White (eds)], Cambridge, United Kingdom and New York, NY, USA: Cambridge University Press, 2014, pp. 1–32. http://www.ipcc.ch/pdf/assessment-report/ar5/wg2/ar5_wgII_spm_en.pdf

59 M. Le Page, 'US cities to sink under rising seas', *New Scientist*, vol. 228, issue 3043, 17 Oct 2015, p. 8; M. Le Page, 'Even drastic emissions cuts can't save New Orleans and Miami'. *New Scientist*, 14 Oct 2015. https://www.newscientist.com/article/mg22830433-900-even-drastic-emissions-cuts-cant-save-new-orleans-and-miami/; B. H. Strauss, S. Kulp & A. Levermann, 'Carbon choices determine US cities committed to futures below sea level', *PNAS* early edition, vol. 112, no. 44, 2015. www.pnas.org/cgi/doi/10.1073/pnas.1511186112

第十五章　田园重焕生机

1 John Meadley, 'Is there such a thing as "better" when it comes to meat?', 2015. http://www.eating-better.org/blog/83/Is-there-such-a-thing-as-better-when-it-comes-to-meat.html

2 *Pasture for Life: It can be done*, Pasture-Fed Livestock Association booklet, Jan 2016. http://www.pastureforlife.org/media/2016/01/pfl-it-can-be-done-jan2016.pdf

3 ibid.

4 2012 年，英国共饲养了约 9.3 亿只肉鸡。如果按照英国规定的散养鸡每公顷不超过 1 万只，这些鸡将需要 9.3 万公顷土地的饲养面积，即 930 平方公里。肉鸡通常于 6 周龄宰杀，但散养鸡生长期略长一些，由此可知同一时间生活的肉鸡数量约为总数除以 6，即 1.55 亿只，全部散养将需要 155 平方公里土地。英国有 11.9 万平方公里的农用草地，因此饲养这些肉鸡所需的草地面积占全部农用草地面积的 0.13%，即大约千分之一。

　　　　　　　　　　　　　　　　　　　　　　死亡区域

5   World Food Programme, 'World must double food production by 2050: FAO Chief', 26 Jan 2009. https://www.wfp.org/content/world-must-double-food-production-2050-fao-chief

6   United Nations News Centre, 'World must sustainably produce 70 per cent more food by mid-century – UN report', 3 Dec 2013. http://www.un.org/apps/news/story.asp?NewsID=46647#.Vx9_slYrLX5

7   United Nations Environment Programme News Centre, New Report Offers Menu of Solutions to Close the Global Food Gap', 3 Dec 2013. http://www.unep.org/newscentre/Default.aspx?DocumentID=2756&ArticleID=9716&l=en

8   ibid.

9   For crop and animal production: FAOSTAT: Production database: production data for crops primary, crops processed, livestock primary. Production data from 2012–2014 period as available on database. For calorific values: FAOSTAT Food supply database: Food balance and food supply. People fed calculated as 2,250 kcal per person per day for one year. http://faostat3.fao.org/home/E

10   B. Bajželj, J. M. Allwood, P. Smith, J. S. Dennis, E. Curmi & C. A. Gilligan, 'Importance of food-demand management for climate mitigation', *Nature Climate Change*, 2014, 4:924–9. http://www.nature.com/nclimate/journal/v4/n10/full/nclimate2353.html

11   B. Lipinski, C. Hanson, J. Lomax, L. Kitinoja, R. Waite & T. Searchinger, *Reducing Food Loss and Waste*, Working Paper, Installment 2 of Creating a Sustainable Food Future, Washington, DC: World Resources Institute. June 2013. http://www.wri.org/sites/default/files/reducing_food_loss_and_waste.pdf

12   E. S. Cassidy, P. C. West, J. S. Gerber & J. A. Foley, 'Redefining Agricultural Yields: From Tonnes to People Nourished Per Hectare', *Environmental Research Letters*, vol. 8, issue 1, 1 Aug 2013.

13   J. Lundqvist, C. de Fraiture & D. Molden, *Saving Water: From Field to Fork – Curbing Losses and Wastage in the Food Chain*, SIWI Policy Brief, SIWI, Nov 2008. http://www.siwi.org/publications/saving-water-from-field-to-fork-curbing-losses-and-wastage-in-the-food-chain/ / www.siwi.org/documents/Resources/Policy_Briefs/PB_From_Field_to_Fork_2008.pdf; C. Nellemann, M. MacDevette,

T. Manders, B. Eickhout, B. Svihus, A. G. Prins & B. P. Kaltenborn, *The Environmental Food Crisis – The Environment's Role in Averting Future Food Crises*, A UNEP rapid response assessment, Feb 2009. United Nations Environment Programme, GRID-Arendal, www. unep.org/pdf/foodcrisis_lores.pdf; E. S. Cassidy, P. C. West, J. S. Gerber & J. A. Foley, 'Redefining Agricultural Yields: From Tonnes to People Nourished Per Hectare', *Environmental Research Letters*, vol. 8, issue 1, 1 Aug 2013.

14 Bajželj et al., 'Importance of food-demand management'.

15 A. Hough, 'Chicken owning fad lauded by Jamie Oliver "hurting birds"', *Daily Telegraph*, 19 Nov 2002. http://www.telegraph.co.uk/foodanddrink/foodanddrinknews/9687529/Chicken-owning-fad-lauded-by-Jamie-Oliver-hurting-birds.html

16 The Pig Idea, The Solution. http://thepigidea.org/the-solution.html

17 Farm Animal Welfare Council, 2009, 'Five Freedoms'. http://webarchive.nationalarchives.gov.uk/20121007104210/http:/www.fawc.org.uk/freedoms.htm

第十六章　夜莺

1 C. Wernham, *The Migration Atlas: Movements of the Birds of Britain and Ireland*, British Trust for Ornithology BTO), 2002; D. W. Snow & C.M. Perrins, *The Birds of the Western Palearctic*, Concise Edition, Oxford: Oxford University Press, 1998, pp. 1146–7.

2 BTO, Tracking Nightingales to Africa. http://www.bto.org/science/migration/tracking-studies/nightingale-tracking

3 BTO, BTO Nightingale Survey 2012. http://www.bto.org/volunteer-surveys/nightingale-survey

4 RSPB, The state of the UK's birds 2014. https://www.rspb.org.uk/Images/state-of-the-uks-birds_tcm9-383971.pdf

5 BTO, Nightingale. http://www.bto.org/about-birds/bird-of-month/nightingale

6 BTO, BTO Nightingale Survey 2012; BTO, Deer are bad news for birds, Nov 2011. http://www.bto.org/news-events/press-releases/deer-are-bad-news-birds

7 Steven Cheshire's British Butterflies, British Butterflies: Species: Species Account – the Purple Emperor. http://www.britishbutterflies.co.uk/species-info.asp?vernacular=Purple%20Emperor

8 The World Bank, Data, Agricultural land (% of land area) http://data.worldbank.org/indicator/AG.LND.AGRI.ZS

译名对照

Abidin, Zainal 扎因·阿比丁

Adams, Richard 理查德·亚当斯

AGIP 意大利石油公司"阿吉普"

agricultural efficiency, measuring 农业生产效率测量

Agricultural Industries Confederation, AIC 英国农业产业联盟

Agriculture and Horticultural Development Board, AHDB 英国农业和园艺发展委员会

Aji, Sarifuddw 萨里夫德维·阿吉

albatrosses 信天翁

　black-browed albatross 黑眉信天翁

　waved albatross 加岛信天翁

American Bird Conservancy 美国鸟类保护协会

American Heart Association 美国心脏协会

anaerobic digestion 厌氧消化

anchovies 鳀鱼

Animal Aid 动物救助组织

Animal Welfare Approved scheme 动物福利认证体制

Anthropocene 人类世

Araguia River Biodiversity Corridor 阿拉瓜亚河生物多样性廊道

Atacama Desert 阿塔卡马沙漠

Atkinson, George 乔治·阿特金森

Atlantic and Pacific Tea Company 大西洋与太平洋茶叶公司

Attenborough, Sir David 戴维·爱登堡爵士

Augustyn, Johann 约翰·奥古斯丁

Aurochs 原牛

Australopithecus afarensis 南方古猿

Avocets 反嘴鹬

Avon, river 埃文河

Azmi, Wahdi 瓦赫迪·阿兹米

Bangs, Ed 艾德·班斯

Bardolf, William 威廉·巴多尔夫

Barn Owl Trust 仓鸮基金会

Bartolome Island 巴托洛梅岛

Bechstein bats 贝茨斯坦蝙蝠

Beef magazine 《牛肉》杂志

bees 蜂类

buff-tailed bumblebees 欧洲熊蜂

honeybees 蜜蜂

short-haired bumblebees 短毛熊蜂

Benguela ecosystem 本格拉生态系统

Beskidy Mountains 贝斯基德山

BHC（lindane） 林丹

Bilchitz, David 戴维·比尔切斯

bioethanol 生物乙醇

Bird Island 鸟岛

Birdlife International 国际鸟类联盟

bitterns 麻鳽

Blackfoot Challenge 黑脚族挑战

Blaine, Colonel Gilbert 吉尔伯特·布莱恩上校

Blake, William 威廉·布莱克

bluebells 蓝铃

blue-footed boobies 蓝脚鲣鸟

Body, Sir Richard 理查德·博迪爵士

Bombardi, Larissa Mies 拉瑞莎·米斯·彭巴蒂

Borboroglu, Pablo Garcia 巴勃罗·加西亚·博柏利格鲁

Botley Wood 汉普郡伯特利森林地方保护区

Boyd, Ian 伊恩·博伊德

BP 英国石油公司

Breeze, Tom 汤姆·布雷兹

Britain（UK）Agriculture Act（1947）英国 1947 年《农业法案》

British Trust for Ornithology（BTO）英国鸟类学基金会

Brown, Jerry 杰瑞·布朗

brown bears 棕熊

brown trout 褐鳟

brucellosis 布氏杆菌

Brunyee, Jonathan 乔纳森·卜伦业

Burrell, Charlie 查理·伯勒尔

buzzards 鵟

caiman 凯门鳄

Cameron, David 戴维·卡梅伦

campylobacter 弯曲杆菌

capybara 水豚

carrier pigeons 信鸽

Casaldáliga, Dom Pedro 多姆·佩德罗·卡萨达里加

cattle ticks 牛蜱

chalkstreams 白垩川

Charles, Prince of Wales 威尔士王子查尔斯

Chatham House 英国伦敦智库查塔姆研究所

chiffchaffs 叽喳柳莺

Clarkson, Jeremy 杰瑞米·克拉克森

Coleridge, Samuel Taylor 塞缪尔·泰勒·柯勒律治

Committee on Climate Change（CCC）气候变化委员会

Common Agricultural Policy（CAP）共同农业政策

common species 常见物种

Compassion in World Farming（CIWF）世界农场动物福利协会

Conservation Response Units （CRUs）

保育响应小队

Cook, Captain James 库克船长

Cooper, Simon 西蒙·库珀

corn buntings 黍鹀

Cowin, Mark 马克·科文

Cox, Caroline 卡洛琳·考克斯

coyotes 郊狼

crested larks 凤头百灵

Cromwell Current 克伦威尔洋流

crossbills 交嘴雀

cuckoos 杜鹃

Cunha de Paula, Rogerio 罗杰里奥·库尼亚·德·保拉

Custer, General Armstrong 卡斯特将军

Darwin, Charles 查尔斯·达尔文

Darwin, Chris 克里斯·达尔文

Darwin's finches 达尔文雀

de Marisco, William 威廉·德·马里斯科

De Schutter, Olivier 奥利维尔·德舒特

deer, red and fallow 马鹿和黇鹿

Department for the Environment, Food and Rural A airs（Defra）英国环境、食品和农村事务部

dieldrin 狄氏剂

difenacoum 鼠得克

Dinerstein, Eric 埃里克·迪内尔斯坦

Dominguez, Mario 马里奥·多明格斯

Donald, Paul 保罗·唐纳德

Dos Santos, Sister Dulcineia 达尔西内亚·多斯·桑托斯修女

Dos Santos, Hugo Alves 雨果·阿尔维斯·多斯·桑托斯

dung beetles 屎壳郎 / 蜣螂

Dyer, Matt 迈特·戴尔

eagles 雕

　bald eagles 白头海雕

　black eagles 林雕

　white-tailed eagles 白尾海雕

Earle, Sylvia 西尔维娅·厄尔

eastern meadowlarks 东草地鹨

Ecologist magazine《生态学家》杂志

Edgar, Mr and Mrs 埃德加夫妇

Edward III, King 国王爱德华三世

El Niño 厄尔尼诺

Eldey island 埃尔德岛

elephants, Sumatran 苏门答腊象

Elgin Free Range Chickens 埃尔金散养鸡场

Elizabeth I, Queen 女王伊丽莎白一世

Ellis, Erle 厄尔·埃利斯

Emas National Park 艾玛斯国家公园

Environment Science and Pollution Research《环境科学与污染研究》

Exmoor ponies 埃克斯摩尔小马

Falkland Islands 马尔维纳斯群岛

Farmers Weekly《农民周刊》

Farne Islands 法恩群岛

Fatima, Maria de 玛利亚·德·法蒂玛

Fearnley-Whittingstall, Hugh 休·费

恩利－惠汀斯托尔

feedlots 肥育场

field voles 田鼠

Fitzroy, Captain Robert 罗伯特·菲茨罗伊船长

flea beetles 跳甲

flightless cormorants 弱翅鸬鹚

fodder beet 饲用甜菜

Fonterra "恒天然"

Food Standards Agency 英国食品标准局

Forest, Nature and Environment Aceh（HAKA）游说团体"森林、自然与环境亚齐"

Franklin, Benjamin 本杰明·富兰克林

Free Aceh Movement（GAM）自由亚齐运动

Freethy, Ron 罗恩·弗里斯

frigate birds 军舰鸟

Frost, Sadie 萨迪·弗罗斯特

fulmars 暴风鹱

fur farms 毛皮动物养殖场

Galapagos Islands 加拉帕戈斯群岛

Galapagos National Park Service（GNPS）加拉帕戈斯国家公园管理局

Galvani, Carolina 卡洛琳娜·伽尔瓦尼

Game and Wildlife Conservation Trust 猎物和野生动物保护基金会

Gammans, Nikki 尼基·加曼斯

Gandhi, Mahatma 圣雄甘地

gannets 北鲣鸟

Garcés, Leah 莉亚·加尔塞斯

giant tortoises 巨龟（加拉帕戈斯象龟）

Global Penguin Society 全球企鹅协会

GM corn 转基因玉米

golden plover 金斑鸻

goldfinches 金翅雀

Goodnight, Charles 查尔斯·古德奈特

Gould, John 约翰·古尔德

Goulson, Dave 戴维·古尔森

Grahame, Kenneth 肯尼斯·格雷厄姆

grain silos 筒仓

Grand Canyon 大峡谷

Grant, Pete and Rosemary 皮特·格兰特和罗斯玛丽·格兰特夫妇

grass snakes 草蛇

Gray, Tom 汤姆·格雷

Great Depression 大萧条

Great Fen Project 大沼泽计划

great rheas 美洲鸵

Great Sioux Wars 大苏族战争

Green, Penny 潘妮·格林

Green Revolution 绿色革命

greenhouse gas emissions 温室气体排放

Greenland Norse 格陵兰岛诺尔斯人

Greenpeace 绿色和平组织

grey partridges 灰山鹑

Groenewald, Jeanne 珍妮·格鲁尼沃尔德

Grylls, Bear 贝尔·格里尔斯

guano 海鸟粪

Guardian《卫报》

死亡区域

guillemots 海鸦

Gulf of Mexico 墨西哥湾

Gunther, Andrew 安德鲁·冈瑟

Hagenbarth, Jim 吉姆·哈根巴特

Handbook of the Birds of the World《世界鸟类手册》

Hardwick House 哈德威克庄园

Harris, Will 威尔·哈里斯

Harrison, Tim 蒂姆·哈里森

Harrop, Hugh 休·哈罗普

Harvey, Graham 格雷厄姆·哈维

Hayward, Tony 唐熙华

Henry I, King 国王亨利一世

Henry III, King 国王亨利三世

Henslow, John 约翰·亨斯洛

herons 鹭

herring 鲱鱼

Hitler, Adolf 阿道夫·希特勒

HMS Beagle "小猎犬号"

Hogan, Phil 菲尔·霍根

Holden, Amanda 阿曼达·霍尔登

Holden, Patrick 帕特里克·霍尔登

Holme Fen 霍尔姆沼泽

Homo ergaster 匠人

Homo sapiens 智人

honey buzzards 蜂鹰

Hooker, Joseph 约瑟夫·胡克

howler monkeys 吼猴

Humane Society International 国际人道主义协会

Humane Society of the United States

（HSUS）美国人道协会

Humboldt Current 秘鲁洋流，又名洪堡洋流

Hunnicutt, Brandon 布兰登·亨尼克特

Huxley, Thomas 托马斯·赫胥黎

Hypoxia Task Force 低氧问题特别工作组

Ichaboe Island 伊查博岛

Indus Valley civilisation 印度河流域文明

International Coalition to Protect the Polish Countryside（ICPPC） "保护波兰农村国际联盟"

International Institute for Environment and Development 国际环境与发展研究所

International Panel on Climate Change（IPCC）政府间气候变化专门委员会

International Union of Conservation of Nature（IUCN）国际自然保护联盟

Iskandar, Mr 伊斯干达先生

ivory hunters 象牙猎人

Jaguar Conservation Fund 美洲豹保护基金

James Island 詹姆斯岛

Johannesburg Constitutional Court 约翰内斯堡宪法法院

Johanson, Donald 唐纳德·约翰逊

Joint Nature Conservation Committee （JNCC）联合自然保护委员会

Joubert, Derek 德里克·朱伯特

Journal of Pesticide Reform《农药改革期刊》

kestrels 红隼

Knepp Castle Estate 萘普城堡庄园

Krebs, Lord 克莱布斯勋爵

Kristof, Nicolas 尼古拉斯·克里斯托弗

Kugele, Karin 卡琳·库格勒

Laan, Willem-Jan 威廉－扬·拉恩

Lack, David 戴维·拉克

Landmark Trust 英国地标基金会

Lapland longspurs 铁爪鹀

Lapwings 凤头麦鸡

lark buntings 白斑黑鹀

Laubach, Don 劳巴赫先生

lava gulls 熔岩鸥

Lazzari, Gaspar Domingos 加斯帕·多明戈·拉扎里

lesser forktails 姬燕尾

Leuser ecosystem 勒塞尔生态系统

Limpkins 秧鹤

little egrets 小白鹭

longhorn cattle 长角牛

Lopata, Jadwiga 雅德维加·洛帕塔

Lott, Dale 戴尔·洛特

Louisiana Environmental Action Network 路易斯安那州环保联动网

Lucy 露西

Lundy Island 伦迪岛

Lyell, Charles 查尔斯·莱伊尔

Macdonald, Beccy 贝琪·麦克唐纳

McIntosh, Angus 安格斯·麦金托什

Magna Carta《大宪章》

Majluf, Patricia 帕特丽夏·麦基拉夫

Makemake （fertility god） 创世神玛克玛克（司掌生殖）

Mallard "野鸭号"

Mandela, Nelson 纳尔逊·曼德拉

Manley, Tracey 特雷西·曼利

Manx shearwaters 大西洋鹱

Marãiwatsédé tribe （Xavante people） 沙万提原住民马拉沃森德部落

Marine Conservation Society （MCS） 海洋保护协会

marine iguanas 海鬣蜥

marsh harriers 白头鹞

Marshall Plan 马歇尔计划

mass extinctions 大灭绝

'matrix conservation' "基质保护"

May, Tim 蒂姆·梅

Maya 玛雅文明

meadow pipits 草地鹨

Meon, river 米恩河

Mink 美洲水鼬

mob grazing 轮牧

mockingbirds 嘲鸫

Monbiot, George 乔治·蒙博

Montgomery, Dendy 邓迪·蒙哥马利

死亡区域

Slimbridge reserve 瘦桥野生动物保护区

Smith, Guy 盖伊·史密斯

Smith, Paul 保罗·史密斯

snipe 沙锥

snow leopards 雪豹

Soay sheep 索艾羊

Soil Association 土壤协会

Soil Use and Management《土壤利用与管理》

Somerset Levels floods 萨默塞特平原洪水

sooty tern eggs 乌燕鸥卵

South Georgia 南乔治亚岛

soya monocultures 大豆单作农业

spadefish 大西洋棘白鲳

sparrowhawks 雀鹰

spoonbills 琵鹭

spotted flycatchers 斑鹟

starlings 椋鸟

Steiner, Achim 阿奇姆·施泰纳

stingrays 刺鳐

Stonehenge 巨石阵

Stuart, Tristram 特里斯特拉姆·斯图尔特

Subra, Wilma 威尔玛·苏夫拉

'sustainable intensification' "可持续集约化"

Tamworth pigs 泰姆华斯猪

Tansley, Darren 达伦·坦斯利

tapirs 貘

tarpan 欧洲野马

Task Force on Systemic Pesticides 系统性杀虫剂专家团队

Ted's Montana Grill 泰德的蒙大拿烤肉

Thomas, Chris 克里斯·托马斯

Titchfield Haven 蒂奇菲尔德动物保护区

Titchwell Marsh 蒂奇威尔湿地

Tobolka, Marcin 马尔钦·托博尔卡

Toepfer, Klaus 克劳斯·特普费尔

topsoil loss 表土流失

Truss, Liz 莉兹·特拉斯

turkey vultures 红头美洲鹫

Turner, John and Guy 约翰·特纳和盖伊·特纳

turtle doves 斑鸠

UN Earth Summit 联合国地球峰会

UN Environment Programme（UNEP）联合国环境规划署

UN Food and Agriculture Organisation（FAO）联合国粮农组织

Unilever 联合利华

US Center for Biological Diversity 美国生物多样性中心

US Department of Agriculture 美国农业部

US *Farm Bill* 美国《农业法案》

US National Oceanic and Atmospheric Administration (NOAA) 美国国家海洋与大气管理局

Usher, Graham 格雷厄姆·厄舍

Vallat, Bernard 伯纳德·瓦莱特
vivisection 活体解剖

Wallace, Alfred Russel 阿弗莱德·罗
　素·华莱士
Wallen, Rick 里克·沃伦
water voles 水䶄
waterrails 西方秧鸡
Watership Down 沃特希普荒原
Watts, Craig 克雷格·瓦茨
weasels 鼬
weaverbird nests 织布鸟巢
Weed, Becky 贝姬·韦德
Welch, Kevin 凯文·韦尔奇
Wells, Stephen 斯蒂芬·威尔士
Wells, William 威廉·威尔士
white storks 白鹳
Whittaker-Slark, Elaina 伊莱娜·惠

特克－斯拉克
Wielgus, Rob 罗柏·维尔古斯
Wildlife Trusts 野生生物基金会
Willoughby de Eresby, Lord 威洛比勋爵
Wilson, Carey 凯丽·威尔逊
Windsor, Billy 比利·温莎
wolverines 貂熊
World Fishing 《世界渔业》
World Resources Institute （WRI）
　世界资源研究所
WWF-UK 世界自然基金会英国分会

yellow warblers 美洲黄林莺
Yellowstone National Park 黄石国家
　公园
Yosemite National Park 约塞米蒂国
　家公园

Zoological Society of London 伦敦动
　物学会

　　　　　　　　　　　　　　死亡区域

图书在版编目（CIP）数据

死亡区域：野生动物出没的地方 / （英）菲利普·
林伯里著；陈宇飞，吴倩译．—北京：商务印书馆，2020
（自然文库）
ISBN 978-7-100-18709-1

Ⅰ.①死… Ⅱ.①菲… ②陈… ③吴… Ⅲ.①农业—
工业化—影响—野生动物—普及读物 Ⅳ.① S238-49
② Q95-49

中国版本图书馆 CIP 数据核字（2020）第 122935 号

自然文库
死亡区域
野生动物出没的地方
〔英〕菲利普·林伯里 著
陈宇飞 吴倩 译

商 务 印 书 馆 出 版
（北京王府井大街 36 号 邮政编码 100710）
商 务 印 书 馆 发 行
北京新华印刷有限公司印刷
ISBN 978 - 7 - 100 - 18709 - 1

2020 年 8 月第 1 版 开本 710×1000 1/16
2020 年 8 月北京第 1 次印刷 印张 26
定价：78.00 元